21世纪高等学校计算机教育实用规划教材

Linux操作系统实用任务教程

邱建新 编著

清华大学出版社
北京

内容简介

本书以成熟的 RedHat Linux Enterprise 5 的社区版本 CentOS 5.4 为平台，从实用的角度，系统地讲解 Linux 的系统管理与网络应用技术。在内容安排上，淡化理论，注重 CentOS 5.4 实践操作技能的培养，整体内容衔接有序、深入浅出，并大量引入实例、图片，精确、细致地描述操作过程。

全书共分为 18 个学习任务，主要内容包括了解 Linux 操作系统、VMware 虚拟软件与 CentOS 5.4 安装、Linux 的图形化用户界面、管理 Linux 用户和组、Linux 文件系统与目录结构、磁盘存储空间管理、Linux 下的进程与作业管理、Linux 下的软件包管理、Linux 下的 Shell 编程、Linux 网络配置基础、Linux 下配置 DHCP 服务器、WWW 服务器的配置与管理、Linux 下配置域名解析服务 DNS、Linux 下配置 FTP 服务器、Linux 下配置 Samba 服务器、Linux 下配置邮件服务器、Linux 下配置防火墙 iptables 和 Linux 下配置远程访问。

本书由从事多年 Linux 操作系统实践教学的教师编著而成，内容通俗易懂，操作切实可行，最大限度符合读者的认知、学习规律。

本书可作为高职高专计算机网络专业及相关专业的教材，也可作为 Linux 应用技术的培训、自学用书，对从事网络管理、Linux 运维的技术人员也具有很好的参考价值。

图书在版编目(CIP)数据

Linux 操作系统实用任务教程/邱建新编著. —北京：清华大学出版社，2015(2023.3 重印)
21 世纪高等学校计算机教育实用规划教材
ISBN 978-7-302-40069-1

Ⅰ. ①L… Ⅱ. ①邱… Ⅲ. ①Linux 操作系统－高等学校－教材 Ⅳ. ①TP316.89

中国版本图书馆 CIP 数据核字(2015)第 089671 号

责任编辑：付弘宇　王冰飞
封面设计：常雪影
责任校对：胡伟民
责任印制：曹婉颖

出版发行：清华大学出版社
网　　址：http://www.tup.com.cn，http://www.wqbook.com
地　　址：北京清华大学学研大厦 A 座　　**邮　　编**：100084
社 总 机：010-83470000　　**邮　　购**：010-62786544
投稿与读者服务：010-62776969，c-service@tup.tsinghua.edu.cn
质量反馈：010-62772015，zhiliang@tup.tsinghua.edu.cn
课件下载：http://www.tup.com.cn，010-83470236
印 装 者：三河市龙大印装有限公司
经　　销：全国新华书店
开　　本：185mm×260mm　　**印　　张**：16.5　　**字　　数**：412 千字
版　　次：2015 年 7 月第 1 版　　**印　　次**：2023 年 3 月第 8 次印刷
印　　数：5801～6300
定　　价：49.80 元

产品编号：064142-02

出版说明

随着我国高等教育规模的扩大以及产业结构调整的进一步完善，社会对高层次应用型人才的需求将更加迫切。各地高校紧密结合地方经济建设发展需要，科学运用市场调节机制，合理调整和配置教育资源，在改革和改造传统学科专业的基础上，加强工程型和应用型学科专业建设，积极设置主要面向地方支柱产业、高新技术产业、服务业的工程型和应用型学科专业，积极为地方经济建设输送各类应用型人才。各高校加大了使用信息科学等现代科学技术提升、改造传统学科专业的力度，从而实现传统学科专业向工程型和应用型学科专业的发展与转变。在发挥传统学科专业师资力量强、办学经验丰富、教学资源充裕等优势的同时，不断更新教学内容、改革课程体系，使工程型和应用型学科专业教育与经济建设相适应。计算机课程教学在从传统学科向工程型和应用型学科转变中起着至关重要的作用，工程型和应用型学科专业中的计算机课程设置、内容体系和教学手段及方法等也具有不同于传统学科的鲜明特点。

为了配合高校工程型和应用型学科专业的建设和发展，急需出版一批内容新、体系新、方法新、手段新的高水平计算机课程教材。目前，工程型和应用型学科专业计算机课程教材的建设工作仍滞后于教学改革的实践，如现有的计算机教材中有不少内容陈旧(依然用传统专业计算机教材代替工程型和应用型学科专业教材)，重理论、轻实践，不能满足新的教学计划、课程设置的需要；一些课程的教材可供选择的品种太少；一些基础课的教材虽然品种较多，但低水平重复严重；有些教材内容庞杂，书越编越厚；专业课教材、教学辅助教材及教学参考书短缺，等等，都不利于学生能力的提高和素质的培养。为此，在教育部相关教学指导委员会专家的指导和建议下，清华大学出版社组织出版本系列教材，以满足工程型和应用型学科专业计算机课程教学的需要。本系列教材在规划过程中体现了如下一些基本原则和特点。

(1) 面向工程型与应用型学科专业，强调计算机在各专业中的应用。教材内容坚持基本理论适度，反映基本理论和原理的综合应用，强调实践和应用环节。

(2) 反映教学需要，促进教学发展。教材规划以新的工程型和应用型专业目录为依据。教材要适应多样化的教学需要，正确把握教学内容和课程体系的改革方向，在选择教材内容和编写体系时注意体现素质教育、创新能力与实践能力的培养，为学生知识、能力、素质协调发展创造条件。

(3) 实施精品战略，突出重点，保证质量。规划教材建设仍然把重点放在公共基础课和专业基础课的教材建设上；特别注意选择并安排一部分原来基础比较好的优秀教材或讲义修订再版，逐步形成精品教材；提倡并鼓励编写体现工程型和应用型专业教学内容和课程体系改革成果的教材。

(4) 主张一纲多本，合理配套。基础课和专业基础课教材要配套，同一门课程可以有多本具有不同内容特点的教材。处理好教材统一性与多样化，基本教材与辅助教材，教学参考书，文字教材与软件教材的关系，实现教材系列资源配套。

(5) 依靠专家，择优选用。在制订教材规划时要依靠各课程专家在调查研究本课程教材建设现状的基础上提出规划选题。在落实主编人选时，要引入竞争机制，通过申报、评审确定主编。书稿完成后要认真实行审稿程序，确保出书质量。

繁荣教材出版事业，提高教材质量的关键是教师。建立一支高水平的以老带新的教材编写队伍才能保证教材的编写质量和建设力度，希望有志于教材建设的教师能够加入到我们的编写队伍中来。

21 世纪高等学校计算机教育实用规划教材编委会

联系人：魏江江 weijj@tup.tsinghua.edu.cn

前　言

作为开源系统的代表，Linux 以其卓越的网络性能，在互联网领域获得了越来越广泛的应用。但 Linux 操作系统知识点庞杂、交错，不易掌握，以不同 Linux 发行版本为基础的教材也有多种，内容侧重各有不同。本书以成熟的 RedHat Linux Enterprise 5 的社区版本 CentOS 5.4 为平台，从实用的角度，系统地讲解 Linux 的系统管理与网络应用技术。

全书共分为 18 个学习任务，内容可分为系统应用与网络管理两大块，涵盖 Linux 基础知识、命令操作、文件管理、磁盘管理、服务器架设等技术。全书以介绍实际应用技术为主，兼顾必需的理论基础。

本书在对 Linux 操作系统进行讲解时，将理论知识点通俗化，侧重实践操作技能的培养，大量运用实例、图片、通俗用语讲解每一个知识点。本教材可以说是一本能够深入浅出地讲解相关技能知识、正确指导实践操作、知识点覆盖较全、内容相对稳定的 Linux 操作系统教材。

本书由河南工业职业技术学院邱建新编著，在本书的编写过程中，参考了大量的相关技术资料，吸取了许多同仁的宝贵经验，在此深表感谢。

尽管编者对本书做了最大的努力，但限于时间和水平，不足之处在所难免，恳请广大读者提出宝贵意见，以使本书不断完善。

编　者

wljys06@126.com

2015 年 3 月

目　录

任务 1　了解 Linux 操作系统

1.1　学习目标

- 了解 Linux 操作系统的起源、特点以及与其他操作系统的区别。
- 了解自由软件、GNU、GPL、FSF 等概念。
- 了解 Linux 的发行版本，掌握 Linux 的版本组成。
- 了解 Linux 操作系统的应用前景。

1.2　基础知识与原理

1.2.1　什么是操作系统

操作系统是一种特殊的用于控制计算机(硬件)的程序(软件)，是计算机底层的系统软件，如图 1-1 所示。它负责管理、调度、指挥计算机的软硬件资源使其协调工作，没有它，任何计算机都无法正常运行，在裸机上安装操作系统后，才能使用各种系统软件和应用程序。在计算机的发展过程中，出现过许多不同的操作系统，有 DOS、Windows、Linux、UNIX 等。

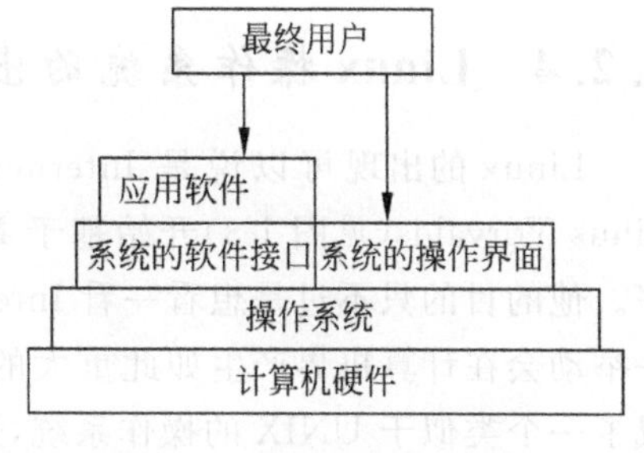

图 1-1　操作系统层次结构

1.2.2　UNIX 操作系统的诞生

UNIX 是最早出现的操作系统之一，该系统于 1969 年在贝尔实验室诞生，最初是在中小型计算机上运用，发展到现在已趋于成熟。UNIX 系统是一个多任务、多用户的操作系统，用 C 语言写成，具有强大的可移植性，适合多种硬件平台；它向用户提供功能强大的 Shell 环境，具有良好的用户界面；网络功能强大，是 Internet 上各种服务器首选的操作系统；系统核心健壮，具有强稳定性。其版本众多，如 Solaris、HP-UX、AIX、SCO 等系统都是行业最为熟悉的几个版本。

1.2.3　自由软件的兴起

UNIX 是一个商业软件，商业软件在计算机软件中作为商品进行交易。直到 2000 年，大多数的软件都属于商业软件。与此相对，可供分享使用的有自由软件、开源软件、共享软件、免费软件等。

共享软件一般有次数、时间、用户数量限制，用户可以通过注册来解除限制，用户先使用后付费。免费软件是软件开发商向用户免费发放的软件产品。开源软件是软件发布时公开源代码，并且附带了旨在确保将某些权利授予用户的许可证。自由软件与开源软件类似，具备免费使用和公布源代码的主要特征。

理查·斯托曼(Richard Stallman)是美国自由软件运动的精神领袖、GNU 计划以及自由软件基金会(Free Software Foundation)的创立者。Richard Stallman(见图 1-2)的信念是：计算机系统应该对用户开放，软件应该自由使用。1984 年，麻省理工学院(MIT)支持 Richard Stallman 的努力，在软件开发团体中发起支持开发自由软件的运动。这就导致了自由软件基金会(Free Software Foundation，FSF)的建立和 GNU 项目的产生。

(a) (b)

图 1-2 Richard Stallmain 及 GNU 的标志

FSF 是一个推广自由软件的美国民间非盈利性组织，致力于消除对计算机程序在复制、分发、理解和修改方面的限制。GNU 项目于 1985 年 10 月由理查德·斯托曼建立，其主要工作是执行 GNU 计划，开发更多的免费、自由且可流通的软件。

1.2.4 Linux 操作系统的出现

Linux 的出现可以说是 Internet 创造的一个奇迹。1991 年初，年轻的芬兰大学生 Linus Torvalds(见图 1-3)开始基于 Minix(一种免费的小型 UNIX 操作系统)编写一些程序。他的目的只不过是想看一看 Intel 386 存储管理硬件是怎样工作的，而绝对没有想到这一举动会在计算机界产生如此重大的影响。他花了几个月时间在一台 Intel 386 微机上完成了一个类似于 UNIX 的操作系统，这就是最早的 Linux 版本。1991 年底，Linus Torvalds 首次在 Internet 上发布了基于 Intel 386 体系结构的 Linux 源代码。由于 Linux 具有结构

(a) (b)

图 1-3 Linus Torvalds 和 Linux 操作系统标志

清晰、功能简捷等特点，许多大专院校的学生和科研机构的研究人员纷纷把它作为学习和研究的对象。他们在更正原有 Linux 版本中错误的同时，也不断地为 Linux 增加新的功能。在众多热心者的努力下，Linux 逐渐成为一个稳定可靠、功能完善的操作系统，目前已得到广泛使用。

Linux 和 UNIX 的最大的区别是，前者是开放源代码的自由软件，而后者是对源代码实行知识产权保护的传统商业软件。

1.2.5 Linux 与 UNIX 的区别

Linux 是 UNIX 克隆或类 UNIX 风格的操作系统，在源代码级上兼容绝大部分 UNIX 标准，是一个支持多用户、多进程、多线程、实时性较好、功能强大而稳定的操作系统，也是目前运行硬件平台最多的操作系统。Linux 最大的特点在于它是 GNU 的一员，遵循公共版权许可证(GPL)，秉承“自由的思想，开放的源码”的原则。

目前，很多 Linux 发行版本都可以通过 Internet 下载，除了网络费用和刻录光盘的费用，无需其他花费。

1.2.6 Linux 的主要特点

本节介绍 Linux 的主要特点。

1. Linux 是自由软件

Linux 是作为开放源码的自由软件的代表，它开放源码并对外免费提供，使用者可以按照自己的需要自由修改、复制和发布程序的源码，并公布在 Internet 上，因此 Linux 操作系统可以从互联网上很方便地免费获得。

2. 极强的平台可伸缩性

Linux 能运行在笔记本电脑、PC、工作站，直至巨型机上，而且几乎能在所有主要 CPU 芯片搭建的体系结构上运行(包括 Intel/AMD 及 HP-PA、MIPS、PowerPC、UltraSPARC、ALPHA 等 RISC 芯片)，其伸缩性远远超过了 NT 操作系统目前所能达到的水平。

3. 是 UNIX 的完整实现

可以认为 Linux 是 UNIX系统的一个变种，而 UNIX 的优良特点如可靠性、稳定性以及强大的网络功能，强大的数据库支持能力以及良好的开放性等都在 Linux 上一一体现出来。且在 Linux 的发展过程中，Linux 的用户能大大地从 UNIX 团体贡献中获利，它能直接获得 UNIX 相关的相应支持和帮助。

4. 真正的多任务多用户

只有很少的操作系统能提供真正的多任务能力，尽管许多操作系统声明支持多任务，但并不完全准确，如 Windows。而 Linux 则充分利用了 x86 CPU 的任务切换机制，实现了真正多任务、多用户环境，允许多个用户同时执行不同的程序，并且可以给紧急任务以较高的优先级。

5. 完全符合 POSIX 标准

POSIX 是基于 UNIX 的第一个操作系统国际标准，Linux 遵循这一标准这使 UNIX 下许多应用程序可以很容易地移植到 Linux 下，反之亦然。

6. 具有丰富的图形用户界面

Linux 的图形用户界面是 X Window 系统。X Window 可以做 Microsoft Windows 下的所有事情，而且更有趣、更丰富，用户甚至可以在几种不同风格的窗口之间来回切换(见图 1-4)。

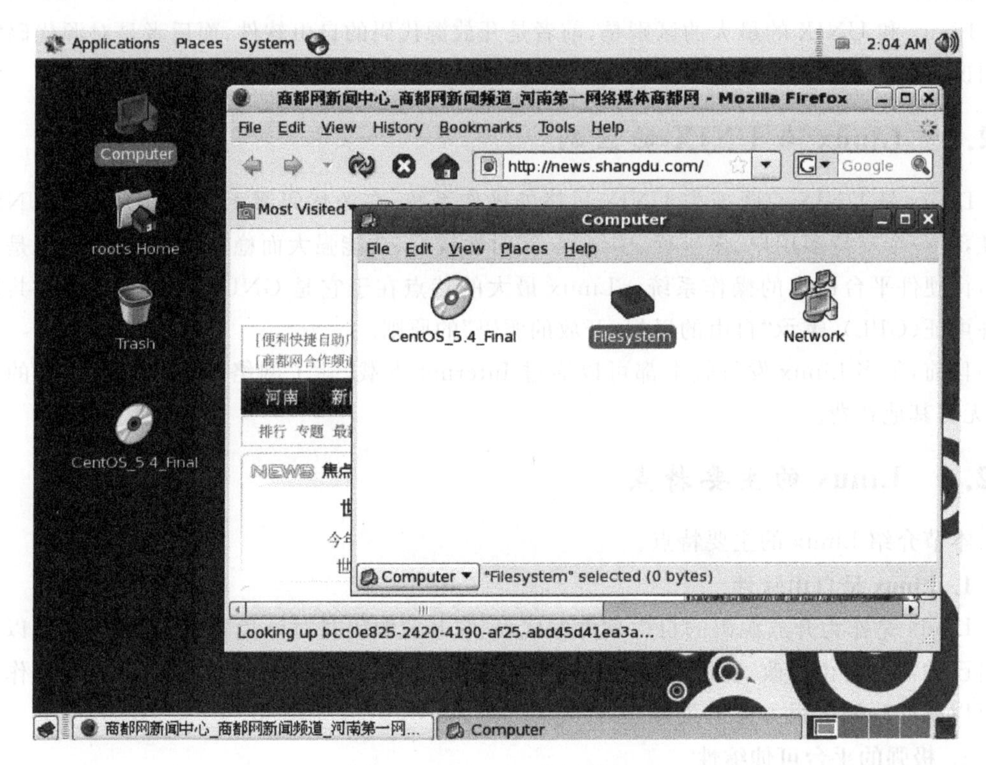

图 1-4　CentOS 5.4 的图形界面

7. 具有强大的网络功能

Linux 继承了 UNIX 作为网络操作系统的优点，使用 TCP/IP 作为默认的网络通信协议，它可以轻松地与 TCP/IP、LANManager、Windows for Workgroups、Novell Netware 或 Windows NT 网络集成在一起，还可以通过以太网或调制解调器连接到 Internet 上。

Linux 内置了许多服务器软件，如 Apache(WWW 服务器)、Sendmail(邮件服务器)、Vsftpd(FTP 服务器)等，可以直接利用 Linux 来搭建全方位的网络服务器。

1.2.7　Linux 的内核版本

Linux 的版本可以分为两种，内核版本和发行版本。Linux 内核完成内存调度、进程管理、设备驱动等操作系统的基本功能。发行版的 Linux 是指以 Linux 的内核为基础，包含应用程序和相关的系统设置与管理工具的完整的操作系统。

Linux 的内核版本号，由三位数字组成，其形式为：major. minor. patchlevel。

其中，major 为主版本号，minor 为次版本号，二者共同构成了当前核心版本号。patchlevel 表示对当前版本的修订次数。例如，2.2.11 表示对核心 2.2 版本的第 11 次修订。根据约定，次版本号为奇数时，表示该版本加入新内容，但不一定稳定，相当于测试版；

次版本号为偶数时，表示这是一个可以使用的稳定版本。

CentOS 5.4 使用的内核版本是 2.6.18，截至 2014 年 12 月，Linux 的最新版本号为 3.18.1，这方面内容可参考网址 http://www.kernel.org。

1.3 操作步骤指导

1.3.1 查看 Linux 操作系统的发行版本

在 20 多年的发展历程中，Linux 活跃的发行版本达 370 多个，并且还在不断增加。DistroWatch(http://www.distrowatch.com)是一个专门收集 Linux 发行版信息的网站，统计各个 Linux 发行版的流行度，通过统计各个版本相关页面的点击率得出结论。常见的 Linux 发行版本如表 1-1 所示。

表 1-1 主要的 Linux 发行版本

商　标	说　明	
redhat	简介	全世界最著名、使用最为广泛的 Linux 发行版本，目前 Red Hat 分为两个系列：由 Red Hat 公司提供收费技术支持和更新的 Red Hat Enterprise Linux，以及由社区开发的免费的 Fedora Core
	最新产品	2014 年 6 月，Redhat 企业版 7 上市
	网址	http://www.redhat.com
ubuntu	简介	Ubuntu 是一个由社区开发的，发源于 Isle of Man(英国和爱尔兰之间的一个岛国，译为"马恩岛")，基于 GNU/Debian Linux，适用于笔记本电脑、桌面计算机和服务器
	最新产品	Ubuntu 最新版本为 Ubuntu 14.10，在 2014 年 10 发布
	网址	http://www.ubuntu.com
debian	简介	Debian 最早由 Ian Murdock 于 1993 年创建，可以算是迄今为止，最遵循 GNU 规范的 Linux 系统
	最新产品	Debian 最新的稳定版版本是 7.6，更新于 2014 年 7 月
	网址	http://www.debian.com
openSUSE	简介	SUSE 是德国最著名的 Linux 发行版，在全世界范围中也享有较高的声誉，于 2003 年年末被 Novell 收购
	最新产品	于 2014 年 10 月发布的 SUSE Linux Enterprise 12
	网址	http://www.suse.com
CentOS	简介	CentOS 全名为"社区企业操作系统"(Community Enterprise Operating System)，CentOS 社区将 Redhat 的网站上的所有源代码下载下来，进行重新编译，它的发行与 Redhat 企业版基本是同步的
	最新产品	2014 年 6 月发行的 CentOS 版本 7
	网址	http://www.centos.org

Linux 发行版的多样性源于不同用户和厂商的技术、哲学和用途差异。在宽松的自由软件许可证下，任何有足够的知识和兴趣的用户可以自定义现有的发行版，以适应自己的需要。

1.3.2 Linux 操作系统不同发行版本的获取

以发行版本 Ubuntu 为例，可以访问官方站点 http://www.ubuntu.com，也可以访问 http://www.distrowatch.com，在页面顶部的检索框中查找 Ubuntu，点击"确定"按钮，打开页面，如图 1-5 所示。

图 1-5　检索 Ubuntu 的信息页面

在弹出的页面下方，选择某一种版本的 ISO，点击相应的链接，即可下载需要的文件，如图 1-6 所示。

特色	snapshot vivid	14.10 utopic	14.04 LTS trusty	13.10 saucy	13.04 raring	12.10 quantal	12.04 LTS precise
发布日期	2014-12-28	2014-10-23	2014-04-17	2013-10-17	2013-04-25	2012-10-18	2012-04-26
End Of Life		2015-07	2019-04	2014-07	2014-01	2014-05	2017-04
价格（美圆）	Free	Free	Free	Free	Free	Free	Free
光盘	1 DVD	1 DVD	1 DVD	1 DVD	1 DVD	1 DVD	1
免费下载	ISO	ISO	ISO	ISO	ISO	ISO	ISO
安装方式	Graphical	Graphical	Graphical	Graphical	Graphical	Graphical	Graphical
缺省桌面	Unity	Unity	Unity	Unity	Unity	Unity	Unity

图 1-6　下载版本 ISO 选择

1.3.3 利用搜索引擎查找相关 Linux 信息

利用搜索引擎查找 Linux 信息的操作步骤如下：

(1) 打开任一搜索引擎，如百度 http://www.baidu.com。

(2) 输入搜索关键字，分别搜索"Linux 操作系统"、"Linux 市场占有率"、"Linux 网络优势"、"Linux 发行版本"等检索词，打开搜索结果中的链接，进一步熟悉 Linux 操作系统。

(3) 仍使用百度搜索引擎，输入关键字"Linux　Windows　区别"，查看 Linux 操作系统与其他流行操作系统的区别。

(4) 仍使用百度搜索引擎，输入关键字"Linux　应用前景"，了解 Linux 操作系统的发展趋势与应用前景。

1.4 学习进阶指引

1.4.1 Linux 系统的组成

Linux 系统一般由四个部分组成：Linux 内核、Shell、文件系统及应用程序。内核、Shell、文件系统一起构成了基本的操作系统结构。在此基础上可以使用系统、运行程序或管理文件，如图 1-7 所示。

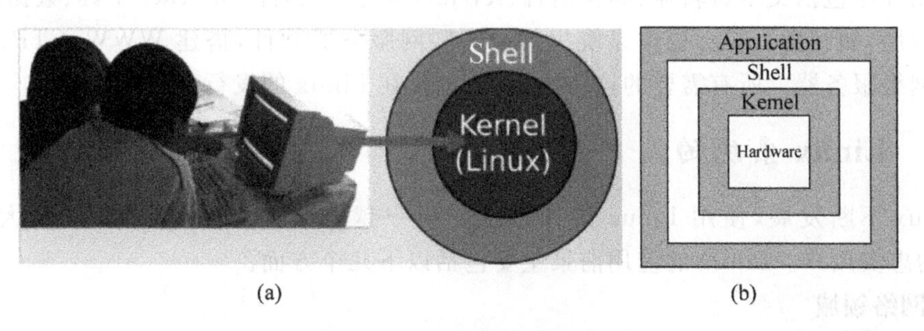

(a) (b)

图 1-7 Linux 的系统组成

1. Linux 的内核

Linux 内核是一个用 C 语言写成，符合 POSIX 标准的类 UNIX 操作系统。内核是 Linux 系统的核心，提供了众多应用程序访问计算机硬件(CPU、内存、硬盘、网卡等)的机制。Linux 内核的一大特点就是采用了整体式结构，由很多过程组成，每个过程都可以独立编译，其模块机制又使得内核保持独立而又易于扩充。

Linux 的内核版本是不断更新的，新的内核修订了旧内核中的缺陷(bug)，并增加了许多新的特性。通常，更新的内核会支持更多的硬件，具备更好的进程管理能力，运行速度更快、更稳定，用户可根据需要定制更高效、稳定的内核，这就是重新内核编译。

2. Linux Shell

如图 1-7(a)中所示，Shell 是用户使用 Linux 系统的界面，提供了用户与内核进行交互操作的一种接口。Shell 负责将用户的命令解释为内核能够接受的低级语言，并将操作系统响应的信息以用户能理解的方式显示出来，从这点上讲，它类似于 Windows 平台下的 DOS 提示窗口。

Shell 有多种，不同的 Linux 操作系统的默认 Shell 各有不同，但随着 Shell 程序版本的不断更新，各种不同的 Shell 相互取长补短，功能也在不断增强，多数 Linux 的默认 Shell 是 Bash，同时支持 ash、ksh 和 zsh，图 1-8 是 CentOS 5.4 下 Bash 的默认窗口。

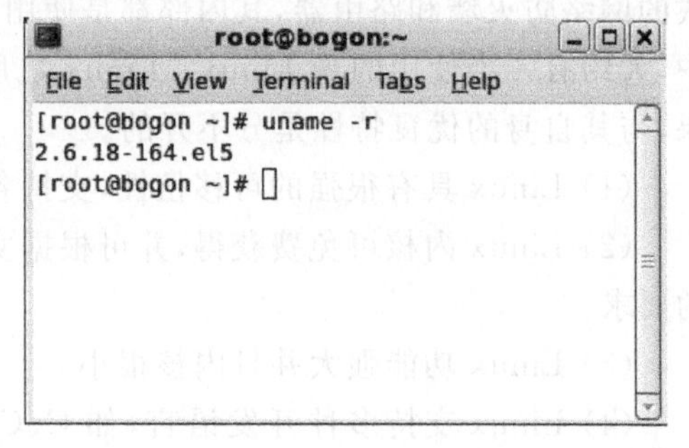

图 1-8 默认的图形界面上的 Bash 终端窗口

Shell 不仅是一种交互式命令解释程序，而且还是一种程序设计语言，与 MS-DOS 中的批处理命令类似，但它的功能更强大，使用 Shell 语言设计出来的程序称为 Shell 脚本，在脚本中可以定义和使用变量，进行参数传递、流程控制、函数调用等。

3. Linux 文件系统

文件系统是文件存放在磁盘等存储设备上的组织方法。文件系统中的文件是数据的集合，文件系统不仅包含着文件中的数据而且还有文件系统的结构，所有 Linux 用户和程序看到的文件、目录、软连接及文件保护信息等都存储在其中。目前 Linux 能支持多种文件系统，如 ext2、ext3、FAT、vfat、iso9660、NFS、SMB 等。

4. Linux 应用程序

应用程序包括文本编辑器、编程语言、XWindow、办公套件、Internet 工具、数据库等，是具体的应用，如利用 Linux 操作系统提供的互联网服务器软件，搭建 WWW、FTP、DNS 等常见的网络服务器。所有需要的这些软件，都包含在 Linux 的发行光盘中。

1.4.2 Linux 系统的应用前景

Linux 不断发展，使用 Linux 操作系统的用户越来越多，许多知名企业和大学都是 Linux 的忠实用户。Linux 的应用前景主要包括以下几个方面。

1. 网络领域

长期以来，Linux 一直在网络服务器应用领域扮演着领军角色，Linux 服务器的稳定性、安全性、可靠性已经得到业界认可。

(1) Linux 可被广泛用于互联网(如 Internet 和 Intranet)，据统计，目前全球 29%的互联网服务器都采用了 Linux 系统。用 Linux 操作系统来提供诸如 WWW、FTP、DNS、NFS 等互联网服务。

(2) 数据库服务。

数据库系统需要一个稳定的、无内存泄漏的、快速磁盘 I/O 和无 CPU 竞争、长时间运行的操作系统平台，Linux 就可以满足这样的要求。Linux 自身消耗的资源很少，它不会和数据库进行资源的抢夺，世界上很多开发人员使用 LAMP 作为开发平台，Oracle 和 IBM 也都有企业级软件很好地工作在 Linux 操作系统上。

2. 嵌入式系统

嵌入式系统(Embedded System)是指带有微处理器芯片的非计算机系统。嵌入式 Linux(Embedded Linux)是指对标准 Linux 经过小型化裁剪处理之后，能够固化在容量只有几千字节或者几兆字节的存储器芯片或者单片机中，适合于特定嵌入式应用场合的专用 Linux 操作系统。很多电子产品，如 MP3、PDA、手机等都采用嵌入式系统，还有不少硬件式的网络防火墙和路由器，其内部都是使用 Linux 驱动。目前已经开发成功的嵌入式系统中，大约有一半使用的是 Linux。Linux 之所以能在嵌入式系统市场上取得如此辉煌的成果，与其自身的优良特性是分不开的。

(1) Linux 具有很强的可移植性，支持各种不同的电子产品的硬件平台。

(2) Linux 内核可免费获得，并可根据实际需要进行修改，这符合嵌入式产品需要定制的要求。

(3) Linux 功能强大并且内核很小。

(4) Linux 支持多种开发语言，如 C、C++、Java 等，为嵌入式系统的多种应用提供了可能。

3. 桌面应用

低版本的 Linux 系统对中文的支持不是很好，对硬件的支持也不够全，加之其上的应用程序少，这都限制了 Linux 在桌面领域的应用。随着 Linux 技术，特别是 X Window 领域技术的发展，Linux 在界面美观、使用方便等方面都有了长足的进步。新版本的 Linux 系统特别在桌面应用方面进行了改进，达到相当的水平，完全可以作为一种集办公应用、多媒体应用、网络应用等多方面功能于一体的图形界面操作系统。

小　结

Linux 是一种类 UNIX 操作系统系统，由 Linus Torvalds 在 Minix 的基础上开发，加入 GNU 计划，并遵循 GPL 规范，已成为目前发展潜力最大的操作系统。

Linux 的版本有内核版本和发行版本两种，内核版本是指 Linux 内核的版本，而发行版是发行商将 Linux 的内核和各种应用软件及相关文档结合起来，并提供安装界面和系统管理工具的发行套件。

在 Linux 的组成系统中，Shell 是一个小的命令解释器，同时又是一种程序设计语言。Linux 下有不同的 Shell，语法格式类似，在 CentOS 5.4 中，系统默认的 Shell 为 Bash。

Linux 操作系统有优良的特性，这些特性使得 Linux 发展迅猛。Linux 的主要应用领域有网络服务器应用、嵌入式开发和图形桌面。Linux 在网络服务器应用领域发挥着越来越大的作用，而随着 Linux 技术的进步，桌面领域应用也逐渐为用户所接受。

任务 2 VMware 虚拟软件与 CentOS 5.4 安装

2.1 学 习 目 标

- 了解虚拟机的概念、常用的虚拟机软件。
- 掌握虚拟机的工作原理，了解 VMware Workstation 虚拟机软件。
- 掌握 VMware Workstation 软件的安装与简易设置，了解 VMware Workstation 软件界面常用操作按钮的作用。
- 掌握 VMware Workstation 下安装虚拟机操作系统的方法，特别是 CentOS 5.4 的方法与步骤。
- 了解 VMware Workstation 的网络功能，常见的四种网络连接方式——桥接、NAT、仅主机与自定义。

2.2 基础知识与原理

2.2.1 虚拟机及其原理

虚拟机（Virtual Machine）与主机（Host）相对应，是指通过软件模拟的具有完整硬件系统功能的、运行在一个完全隔离环境中的完整计算机系统。通过虚拟机软件，可以在一台物理计算机（以下称主机）上模拟出一台或多台虚拟的计算机（以下称虚拟机），这些虚拟机完全就像真正的计算机那样进行工作，可以安装操作系统、安装应用程序、访问网络资源等。对于主机而言，它只是运行在物理计算机上的一个应用程序，但是对于在虚拟机中运行的应用程序而言，它就是一台真正的计算机，如图 2-1 所示。

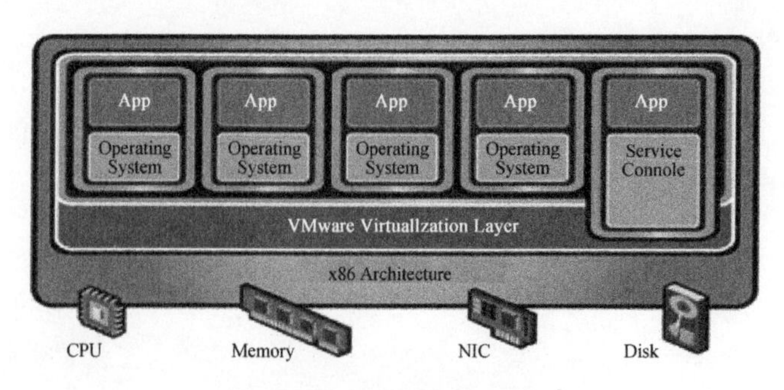

图 2-1 虚拟机原理及架构

在本书中，需要厘清的两个概念是：

- 主机：指用户打开的个人计算机。
- 虚拟机：在个人计算机中运行虚拟机软件 VMware Workstation 后，使用软件功能建立的虚拟的操作系统。

2.2.2 使用虚拟机的优势

使用虚拟机，打破了传统一台 x86 服务器只能运行一个操作系统、布署一个应用程序的限制，为 IT 环境带来显著的优势：

(1) 在一台 x86 机器上虚拟多个操作系统，降低了 IT 硬件成本的投入，提高了硬件资源的利用率，增加了服务器资源使用的稳定性和可用性。

(2) 虚拟机使用的是主机上的一个目录，运行完全隔离主机，它在硬盘上虚拟出一个 PC，用户在这个虚拟的 PC 上的任何操作都不会破坏硬盘上的其他数据，对实验、学习操作系统方便。

(3) 虚拟机可以方便地进行软件测试。在软件（系统软件和应用软件）正式发布之前，都会有前期测试，利用虚拟机模拟各种环境和应用很方便。

2.2.3 常用的虚拟机软件

1. VMware

VMware(http://www.vmware.com)公司是全球著名的虚拟机软件公司，其产品涵盖 VMware Workstation、VMware Player、VMware Fusion、VMware Server 等，其中 VMware Workstation 是广泛应用的虚拟机商业软件之一，它支持多种操作系统，如 Windows、UNIX、Linux 等。

2. Microsoft Virtual PC

Virtual PC 是微软公司开发的虚拟机软件，界面简单，管理方便，运行比较稳定，主要支持微软的操作系统。

3. VirtualBox

VirtualBox 最早是德国一家软件公司 InnoTek 所开发的虚拟系统软件，后来被 Sun 公司收购，改名为 Sun VirtualBox，性能有很大的提高。因为是开源的，不同于 VMware，而且功能强大，可以在 Linux/Mac 和 Windows 主机中运行。

2.2.4 VMware Workstation 虚拟机软件

VMware Workstation 是一款功能强大的桌面虚拟计算机软件，用户可在单一的桌面上同时运行不同的操作系统，以及进行开发、测试、部署新的应用程序。VMware Workstation 可在一个物理机器上模拟完整的网络环境，以及可便于携带的虚拟机器，还具有实时快照、文件夹共享及支持 PXE 等特点。

在 VMware Workstation 中，可以在一个窗口中加载一台虚拟机，它可以运行自己的操作系统和应用程序。并可以在运行于桌面上的多台虚拟机之间切换，或通过一个网络共享虚拟机、挂起和恢复虚拟机以及退出虚拟机。

VMware Workstation 是一款商业软件，其最新版本为 VMware Workstation 11，用户可在其官方网站 http://www.vmware.com/下载使用。

2.3 操作步骤指导

2.3.1 下载和安装 VMware Workstation

访问 VMWare 的官方网站 http://www. vmware. com 或其他软件共享站点获得 VMware Workstation 虚拟机软件，双击下载的软件即可启动安装，其过程与安装一般软件相似，按照默认安装配置向导逐步完成安装过程，安装后需要重新启动机器，使安装配置生效，本书以使用 VMware Workstation 6.5 为例。安装后，在桌面上生成 VMware Workstation 应用程序图标(见图 2-2(a))和添加两个虚拟网络接口(见图 2-2(b))。

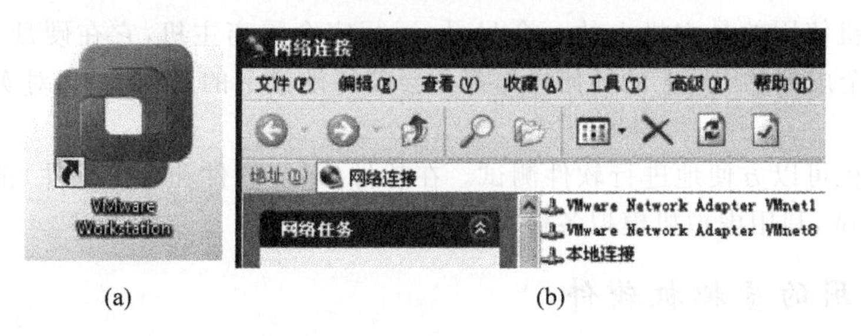

图 2-2 安装后的 VMware Workstation

2.3.2 使用 VMware Workstation 虚拟机

1. 虚拟机界面

本书中 VMware Workstation 6.5 使用完整安装版，没有精简和汉化。启动安装后的虚拟机软件 VMware Workstation，其界面如图 2-3 所示。

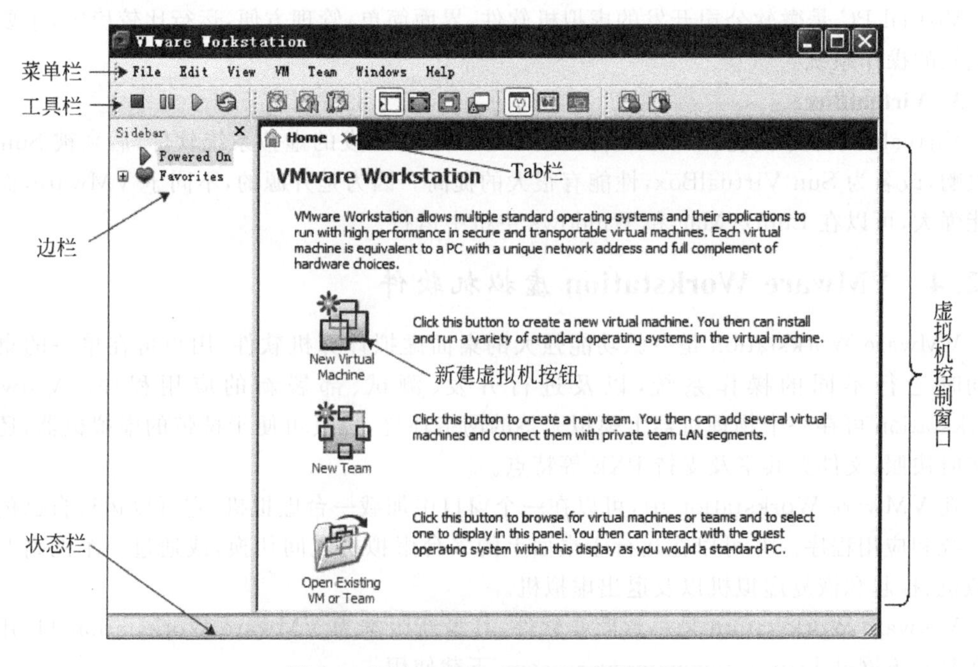

图 2-3 VMware Workstation 启动界面

(1) 虚拟机控制窗口：可以选择 New Virtual Machine 图标新建一个虚拟机。虚拟机打开后，在 Tab 栏显示其名称，通过单击 Tab 栏上各个虚拟机名称可以实现相互之间的切换，其运行界面显示在虚拟机控制窗口中。

(2) 菜单栏：为 VMware Workstation 应用程序的菜单，包含了 VMware Workstation 操作中基本所有的命令。

(3) 工具栏：包含了 VMware Workstation 中常用的工具按钮，如启动、停止、重新启动虚拟机、快照操作等。

(4) 边栏：在"Power On"中显示打开的虚拟机名称，在"Favorites"中显示 VMware Workstation 中安装的虚拟机，但并不代表此虚拟机正在运行。

(5) 状态栏：显示虚拟机的一些硬件信息及系统中的一些其他提示。

2. 工具栏介绍

工具栏上放置经常执行的一些命令的快捷方式，打开一个虚拟机操作系统后，VMware Workstation 工具栏上的显示如图 2-4 所示。

图 2-4　VMware Workstation 的工具栏

工具栏上各按钮分别说明如下：

(1) 开关按钮组(见表 2-1)。

表 2-1　开关按钮

图　标	名　称	功　能
■	Power off This Virtual Machine	关闭虚拟机，相当于关电源
▮▮	Suspend This Virtual Machine	挂起、暂停运行虚拟机
▶	Power on This Virtual Machine	运行虚拟机，相当于开电源
↻	Reset This Virtual Machine	重启虚拟机，相当于热启动

操作提示：

- 在更改虚拟机相关配置时，如改变内存、增加网卡或硬盘等操作，要关闭虚拟机。
- 可以在虚拟机运行的任何状态，暂停一个虚拟机，虚拟机暂停后，只有重新运行才能使用其他按钮功能。
- 在运行时，可以使用重新启动按钮重新启动虚拟机，使用关闭电源按钮关闭虚拟机。

(2) 快照按钮组(见表 2-2)。

快照是指虚拟机运行过程中的一个状态，快照保存了虚拟机在某一状态时的所有参数、配置等信息，利用快照功能可实现虚拟机某一特定状态的保存与恢复，对虚拟机调试与配置有极大帮助。可建立多个快照，并可对建立的快照进行删除、克隆等操作。

表 2-2 快照按钮

图 标	名 称	功 能
	Take Snapshot of Virtual Machine	为当前虚拟机状态建立拍照
	Revert Virtual Machine	恢复虚拟机当前状态的父快照
	Manage Snapshshots	管理虚拟机快照

操作提示：

- 当安装或对虚拟机设置使其达到一个好的状态时，可以为当前状态建立快照，以随时恢复，对 CentOS 5.4 来说，一般恢复快照比重新启动更快速。
- 如果在操作时建立了多个快照，每个快照保存了系统的一个状态，可以使用快照管理窗口，选择其中的一个快照进行恢复。

(3) 窗口控制按钮组(见表 2-3)。

表 2-3 窗口控制按钮

图 标	名 称	功 能
	Show or Hide Sidebar	显示或隐藏边栏
	Quick Switch	快速切换
	Full Screen	全屏按钮
	Unity	将虚拟机中的应用程序窗口切换为主机中的应用程序窗口

其中 Unity 功能是将虚拟机中的应用程序切换出虚拟机操作系统，使它看起来好像主机的应用程序一样，在主机中进行同其他应用程序窗口一样的操作。其窗口边界为红色，以与主机中其他窗口相区分。

(4) 其他按钮(见表 2-4)。

表 2-4 其他按钮

图 标	名 称	功 能
	Summary View	查看虚拟机的相关配置信息
	Appliance View	查看虚拟机的 Appliance 信息
	Console View	控制台视图，显示虚拟机的运行界面
	Recode Execution of Virtual Machine	记录虚拟机的活动，需要硬件虚拟化支持
	Replay Last Recording	重播上一次的记录

图 2-5 是 CentOS 5.4 虚拟机的两个窗口对比。

Appliance View：当虚拟机被部署一个应用时，如作为一个 Web Server，这个视图显示与具体的部署应用有关的一些信息。

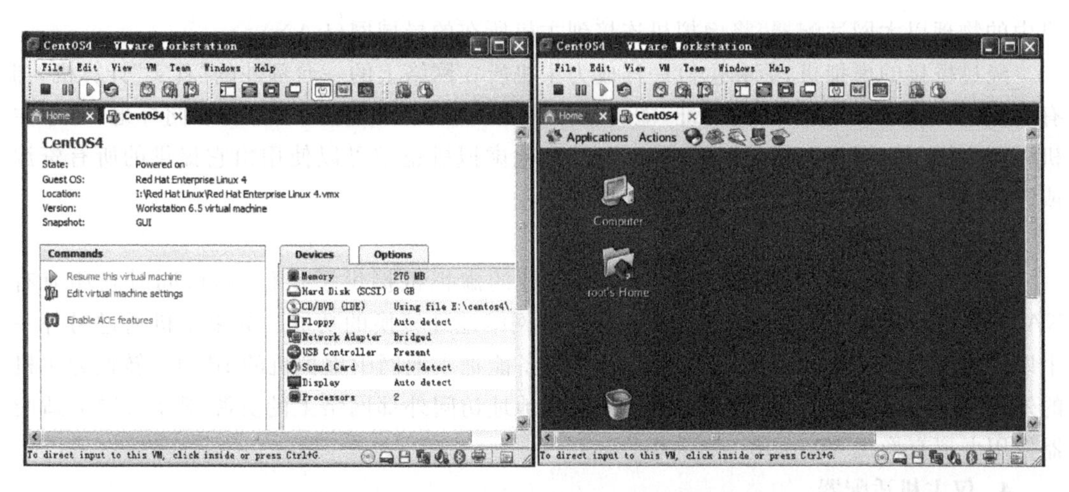

图 2-5　Summary view 和 Console view 窗口

2.3.3　查看 VMware Workstation 提供的虚拟网络设备

VMware Workstation 提供了很多虚拟网络设备，利用这些设备，可以组建典型及复杂的自定义网络。

1. 虚拟交换机

虚拟交换机能把主机、虚拟机和其他网络设备连接在一起。在 Windows 系列的主机上，最多可用 10 台虚拟的交换机 VMnet0～VMnet9（见图 2-6）。通过 VMware Workstation 创建的虚拟交换机，可以将一台或多台虚拟机与其他主机或虚拟机相连。

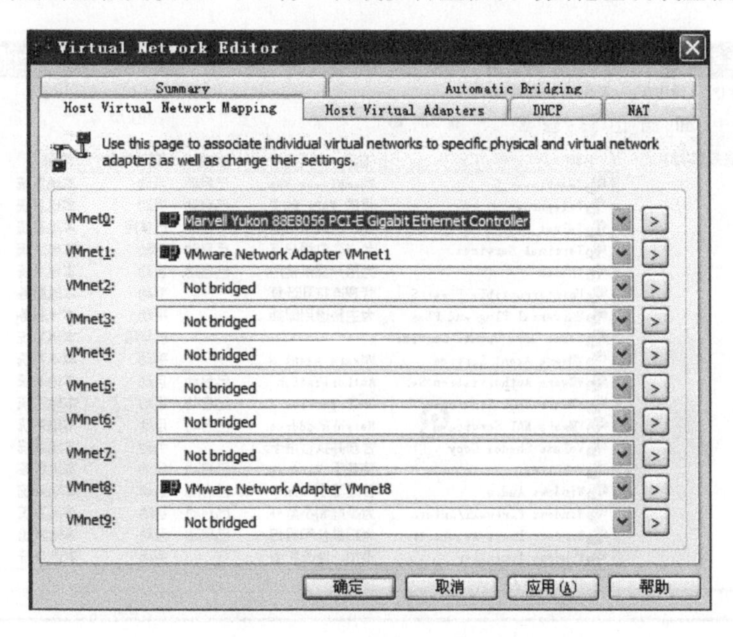

图 2-6　VMware Workstation 提供的虚拟交换机

2. 网桥

主机和虚拟机之间使用“桥接”网络组网时，该设备连接虚拟机中的以太网适配器到主机中的物理以太网适配器，将虚拟机连接到主机所在的局域网(LAN)。

经过桥接的虚拟机，能和主机一样成为主机所在网络上的一台额外的"真实"计算机，拥有主机所在局域网上的 IP 段地址，能够使用主机所在网络上的所有服务；同样地，对于主机以及主机所在网络上的任何物理计算机，其他虚拟机也都可以使用由它提供的所有资源或服务，默认网桥使用虚拟交换机 VMnet0。

3. NAT 适配器

该设备为主机和其他使用 NAT 网络类型的虚拟机提供了通信接口，同时它还兼有 NAT(Network Address Translation)功能，即网络地址转换的功能。如果主机通过另外一个以太网适配器连接在一个外部网络上，该设备能把本地网中虚拟机的 IP 地址转换为主机的外部网络地址，让虚拟机以主机的外部网络地址访问外部网络上的资源，默认 NAT 适配器使用虚拟交换机 VMnet8。

4. 仅主机适配器

仅主机适配器是一个标准的虚拟的以太网适配器，在主机的操作系统上，它在安装 VMware Workstation 时为主机自动安装并在主机上显示为 VMware Network Adapter VMnet1，它只为主机和使用"仅主机"网络类型的虚拟机提供数据交换的接口，所以由主机和使用"仅主机"网络类型的虚拟机组建的网络是典型的私有内部局域网络，默认使用虚拟交换机 VMnet1。

5. DHCP 服务器

DHCP 服务在 VMware Workstation 安装时自动安装，它是一个自动启动的服务(见图 2-7)，把主机变成一台 DHCP 服务器，能为使用"仅主机"和 NAT 配置的虚拟机自动分配动态 IP 地址。

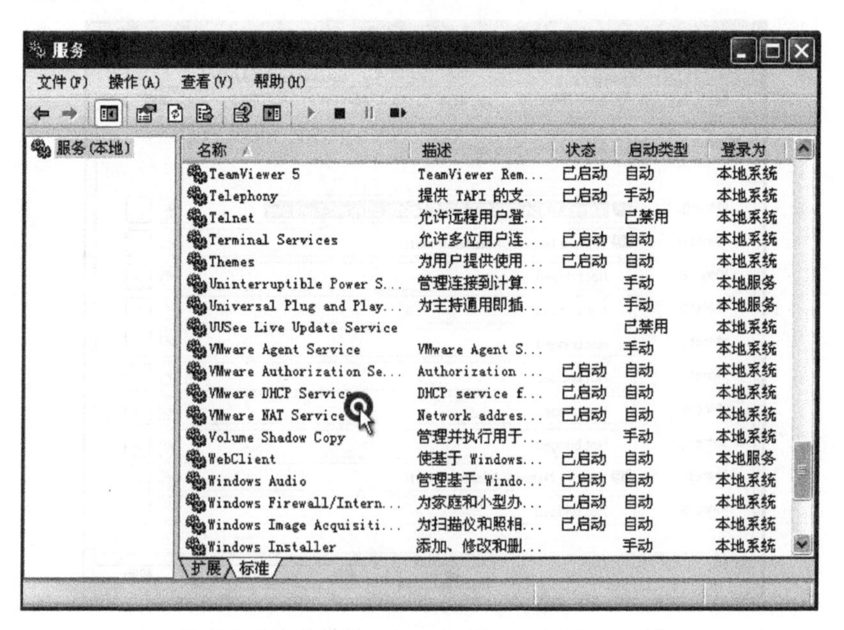

图 2-7　管理工具中的 DHCP 服务自动启动

6. 虚拟机上的以太网适配器

当创建一台虚拟机时，无论使用何种网络类型和操作系统，VMware Workstation 都为创建的虚拟机安装一个以太网适配器，该适配器在虚拟机操作系统中显示为 AMD PCNET PCI（见图 2-8），大多数操作系统都能识别这个虚拟硬件并为之安装合适的驱动程序，该适配器为主机和虚拟机、虚拟机和虚拟机之间的互相连接提供了通信接口。

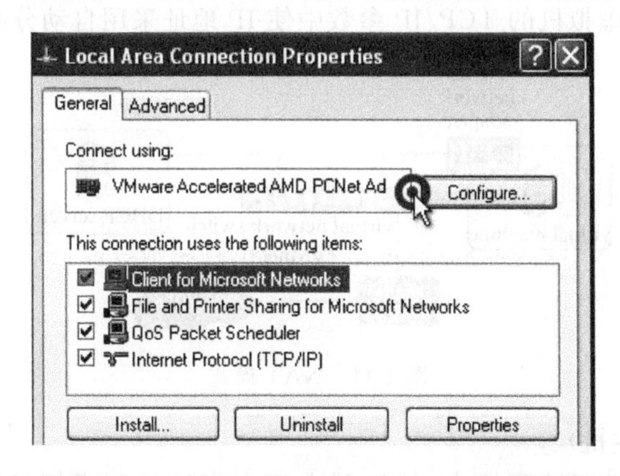

图 2-8　WindowsXP 虚拟机中的以太网适配器

2.3.4　VMware Workstation 网络的四种工作模式

VMware Workstation 网络提供了四种工作模式，它们是 Bridged（桥接）、NAT、Host-only（仅主机）和自定义模式。在配置虚拟机的网络连接时，需要正确设置，如图 2-9 所示。

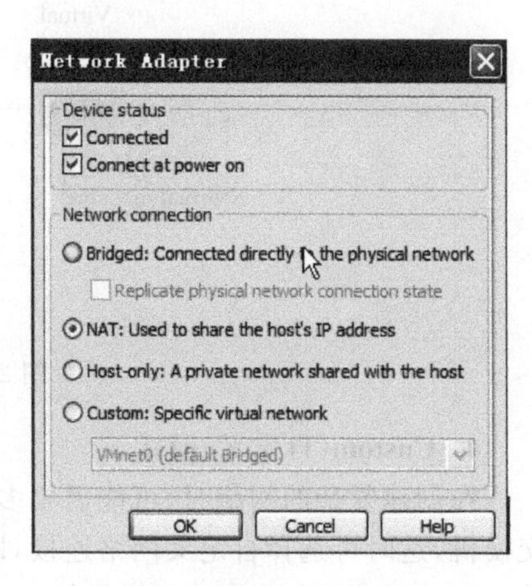

图 2-9　虚拟机网络设置

1. 桥接

在桥接模式下，VMware Workstation 虚拟出来的操作系统就像是局域网中的一台独立的主机，它可以访问网内任何一台机器。在桥接模式下需要手工为虚拟机配置 IP 地址、子网掩码，而且还要和主机处于同一网段，这样虚拟机才能和主机进行通信。同时，可以手工配置其 TCP/IP 参数，以实现通过局域网的网关或路由器访问互联网，如图 2-10 所示。

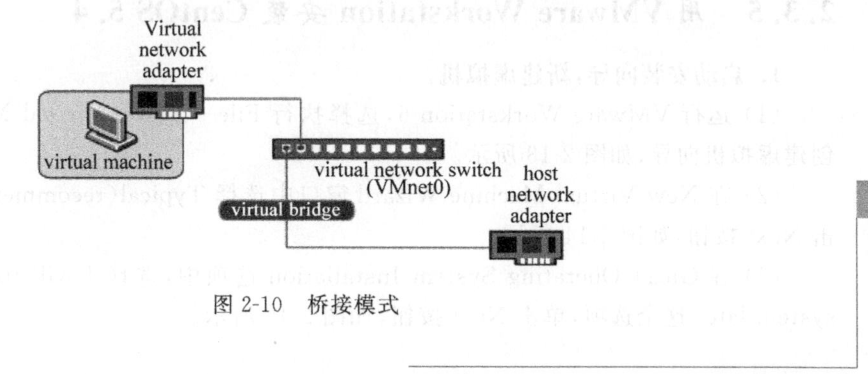

图 2-10　桥接模式

2. NAT

使用 NAT 模式，就是让虚拟机借助 NAT 功能，通过主机所在的网络来访问公网。也就是说，使用 NAT 模式可以实现在虚拟机里访问互联网。NAT 模式下的虚拟操作系统的 TCP/IP 配置信息是由 VMnet8 虚拟网络的 DHCP 服务器提供的（见图 2-11），无法进行手工修改，因此使用 NAT 模式虚拟机也就无法和本地局域网中的其他真实主机进行通信。使用 NAT 模式时，在虚拟机的 TCP/IP 参数中使 IP 地址采用自动分配即可。

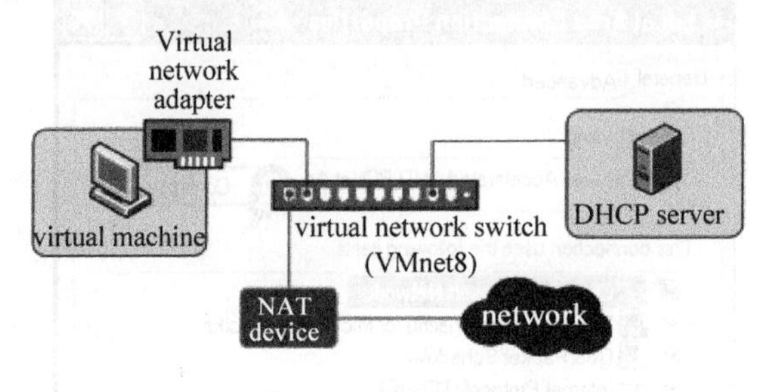

图 2-11　NAT 模式

3. Host-only（仅主机）

在某些特殊的网络调试环境中，如果要求将真实环境和虚拟环境隔离开，就可采用 Host-only 模式。在 Host-only 模式中，所有的虚拟机系统是可以相互通信的，但虚拟系统和真实的网络是被隔离开的，VMWare 虚拟机不能访问互联网，如图 2-12 所示。

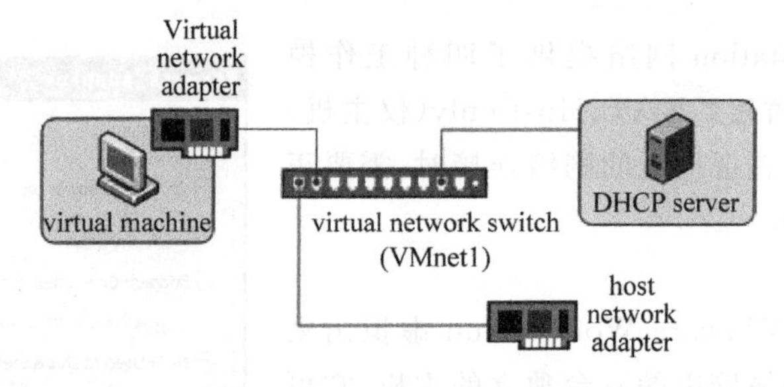

图 2-12　Host-Only 模式

4. Custom（自定义）模式

在创建复杂的网络时，可能需要多个虚拟交换机相连，每个虚拟机可能连接不同的虚拟交换机，这时可选择自定义网络连接，即在如图 2-9 所示的网络配置中，选择 Custom 模式，从 VMware Workstation 所提供的 10 个虚拟交换机中选择一种即可。

2.3.5　用 VMware Workstation 安装 CentOS 5.4

1. 启动安装向导，新建虚拟机。

(1) 运行 VMware Workstation 6，选择执行 File→New→Virtual Machine 命令，启动创建虚拟机向导，如图 2-13 所示。

(2) 在 New Virtual Machine Wizard 窗口中选择 Typical(recommended)单选按钮，单击 Next 按钮，如图 2-14 所示。

(3) 在 Guest Operating System Installation 选项中，选择 I will install the operating system later 这个选项，单击 Next 按钮，如图 2-15 所示。

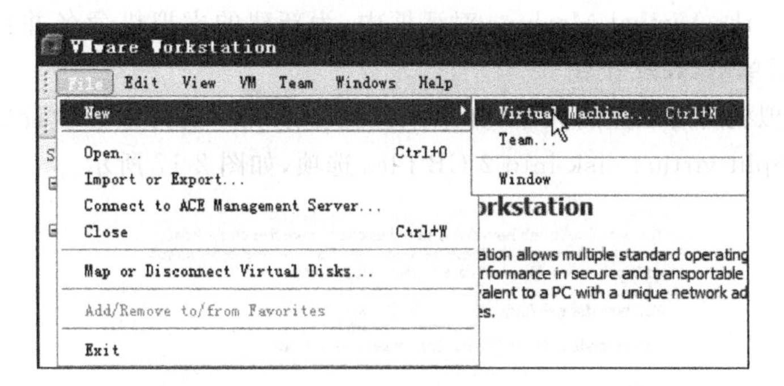

图 2-13　启动创建虚拟机向导

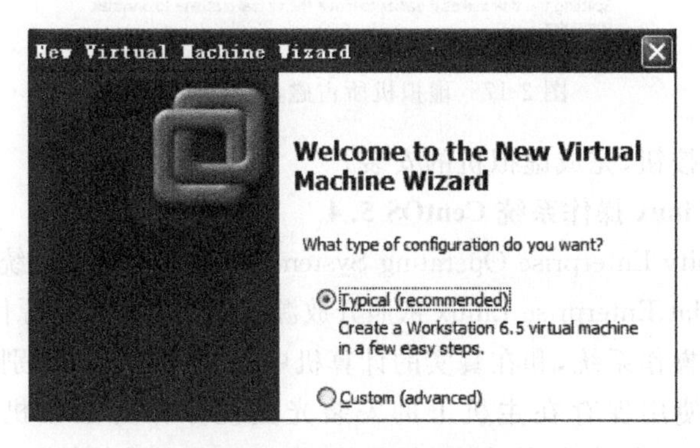

图 2-14　选择典型类别

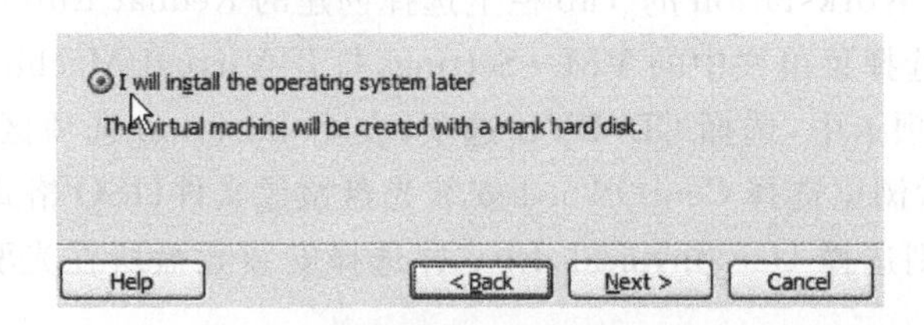

图 2-15　选择以及安装虚拟机操作系统

（4）在 Select a Guest Operating System 对话框中，选择要创建的虚拟机操作系统类型，这里选择 Linux 操作系统，在版本中选择 Red Hat EnterPrise Linux 5，如图 2-16 所示，设置完毕后单击 Next 按钮。

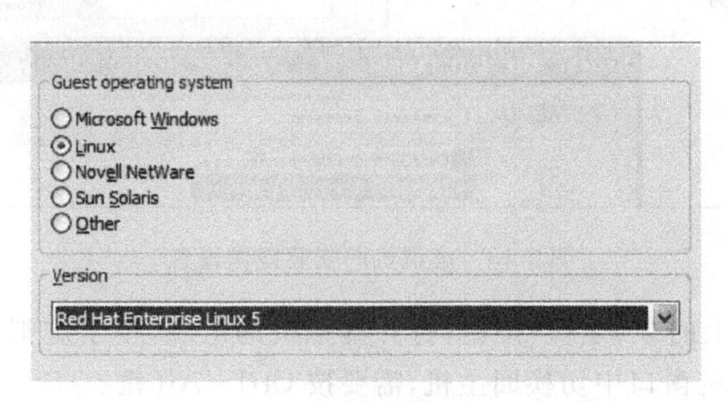

图 2-16　选择虚拟机操作系统类型

(5) 在 Name the Virtual Machine 对话框中，为新建的虚拟机命名并且选择它的保存路径，设置完毕后单击 Next 按钮。

(6) 选择虚拟机所需磁盘的大小，如果某些操作系统不支持虚拟盘看成一个单独的文件，则需要选择 Split virtual disk into 2 GB files 选项，如图 2-17 所示。

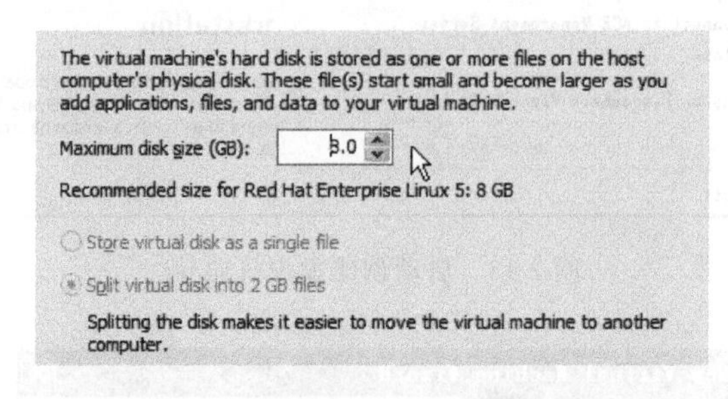

图 2-17　虚拟机所占磁盘空间设置

(7) 单击 Finish 按钮，完成虚拟机的安装。

2. 安装社区版 Linux 操作系统 CentOS 5.4

CentOS(Community Enterprise Operating System，社区企业操作系统)是 Linux 发行版之一，它由来自于 Red Hat Enterprise Linux 依照开放源代码规定释出的源代码所编译而成。

在虚拟机中安装操作系统，和在真实的计算机中安装没有什么区别，但在虚拟机中安装操作系统，可以直接使用保存在主机上的安装光盘镜像作为虚拟机的光驱。以下安装 CentOS 5.4 的步骤是以典型、简单为主，复杂的、自定义分区及软件包安装没有涉及。

(1) 在 VMware Workstation 的 Tab 栏上选择创建的 Redhat Enterprise Linux 5，使它成为当前的虚拟机，选择菜单栏中的 VM→Setting，打开 Virtual Machine Settings 窗口，在窗口的 Hardware 选项卡中，选择 CD/DVD 选项，在 Connection 选项区域内选中 Use ISO image 单选按钮，然后浏览选择 CentOS 5.4 安装光盘镜像文件(ISO 格式)，如图 2-18 所示。如果使用安装光盘，则选择 Use physical drive 并选择安装光盘所在光驱。单击 OK 按钮，完成设置。

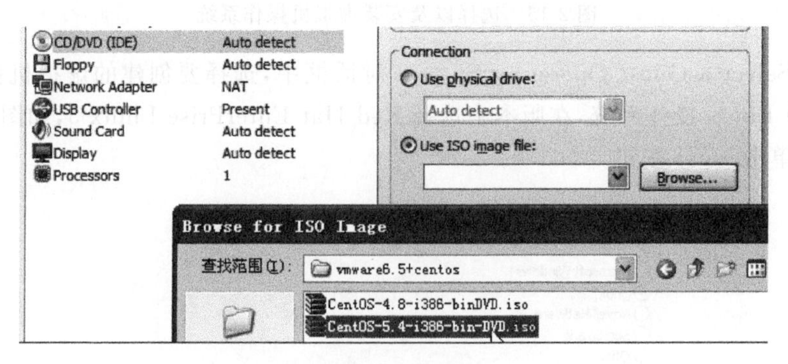

图 2-18　虚拟机的安装镜像设置

(2) 单击工具栏上的 ▶(运行)按钮，打开虚拟机的电源，单击虚拟机工作窗口，进入虚拟机。如果想从虚拟机窗口中切换回主机，需要按 Ctrl+Alt 键。

(3) 出现 CentOS 5.4 的安装界面，直接按回车键进入下一步选择。

(4) 出现安装介质是否检测界面，选择 Skip 按钮跳过检查。

(5) 选择安装过程中的显示语言类型时，可选择中文或英文安装，如图 2-19 所示，此处选择了英文的安装向导。

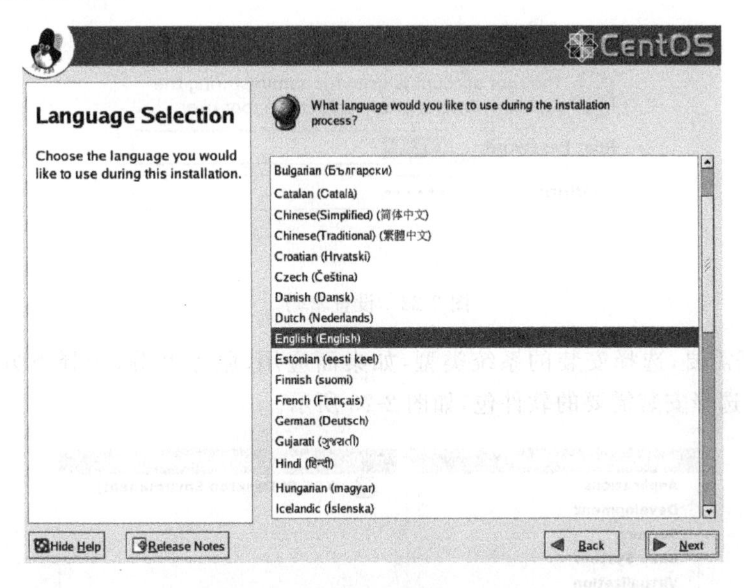

图 2-19　选择安装过程中的语言

(6) 在选择键盘类型时，选择 U. S. English，单击 Next 按钮。

(7) 选择清除所有的数据，及移除所有的 Linux 分区布置选项，单击 Next 按钮，在出现的警告对话框中单击 Yes 按钮，如图 2-20 所示。

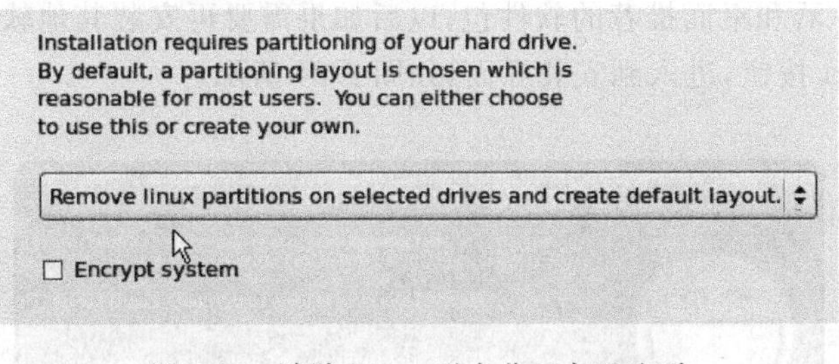

图 2-20　清除 Linux 磁盘分区布置选项

(8) 选择网络的默认设置，单击 Next 按钮，出现的界面如图 2-21 所示。

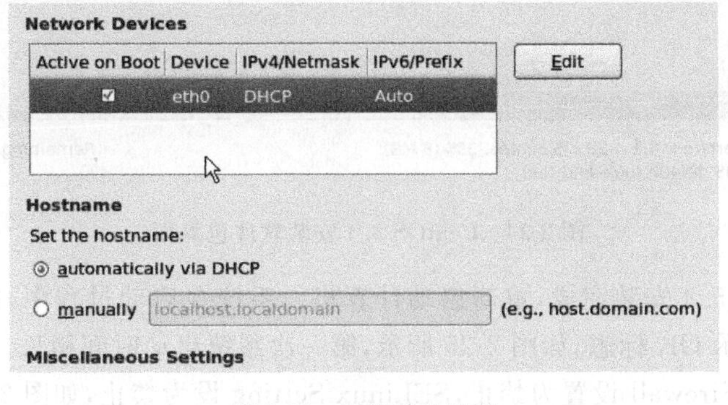

图 2-21　网络默认设置

（9）选择时区，单击 Next 按钮，设置超级用户（系统管理员）的密码，最少 6 个字符，如图 2-22 所示。

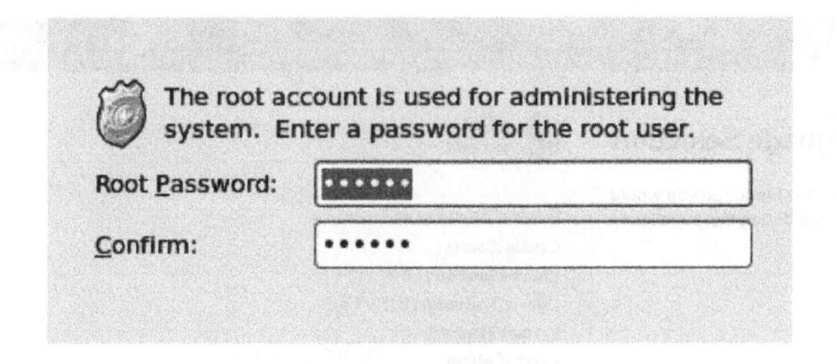

图 2-22　设置密码

（10）根据需要，选择安装的系统类型，如桌面应用、服务器等，选择下方的 customize now 可以详细选择安装需要的软件包，如图 2-23 所示。

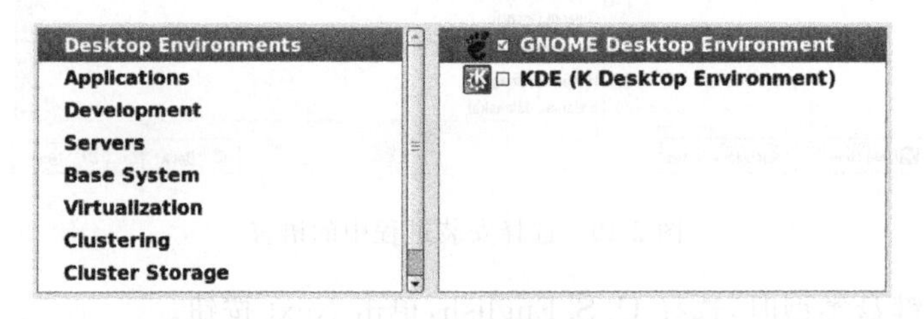

图 2-23　自定义安装软件包

在图 2-23 中，可以在图左边框中选择软件包类型，在图右边选择详细的软件包，对初学习者，建议安装服务器和桌面推荐的软件包，以后如果需要再安装其他软件包。

（11）单击 Next 按钮，进入到安装界面，如图 2-24 所示。

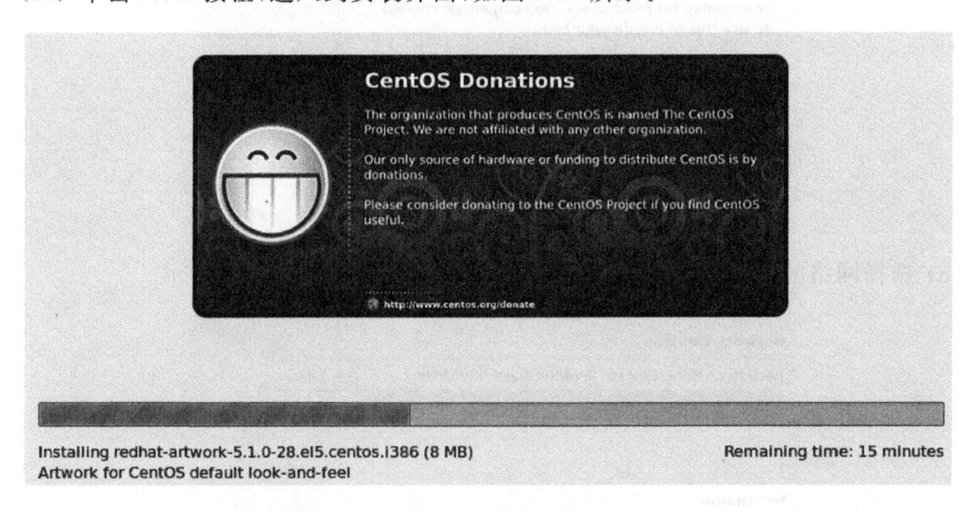

图 2-24　CentOS 5.4 安装软件包界面

（12）CentOS 5.4 安装完成，重新启动计算机。系统在启动过程中，启动各种应用，如果启动成功，会显示 OK 标志，如图 2-25 所示，第一次系统启动时间稍长。

（13）防火墙 Firewall 设置为禁止，SELinux Setting 设为禁止，如图 2-26 所示。

```
▸ Hide Details

Starting auditd:                                          [        ]
Starting restorecond:                                     [        ]
Starting system logger:                                   [        ]
Starting kernel logger:                                   [        ]
Starting irqbalance:                                      [        ]
Starting portmap:                                         [        ]
Starting NFS statd:                                       [        ]
Starting RPC idmapd:                                      [        ]
Starting system message bus:                              [        ]
Starting Bluetooth services:                              [        ]
Mounting other filesystems:                               [        ]
```

图 2-25　系统启动过程

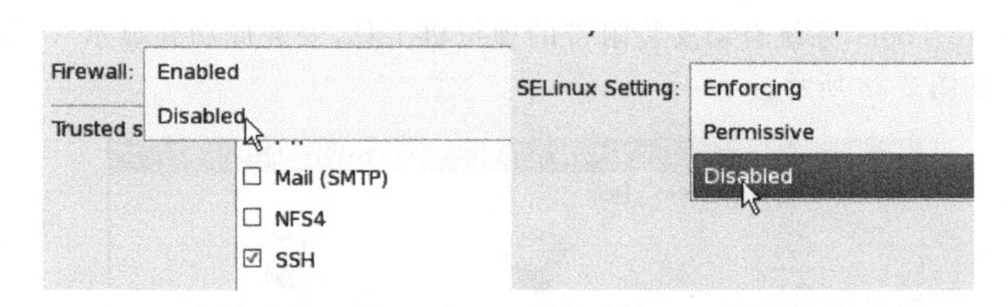

图 2-26　防火墙和 SELinux 设置

(14) 根据提示设置虚拟机操作系统的日期和时间，以及其他硬件设置，系统再一次重新启动。

(15) 以 root 身份登录系统，密码是图 2-22 中输入的密码，登录成功，显示 CentOS 5.4 桌面，如图 2-27 所示。

图 2-27　CentOS 5.4 的界面

2.4 学习进阶指引

2.4.1 在虚拟机中安装 VMware Tools

VMware Tools 相当于 VMware 虚拟机的主板芯片组驱动和显卡驱动、鼠标驱动，可极大地提高虚拟机的性能。安装 VMware Tools 后，可设置虚拟机分辨率大小、在虚拟机窗口中和主机中自动切换鼠标及使用文件拖曳的方式在主机和虚拟机中交换文件等。在 CentOS 5.4 虚拟机操作系统中安装 VMware Tools 步骤如下：

(1) 在确保 CentOS 5.4 虚拟机是当前运行的虚拟机的情况下，在菜单栏上选择 VM→Install VMware Tools，系统自动安装附带的虚拟机工具，安装成功并显示 VMware Tools 所在的目录，如图 2-28 所示。

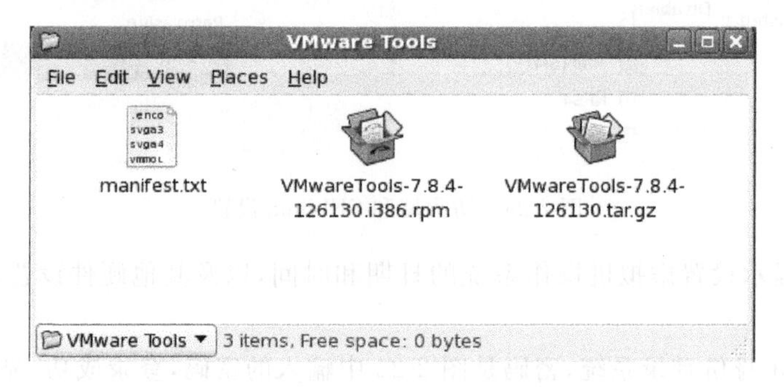

图 2-28 VMware Tools 虚拟机工具

(2) 右击桌面空白处，打开一个终端窗口，执行以下命令，并将 tar. gz 格式的文件(如 VMware-Linux-tools. tar. gz)复制到/tmp/目录下。

```
[root@bogon VMware Tools]# cd /
[root@bogon /]# cd /media
[root@bogon media]# cd VMware Tools/
[root@bogon VMware Tools]# ls
manifest.txt                    VMwareTools-7.8.4-126130.tar.gz
VMwareTools-7.8.4-126130.i386.rpm
[root@bogon VMware Tools]# cp VMwareTools-7.8.4-126130.tar.gz /tmp
```

(3) 进入/tmp 目录，解压此 tar. gz 格式的文件，生成 vmware-tools-distrib 文件夹。

```
[root@localhost media]# cd /tmp
[root@localhost tmp]# ls
mapping-root virtual-root.x5BZK9 VMwareTools-7.8.4-126130.tar.gz
[root@localhost tmp]# tar xvzf VMwareTools-7.8.4-126130.tar.gz
[root@localhost tmp]# ls
VMwareTools-7.8.4-126130.tar.gz
virtual-root.x5BZK9 vmware-tools-distrib mapping-root
```

(4) 进入解压后的 vmware-tools-distrib 目录，运行 vmware-install. pl 命令，根据提示完成安装。

```
[root@localhost tmp]# cd vmware-tools-distrib/
[root@localhost vmware-tools-distrib]# ls
bin doc etc FILES INSTALL installer lib vmware-install.pl
[root@localhost vmware-tools-distrib]# ./vmware-install.pl
```

提示：在安装过程中，所有选项选默认设置即可。

(5) 输出1～15个分辨率供选择，根据主机显示器分辨率大小来选择虚拟机分辨率。

(6) 重新启动虚拟机，即可使用VMware Tools的功能。

2.4.2 在虚拟机中增加硬件设备

同真实主机一样，虚拟机中可使用内存、硬盘、网络接口卡等硬件设备，只不过这些设备是主机硬件在其上的映射。

在虚拟机关机状态下，Summary View窗口中显示其上的硬件信息，如图2-29所示。

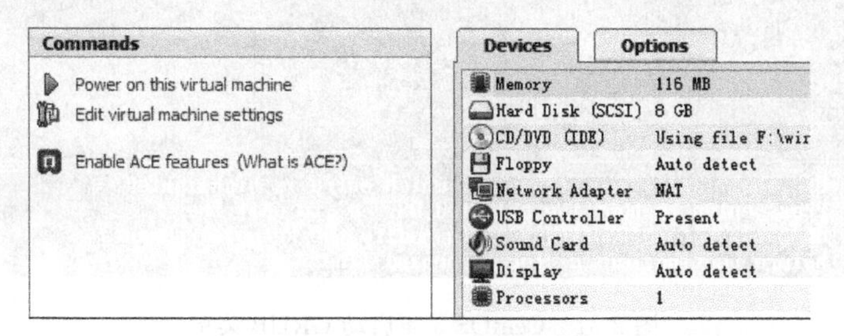

图2-29 虚拟机硬件信息

在图2-29左边，单击Edit virtual machine settings，在弹出的窗口中列出了能够添加的硬件设备类型，如Memory、Hard Disk等，单击Add按钮，选择某一硬件类型，按照向导完成硬件添加，如图2-30所示。

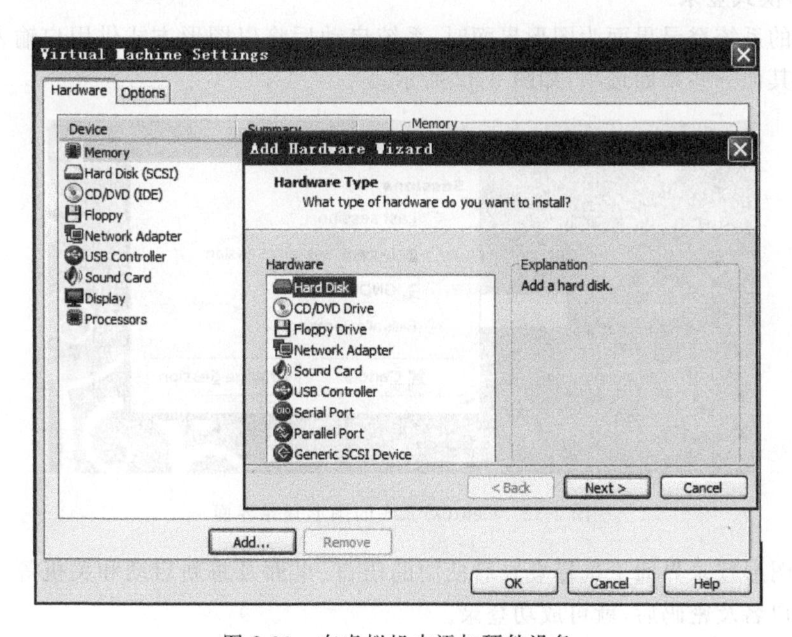

图2-30 在虚拟机中添加硬件设备

添加的硬件设备在虚拟机再一次启动时扫描并自动配置，某些硬件设备，如硬盘、网卡等还需在系统中手工配置参数后才能使用。

2.4.3 CentOS 5.4 的启动

以 CentOS 5.4 为例，当安装完成后，虚拟机重新启动，读取并加载 MBR 中的引导管理器(CentOS 5.4 中为 GRUB)，供用户选择要启动的操作系统(如果安装多个操作系统)，或等待 10s，进入默认系统，如图 2-31 所示。

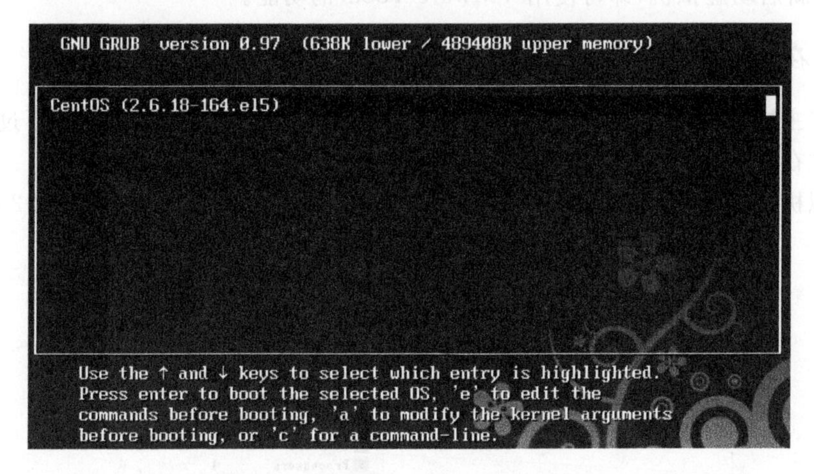

图 2-31 CentOS 5.4 启动 GRUB 菜单

然后系统内核执行一系列的引导程序，进入文本或图形登录界面。

2.4.4 CentOS 5.4 的界面登录

1. 图形模式登录

当设置的系统登录界面为图形界面时，系统启动后将以图形方式供用户输入账户名称和密码以及其他一些桌面选项，如图 2-32 所示。

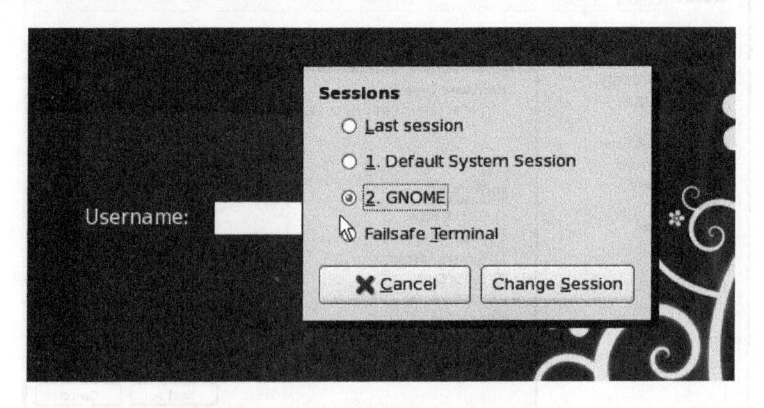

图 2-32 CentOS 5.4 的图形登录界面

用户在图形登录界面下选择登录后使用的语言、桌面及重新启动和关机等。在用户输入正确的用户名及密码后，就可成功登录。

2. 文本模式登录

文本登录窗口类似于 Windows 下的命令窗口，在 Linux 中称为虚拟控制台，Linux 允许同时打开最多 6 个虚拟控制台，分别用快捷键 Alt+F1 到 Alt+F6 进行访问。假如系统中已经存在了 user1 用户，用 user1 登录系统如图 2-33 所示。

```
CentOS release 5.4 (Final)
Kernel 2.6.18-164.el5 on an i686

bogon login: user1
Password:
[user1@bogon ~]$ pwd
/home/user1
[user1@bogon ~]$ _
```

图 2-33　文本登录窗口

在用户输入正确的用户名和密码后，成功进入系统的命令行操作界面。系统命令行下的提示信息一般格式为：

```
[ 用户名 @ 主机名 当前目录 ]# 操作命令
```

如上图中表示用户名为 root 或 user1，主机名为 bogon，当前目录是“～”(用户主目录)或/root。在 Linux 系统中，管理员账户为 root，其在系统下的提示符为符号 #，用户 user1 为普通用户，其在系统下的提示符为 $，使用命令 su 可实现二者之间的切换，命令 su 和“su -”不同，后者在切换为某一用户时，一并切换到用户的主目录。

在文本控制台下，用户注销登录时，可使用 logout 命令。

2.4.5　CentOS 5.4 的关机与重新启动

1. 图形模式下关机与重启

在图形模式下关机操作类似于 Windows，在 CentOS 5.4 窗口菜单栏上选择 System→Shut Down，即弹出关机或重启的对话窗口(见图 2-34)，选择一种操作即可。

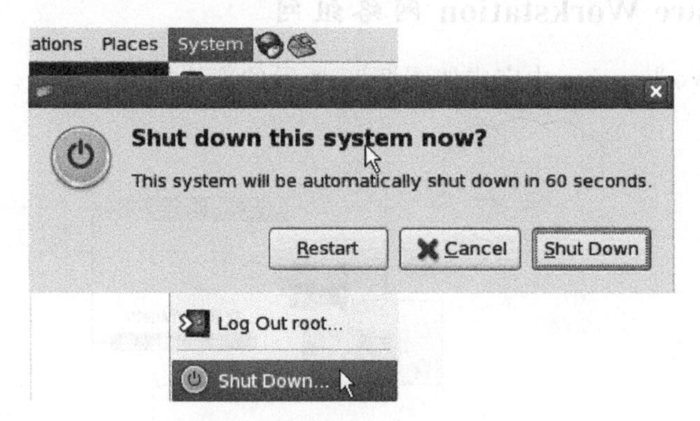

图 2-34　图形模式下关机

2. 文本模式下关机与重启

1) shutdown 关机命令

shutdown 命令可以关闭所有程序，重新启动或关机。参数说明如下(//后为编者注释)：

立即关机：-h 参数让系统立即关机。例如：

```
[root@laoLinux root]# shutdown - h now      //要求系统立即关机
```

指定关机时间：time 参数可指定关机的时间或设置多久时间后运行 shutdown 命令，

例如：

```
[root@laoLinux root]# shutdown now            //立刻关机
[root@laoLinux root]# shutdown +5             // 5min 后关机
[root@laoLinux root]# shutdown 10:30          //在 10:30 时关机
```

关机后自动重启：-r 参数设置关机后重新启动。例如：

```
[root@laoLinux root]# shutdown -r now         //立刻关闭系统并重启
[root@laoLinux root]# shutdown -r 23:59       //指定在 23:59 时重启动
```

2）halt、poweroff、reboot 命令

这三个命令类似，命令执行时可无参数。

```
[root@laoLinux root]# reboot                  //重新启动系统
[root@laoLinux root]# poweroff                //关闭系统,关闭电源
[root@laoLinux root]# halt                    //关闭系统,不关闭电源
```

3）init 命令

init 命令后跟 0～6 之间的数字作参数，可以改变系统的运行级别，其中运行级别 0 为关机，运行级别 6 为重新启动。

```
[root@laoLinux root]# init 0                  //系统关机
[root@laoLinux root]# init 6                  //重新启动系统
```

2.4.6 VMware Workstation 网络组网

在 VMware Workstation 中完成如图 2-35 所示的虚拟机网络配置。在图中有四台虚

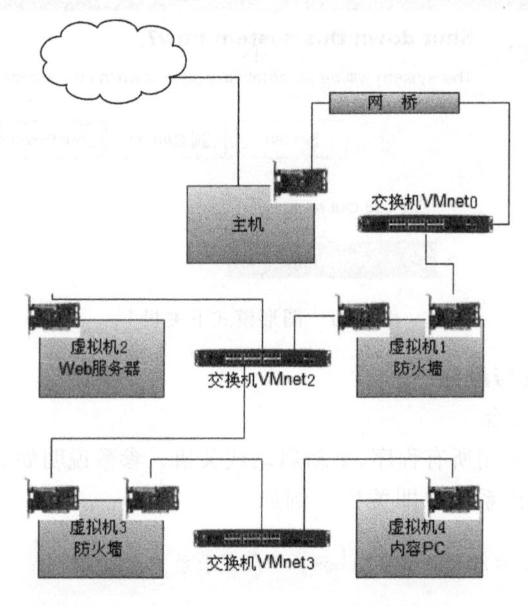

图 2-35 VMware Workstation 网络组网拓扑

拟机(使用 Windows XP 操作系统或 Linux 操作系统)、一个 Web 服务器、两个防火墙、一个内容 PC。Web 服务器通过一个防火墙连接到 Internet,内容 PC 可以通过一个二级防火墙连接到 Web 服务器,通过这个拓扑练习,了解 VMware Workstation 中的网络组建。

此网络拓扑组建的步骤如下:

(1) 打开一个已创建的虚拟机如 CentOS 5.4,在 Tab 栏上右击,在出现的快捷菜单中选择 Clone 选项,如图 2-36 所示,依据向导,克隆出另三台虚拟机,此项操作只有在虚拟机关闭的状态下才可以使用。

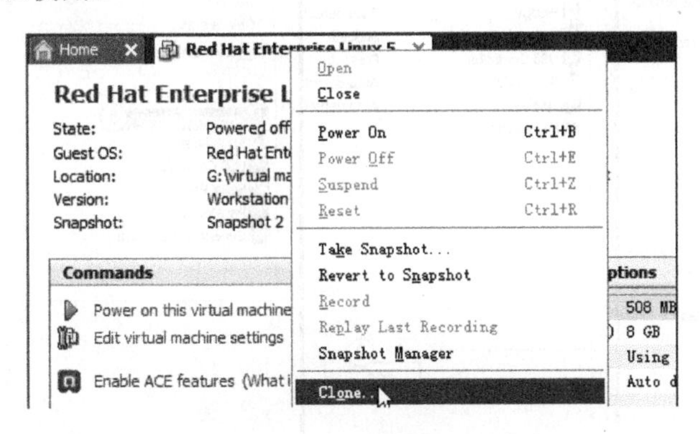

图 2-36 克隆虚拟机

克隆后的虚拟机如图 2-37 所示。

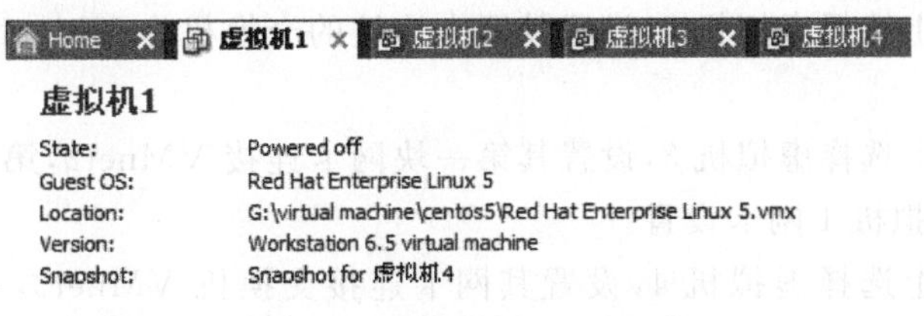

图 2-37 克隆后的 4 台虚拟机

(2) 选择虚拟机 1,在如图 2-38 所示中选择 Network Adapter,双击打开第一块网卡连接的交换机为桥接 Bridged(VMnet0)。

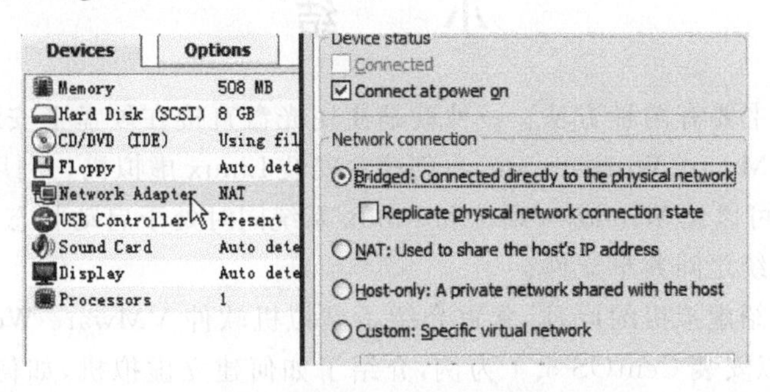

图 2-38 虚拟机 1 的第一块网卡设置

(3) 选择虚拟机 1,第一步选择 Commands 窗口中的 Edit virtual machine settings,编辑虚拟机的硬件设置,第二步单击 Add 按钮,增加硬件,第三步选择增加的硬件为 Network Adapter,第四步选择网卡的连接方式为 VMnet2,如图 2-39 所示。

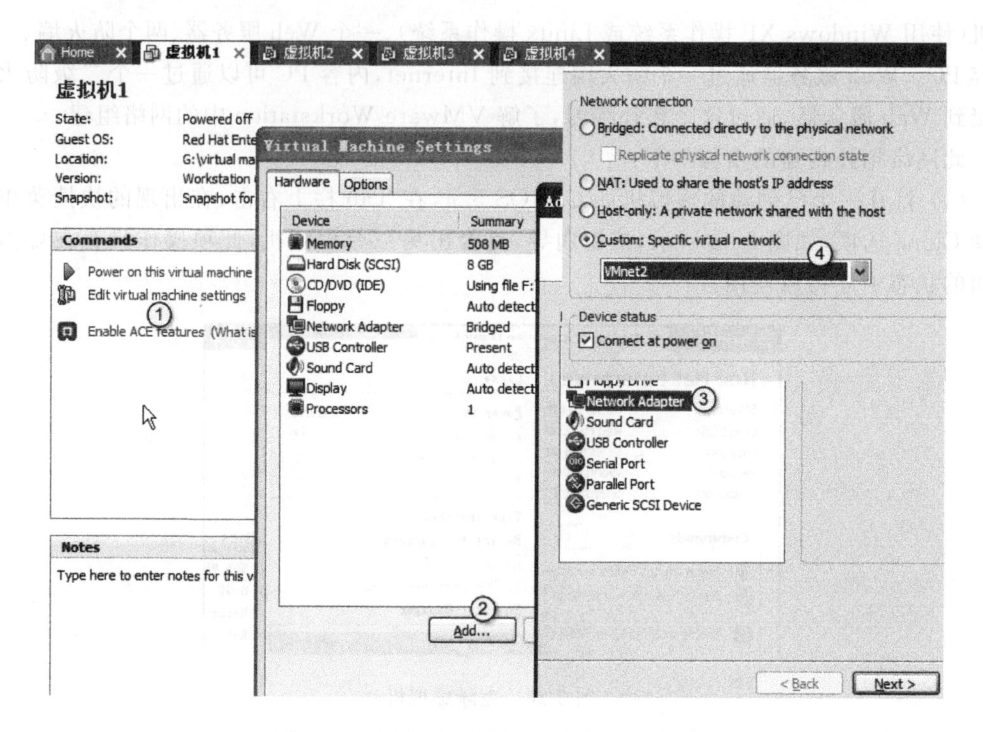

图 2-39　虚拟机 1 的第二块网卡设置步骤

（4）在 Tab 栏上选择虚拟机 2，设置其网卡连接的交换机为 VMnet2，参考虚拟机 1 网卡设置。

（5）在 Tab 栏上选择虚拟机 3，设置其第一块网卡连接 VMnet2，第二块网卡连接交换机 VMnet3，参考虚拟机 1 网卡设置。

（6）在 Tab 栏上选择虚拟机 4，设置其网卡连接交换机 VMnet3，参考虚拟机 1 网卡设置。

（7）可为每个虚拟机配置 IP 参数，测试连通性（注：本步骤可选做）。

小　　结

Linux 的安装主要有两种方法：一种就是使用光盘直接在硬盘上安装，另一种就是先安装虚拟机软件 VMware Workstation，再创建并安装 Linux 虚拟机。利用虚拟机软件安装 Linux 的优点就是可以让 Windows 系统和 Linux 系统同时处于启动状态并可自由切换，还可以在两个操作系统之间共享文件。

任务 2 首先介绍虚拟机的原理，着重介绍了虚拟机软件 VMware Workstation 的基本功能和使用，最后以安装 CentOS 5.4 为例，介绍了如何建立虚拟机，如何在虚拟机中安装操作系统和安装 VMware Tools，最后介绍了如何在虚拟机中增加硬件设备以及 Linux 系统的启动、关机和登录操作。

任务3 Linux 的图形化用户界面

3.1 学习目标

- 了解 Linux 的图形化界面和 Windows 界面的区别。
- 了解 X Window 的组成与工作原理。
- 掌握进入图形化用户界面的简单设置。
- 熟悉 GNOME 的桌面环境，掌握常用设置的简单操作。

3.2 基础知识与原理

3.2.1 X Window 简介

X Window 系统是 Linux 的窗口系统，是一个基于网络的图形界面系统，它于 1984 年在麻省理工学院开发，有将近 20 多年的应用历史。X Window 本身是一种基于网络协议的窗口，任何硬件只要遵守 X Protocol，就可以在相应的窗口显示工作情况。

与 Microsoft Windows 不同，X Window 向用户提供基本的窗口功能支持，而显示窗口的内容、模式等可由用户自行定制。另外 X Window 本身只是一系列应用软件，而不像 Microsoft Windows 那样是操作系统的一部分。单纯作为服务器运行的 Linux 系统可以完全不使用 X Window 而运行，Microsoft Windows 就不可能做到。

3.2.2 X Window 的发展简史

X Window 系统的诞生早于 Microsoft Windows，产生于 1984 年麻省理工学院与 DEC 公司的一个合作项目。项目需要一套可以在 UNIX 平台上运行的窗口系统，之所以把这个窗口系统称为 X，是因为它是以一个取自斯坦佛大学的实验性窗口系统 W 为基础设计开发出来的，开发人员便用字母 W 后面的 X 来命名这个系统。

到 1985 底，X 的第 10 版本(X Version 10)正式发布，X Window 开始被人们广泛接受，并在不同的 UNIX 平台上开发使用。从 1988 年开始，X Window 进入了一个高速发展期。

3.2.3 X Window 基本组成原理

X Window 是 C/S 架构，涵盖 X Server、X 协议、X Client 三部分内容，如图 3-1 所示。

(1) X Server(X 服务器)。位于最底层，主要处理输入、输出信息并维护相关资源。X Server 接受来自键盘、鼠标的操作并将操作交给 X Client 以进行反馈，X Client 反馈的信息

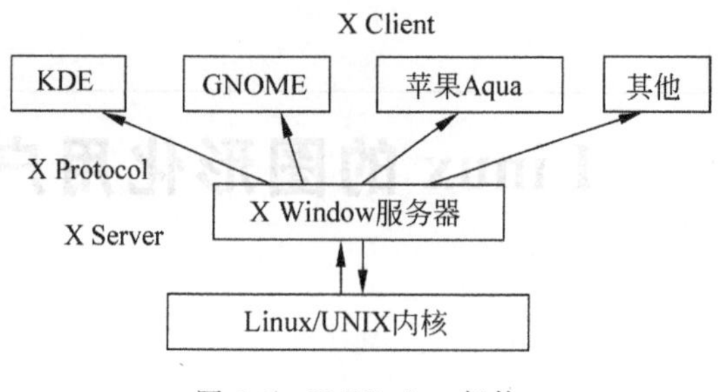

图 3-1　X Window 架构

由 X Server 负责输出。

(2) X Client(X 客户端)。位于最外层,提供完整的 GUI 界面,负责与用户的直接交互(GNOME 是 X Client)。

(3) X Protocol(X 通信协议)。用于 X Server 与 X Client 之间的链接,充当这两者的沟通管道。

X Window 系统的主要特点如下:

(1) X Window 系统是基于客户机/服务器(C/S)结构的,主要由 X Server 和 X Client 两个部分组成。其中,X Server 是操作系统中的一个程序,主要负责驱动显卡和各种图形的显示,同时也可以驱动其他输入设备,如鼠标和键盘。X Client 是 X Window 系统中的应用程序,它向 X Server 提出服务请求,得到 X Server 响应的显示画面。

(2) X Window 系统不是 Linux 操作系统必需的构成部分,而只是一个可选的应用程序组件。

(3) X Window 系统是开源的,可以通过网络或其他途径免费获取源代码。

3.3　操作步骤指导

3.3.1　进入 CentOS 5.4 图形界面的方式

1. 开机自动进入图形桌面登录环境

开机自动进入图形桌面登录环境是 Linux 下的一种运行级别设置,决定这一登录模式的是 Linux 的/etc 目录下的 inittab 文件,在该文件中有一行:

```
id:5:initdefault:
```

其中数字 5 表示启动时进入图形模式,数字 3 表示启动时进入文本模式,根据需要改变其值,重新启动即可。

2. 在文本模式下进入图形桌面环境

在文本模式下进入图形桌面环境,有很多种方式,其中最常用的是 startx 命令,它是一个脚本文件,可打开/usr/X11R6/bin/startx 文件了解其内容。正常情况下,在终端窗口中执行以下命令进入图形桌面环境(//后为编者注释)。

```
[root@localhost ~]# startx        //启动 X Window
```

3.3.2 GNOME 桌面的基本组成

GNOME 桌面环境是典型的 Linux 的桌面环境，默认配置下的 GNOME 桌面主要包括 3 个部分：桌面快捷方式、面板图标和应用程序。

1. 桌面图标

桌面上有三个图标，分别是 computer（相当于 Windows 下的我的电脑）、root 的主文件夹（相当于 Windows 下的“我的文档”，如图 3-2 所示）和回收站。

图 3-2 GNOME 桌面环境

2. 面板

屏幕顶部是面板，可以从这里启动应用程序，安装所选择组件不同，面板上按钮的多少也有差别，如图 3-3 所示。

图 3-3 GNOME 桌面面板

面板包括应用程序按钮、磁盘位置、Web 浏览器、电子邮件、文字处理器、演示文稿、电子表格、输入法、日期、音量控制等，如表 3-1 所示。

表 3-1 Linux 面板

名　称	功　能
Applications	类似 Windows 系统中的“开始”按钮
Places	选择目标文件位置，如主目录、“我的电脑”等
Web Browser	启动 Mozilla Firefox 浏览器
Email	启动电子邮件程序
Data and Time	显示当前的日期和时间，可以根据需要定制显示的样式
Volume Control	显示当前的音量控制开关

3. 程序菜单

与 Windows 的“开始”菜单类似，在 CentOS 5.4 中，很多应用程序可以通过程序菜单来启动。

(1)“应用程序”菜单。默认安装的 CentOS 5.4“应用程序”菜单中包括 Internet、图像、影音、系统工具等几个部分。

(2)“位置”菜单。在上述面板中的“位置”菜单中，可以快速访问用户的主文件夹、桌面、计算机、其他网络服务器及最近的文档。

(3)“系统”菜单。在面板上的“系统”菜单中包含首选项(类似 Windows 下的“控制面板”)。

3.3.3 GNOME 的基本设置

GNOME 默认将 Nautilus 图形化工具作为文件管理器。Nautilus 文件管理器可以帮助用户高效地查看文件夹，管理用户文件，根据文件类型将应用程序正确地打开，以及显示网页、访问网络资源。

1. 桌面首选项

GNOME 中的“桌面首选项”与 Windows 下的“控制面板”类似。可以通过 System→Preferences 来访问指定的某个配置项目，或在终端窗口中输入 gnome-control-center 命令打开配置窗口，如图 3-4 所示。

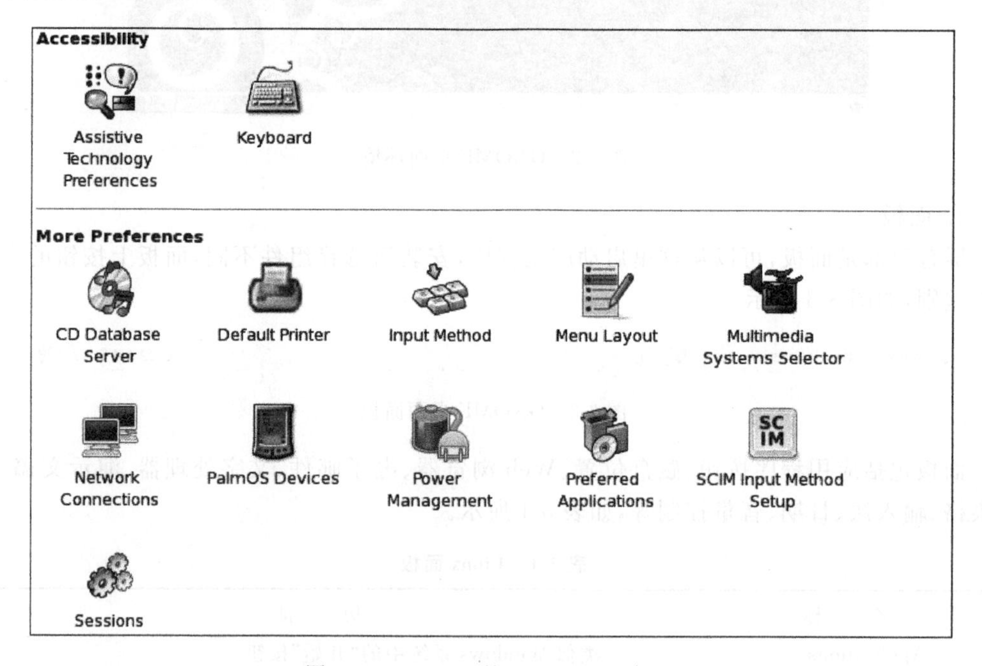

图 3-4 GNOME 的 Preferences 窗口

桌面首选项部分按钮的功能如表 3-2 所示。

2. 面板的配置

GNOME 桌面有上、下两个面板，其中上面板中有各种应用程序和其他工具的快捷方式。用户可以根据自己的需求来添加、删除快捷方式。

表 3-2 桌面首选项中按钮功能

名　称	功　能
Theme	主题首选项，设置桌面主题
Removable Drives	可移动存储设备的设置
Font	设置应用程序使用的字体
Mouse	设置鼠标的属性
Screensaver	设置屏幕保护系统
Screen Resolution	设置屏幕分辨率
Desktop Background	设置桌面背景
Network Proxy	网络代理配置
Menus & Toolbars	设置菜单和工具栏
Remote Desktop	设置远程桌面

1）添加快捷方式

右击面板空白处，选择 Add to Panel 打开项目添加窗口，然后根据自己的需要添加快捷方式。

2）对面板各快捷方式属性的调整

右击相应的图标，选择 Properties 打开属性设置窗口。

3）删除快捷方式

右击相应图标，选择 Remove from Panel 即可。

3. 退出 GNOME

选择 Action→Logout 命令即可注销当前用户。如果想彻底退出 GNOME 环境，则可以通过以下方式来完成。

1）通过退出 X Window 来实现

在 GNOME 环境中，同时按下 Ctrl＋Alt＋Backspace 键，即可退出 GNOME。如果系统默认是以图形界面方式启动的，则该操作只重新启动 X Window。

2）通过改变运行级别来实现

设置/etc/inittab 文件中对默认的运行级别，以使系统启动时进入文本操作模式。

4. 配置日期和时间

时间和日期属性工具允许用户改变系统日期和时间、配置系统使用的时区、设置网络时间协议（NTP）守护进程来与时间服务器的系统时钟同步。

以 root 身份登录系统，选择 System→Administration→Date & Time 命令，在出现的带选项卡的窗口中，配置系统日期、时间和 NTP 守护进程。

5. 改变桌面背景

右击桌面空白处，选择 Change Desktop Background，在出现的如图 3-5 所示的窗口中设置桌面背景相关选项。

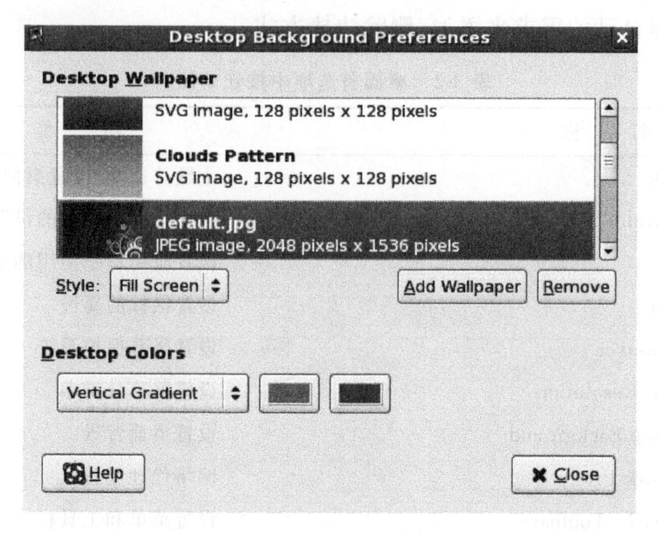

图 3-5 选择桌面背景

3.3.4 在GNOME环境下配置网络

在Linux系统中，TCP/IP网络是通过若干个文本文件进行配置的，如/etc/hosts、/etc/services、/etc/resolv.conf等，选择System→Administration→Network命令，出现如图3-6所示的窗口，在不同的选项卡中，可对虚拟机的IP地址和子网掩码、DNS服务器、Hosts名字解析、IPsec通道进行配置。

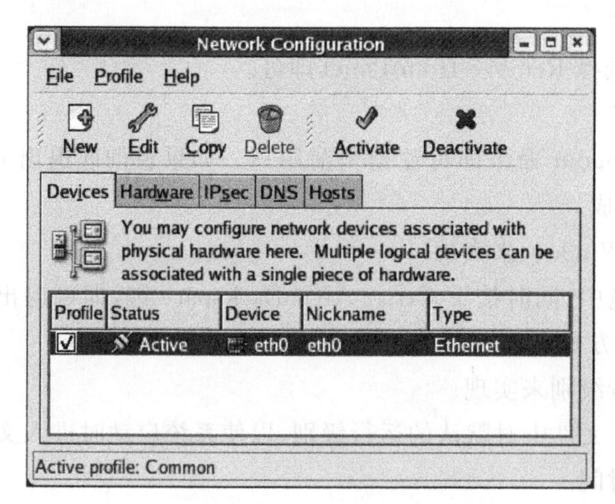

图 3-6 CentOS 5.4 网络参数配置

3.4 学习进阶指引

与GNOME类似，KDE也是一个功能强大的UNIX/Linux工作站图形桌面环境。KDE是一个完全开放的互联网项目，源代码公开，根据GNU许可分发和修改，其他桌面还有Xfce、LXDE等。

3.4.1 KDE 桌面的面板管理

图 3-7 所示的是一个典型的 KDE 桌面环境。下面介绍桌面元素。

- KDE 按钮：该按钮类似于 Windows 中的“开始”按钮，单击后将弹出一个菜单。
- KDE 菜单：该菜单类似于 Windows 中的“开始”菜单，在该菜单中集中了 Linux 中的全部操作命令。
- 图标：与 Windows 中的图标含义相同，代表一个程序或一个命令。
- 背景：KDE 桌面背景图案，用户可以根据需要使用不同的图片作为背景。
- 面板：与 Windows 中的任务栏含义一样，包含 KDE 按钮、虚拟窗口、窗口标题栏以及时间区域。

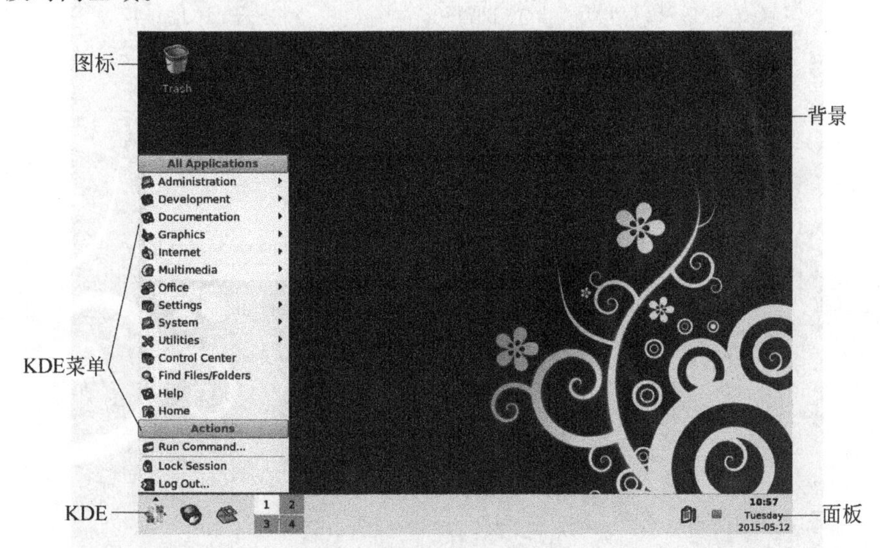

图 3-7 KDE 桌面图标

3.4.2 KDE 的窗口管理

1. 窗口的基本操作

在 KDE 中进行窗口的操作比较简单，其所有的操作都集中在控制区中，包括放大、缩小、恢复、拖动以及关闭。

2. 排列窗口

当 KDE 桌面环境中窗口较多时，可以通过排列方式对窗口进行规则的排列，从而快速找到要操作的窗口。

3. 从任务栏激活窗口

当使窗口缩小后，可以在面板中看到窗口标题，此时只要单击缩小窗口按钮，就可以使窗口消失，只显示在面板中；如果要再次操作窗口，单击任务栏中的窗口标题即可。

3.4.3 KDE 的文件管理器

在 KDE 桌面环境中可以通过文件管理器来访问文件或文件夹，对其进行管理，如复制、移动、重命名等操作。

3.4.4 桌面环境之间的切换

如果 CentOS 5.4 虚拟机系统安装有多个图形桌面环境，根据用户使用习惯，可在多个桌面之间进行切换。

1. 利用图形登录窗口完成切换

在如图 3-8 所示的图形界面登录窗口中，单击 Session，如果系统中安装了多个图形桌面环境，可在弹出的窗口中进行选择，再单击 OK 按钮，则成功登录后的桌面环境就是所选择的桌面环境，如图 3-8 所示。

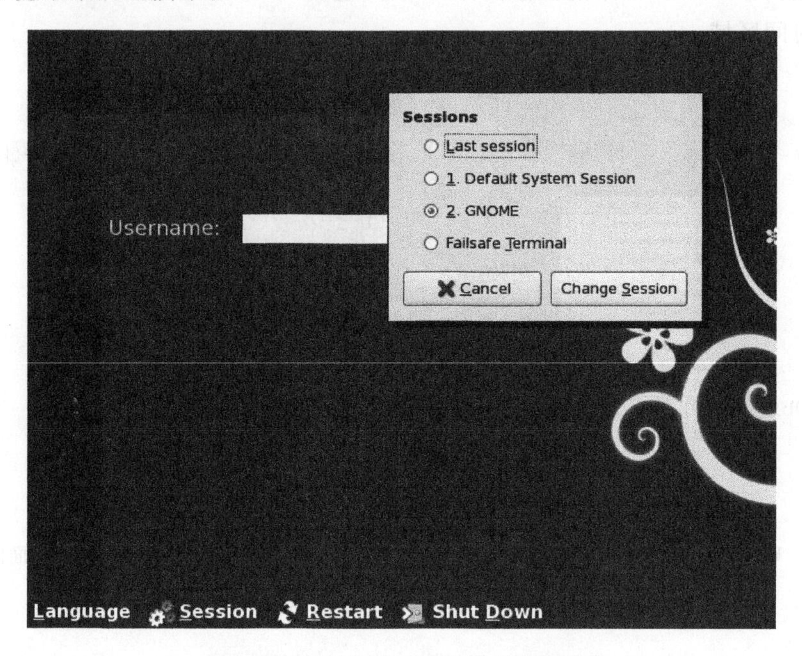

图 3-8 在登录窗口中选择桌面类型

2. 利用终端窗口命令完成切换

在终端窗口中执行下面的命令“switchdesk 窗口名”，即可切换到窗口名所表示的桌面环境。例如 gnome、kde 系统中已经安装的窗口管理器。

```
[root@localhost ~]# switchdesk gnome        //下次启动 X Window 时进入 GNOME 桌面环境
[root@localhost ~]# switchdesk kde          //下次启动 X Window 时进入 KDE 桌面环境
```

注：系统中已经安装 switchdesk 的软件包，才能使用 switchdesk 命令。

3.4.5 GNOME 窗口环境操作

仿照 Windows XP 下的操作习惯，练习 GNOME 窗口下的类似操作，包括更改桌面分辨率、添加/删除程序、更改系统时间、更改桌面背景、查看系统硬件信息、在不同的目录之间复制/剪切文件、压缩/解压缩文件等。

小　　结

X Window是Linux系统中图形化用户界面的标准，它由X Server、X Client和X Protocol三部分组成。

Linux下有多种成熟的桌面环境，最常用的有GNOME和KDE。GNOME桌面环境由系统面板、主菜单和桌面三个部分组成，用户可以通过首选项、系统设置菜单对桌面背景、屏幕保护程序、语言、字体进行设置。

任务4 管理Linux用户与组

4.1 学习目标

- 了解Linux用户的种类以及不同种类用户的区别。
- 了解用户信息的构成部分。
- 掌握用户配置文件/etc/passwd文件的格式组成，了解每组成部分的代表意义。
- 掌握使用操作命令进行用户的添加、删除、密码更改和切换。
- 掌握图形界面下用户的属性操作。

4.2 基础知识与原理

4.2.1 多用户操作系统

Linux是一个多用户的操作系统，任何使用系统资源的用户，必须拥有用户账号，其账号和密码保存在系统配置文件中。用户的账号一方面可以帮助系统管理员对使用系统的用户进行跟踪，并控制他们对系统资源的访问；另一方面也可以帮助用户组织文件，并为用户提供安全性保护。

4.2.2 用户和组的基本概念

(1) 用户：在Linux里面用户是私有的账号，用户名是用来标识系统中用户的身份。

(2) 用户ID和组ID：在Linux系统中，真正标识用户和组的不是用户和组的账户名称，而是一个数字，这个数字类似于身份证号，分别称为用户和组的ID(UID和GID)，如用户alice的UID为511。在Linux中，UID和GID是一个32位的整数。

任何用户被分配一个唯一的用户ID号(UID)，超级用户root的UID以及GID都为0，而普通用户的UID及用户自定义组GID都是大于等于500的，系统用户ID及组ID介于1～499之间。

(3) 用户主目录：系统为每个用户配置的单独使用环境，即用户登录系统后最初所在的目录，用户的文件都放置在此目录下。

(4) 所有者：文件和目录的创建者默认就会成为该文件和目录的用户所有者，只有文件的所有者才能对文件属性做出修改。

4.2.3 用户和组的分类

Linux有3类用户，分别是普通用户、超级用户和系统用户，其相关描述分别如下。

（1）普通用户：用于日常使用操作系统的用户，大多数用户都属于普通用户，其权限相当有限，只能操作其拥有权限的文件和目录，只能管理自己启动的程序。

（2）超级用户：拥有 root 权限的用户，有权访问系统中的所有文件、目录和其他资源。另外，一些系统调用只有超级用户才能执行，如挂载文件系统或关闭计算机。

（3）系统用户：是指与系统服务相关的用户，这类用户通常是在安装的过程中产生的，一般被一些服务、应用程序所使用，让这些服务有权限去访问一些数据，如 Apache 网络服务创建的系统用户为 Apache。

组按照性质可分为系统组和私有组。

（1）系统组：安装 Linux 以及部分服务性程序时，系统自动设置的组。

（2）私有组：根据需要，以 root 身份创建的组。

4.2.4 用户账号配置文件

1. /etc/passwd 文件

在 Linux 系统中，所有用户的账号信息都存在/etc/passwd 这个文件中，这个文件对所有用户是可读的，用 cat 命令显示文件的内容，显示如下：

```
#cat /etc/passwd
root:x:0:0:root:/root:/bin/bash
bin:x:1:1:bin:/bin:/sbin/nologin
daemon:x:2:2:daemon:/sbin:/sbin/nologin
adm:x:3:4:adm:/var/adm:/sbin/nologin
lp:x:4:7:lp:/var/spool/lpd:/sbin/nologin
sync:x:5:0:sync:/sbin:/bin/sync
shutdown:x:6:0:shutdown:/sbin:/sbin/shutdown
...
```

passwd 文件每一行表示一个账号数据，可以看到文件中有 root 以及新增的账号，还有系统自动建立的标准用户 bin、daemon、mail 等。每个账号都有 7 个字段，字段之间用“：”分隔，格式为：

```
账号名称：密码：UID：GID：用户名描述：主目录：默认 Shell
```

（1）账号名称：登录系统时使用的名称，在同一个系统中，登录名是唯一的，而且大小写是有区别的。

（2）密码：登录密码，该栏如果是一串乱码，表示口令已经加密。如果是 X，表示密码经过 shadow password 保护，将/etc/shadow 作为真正的口令文件，只有超级用户才有权读取，如果第一个字段为“*”，则表示该账号被停止使用，系统不允许该账号的用户登录。

（3）UID（用户号）：每个用户账号都由一个唯一的识别号码用于标识，每个用户有自己唯一的 UID，root 的 UID 为 0，1～499 被系统的标准用户使用，新加的用户 UID 默认从 500 开始。

（4）GID（群组号）：Linux 中每个组账号都有一个唯一的识别号码，保存在/etc/group 文件中，具有相似属性的多个用户可以被分配到同一个组中。

（5）用户名描述：包括有关用户的一些信息，如用户的真实姓名、联系电话和办公室住址等。

(6) 主目录：用户的主目录通常是/home/username(这里 username 代表真实的用户名称，如 user1)。root 的用户主目录为/root。

(7) 默认 Shell：用户登录后使用的 Shell 环境，预设为 Bash，系统中也有其他类型的 Shell。Shell 可简单理解为用户操作的一个界面，在这个界面上用户能够输入命令或用鼠标操作 Linux 系统。

2. /etc/shadow 文件

和用户配置有关的另一个文件是/etc/shadow，它主要是为了增加口令的安全性，默认情况下这个文件只有 root 用户可以读取，其内容如下：

```
#cat /etc/shadow
root:$1$EaZ8TzJd$BDhA.PSJ/VOPOhRr9eM8x0:15426:0:99999:7:::
bin:*:15426:0:99999:7:::
daemon:*:15426:0:99999:7:::
adm:*:15426:0:99999:7:::
lp:*:15426:0:99999:7:::
sync:*:15426:0:99999:7:::
shutdown:*:15426:0:99999:7:::
...
```

每行有 8 个字段，用"："分隔，每个字段含义如表 4-1。

表 4-1　/etc/shadow 字段含义

字段	说　明
1	用户账号名
2	用户密码内容。为"!!"时，表示这个账号目前没有密码，也不能用来登录，一般都属于系统账号。而其他密码则是经过 MD5 加密算法的加密内容
3	由 1970 年 1 月 1 日算起，到上次密码修改日期的天数
4	两次修改口令之间所需的最小天数
5	口令保持有效的最大天数
6	如果密码有期限限制，则在过期前多少天需向用户送出警告信息，默认为 7 天
7	如果密码设置为必须修改，但是到达期限后仍未修改，则系统会自动关闭账号的天数
8	从 1970 年 1 月 1 日算起，到账号过期的天数
9	系统保留字段，目前尚未使用

4.3　操作步骤指导

4.3.1　相关操作命令

1. useradd-添加用户账号命令

命令格式为：

```
useradd [options] <username>
```

常用 options 选项说明如下。

-c：用户账号描述，即用户的注释信息。

-d：设置用户主目录，默认值为用户的登录名，并放在/home 目录下。

-g：设置基本组，指定用户所属的主要组，若不指定，则新建与用户同名的私有组。

-s：设定用户使用的登录 Shell 类型。

-u：设置用户 ID。

【例 4-1】 以系统默认值创建用户 teacher。

```
[root@localhost ~]# useradd teacher
```

【例 4-2】 创建用户 student，主目录放在/var/目录中，用户描述为 student's account，UID 为 1000，使用的 Shell 为/bin/csh。

```
[root@localhost ~]# useradd -d /var/student -c "student's account" -s /bin/csh -u 1000
student
```

其在/etc/passwd 文件中生成的记录行如下：

```
student:x:1000:1000:student's account:/var/student:/bin/csh
```

当一个用户账户被创建时，与用户账户同名的私有组会被同时创建。

2. passwd-改变账户密码命令

命令格式为：

```
passwd [options] <username>
```

功能：设置或更改账户密码，该命令可由 root 或希望修改自己密码的用户执行。

常用 options 的选项说明如下。

-d：删除用户的口令，则该用户账号无需口令即可登录系统，但对于 Linux 系统，建议每一个用户都设置密码。

-l：锁定指定的用户账号，必须解除锁定才能继续使用。

-u：解除指定用户账号的锁定。

-s：显示指定用户账号的状态。

【例 4-3】 新建用户 user1，分别使用以上选项执行 passwd 命令，显示命令执行后的结果(其中//后表示编者注释，在操作时无须输入)。

```
[root@localhost ~]# useradd user1        //增加用户 user1
[root@localhost ~]# tail -n 1 /etc/passwd;tail -n 1 /etc/shadow
      //使用 tail 命令显示 passwd 文件的最后一行,两个命令用";"分隔
user1:x:1001:1001::/home/user1:/bin/bash
user1:!!:15443:0:99999:7:::
[root@localhost ~]# passwd  user1        //改变用户 user1 的密码
[root@localhost ~]# tail -n 1 /etc/passwd;tail -n 1 /etc/shadow
user1:x:1001:1001::/home/user1:/bin/bash
user1:$1$0xG3LHXl$xes.AIuK7ZCWx4BQk.HtS0:15443:0:99999:7:::
[root@localhost ~]# passwd -l user1    //锁定 user1
```

```
[root@localhost ~]# tail -n 1 /etc/passwd;tail -n 1 /etc/shadow
user1:x:1001:1001::/home/user1:/bin/bash
user1:!! $ 1 $ 0xG3LHXl $ xes.AIuK7ZCWx4BQk.HtS0:15443:0:99999:7:::
[root@localhost ~]# passwd -u user1     //解锁 user1
[root@localhost ~]# tail -n 1 /etc/passwd;tail -n 1 /etc/shadow
user1:x:1001:1001::/home/user1:/bin/bash
user1: $ 1 $ 0xG3LHXl $ xes.AIuK7ZCWx4BQk.HtS0:15443:0:99999:7:::
[root@localhost ~]# passwd -d user1  //删除 user1 的密码,使其不输入密码即可登录系统
[root@localhost ~]# tail -n 1 /etc/passwd;tail -n 1 /etc/shadow
user1:x:1001:1001::/home/user1:/bin/bash
user1::15443:0:99999:7:::
```

3. usermod-改变用户属性命令

命令格式为：

```
usermod [options] <username>
```

功能：改变用户的属性，其中 usermod 命令支持 useradd 的所有选项。其他常用选项说明如下。

-l：改变用户的登录名称。

【例 4-4】 将 user2 用户名改为 user3，用户的其他信息不变。

```
[root@localhost ~]# useradd user2
[root@localhost ~]# tail -n 1 /etc/passwd
user2:x:1002:1002::/home/user2:/bin/bash
[root@localhost ~]# usermod -l user3 user2
[root@localhost ~]# tail -n 1 /etc/passwd
user3:x:1002:1002::/home/user2:/bin/bash
```

4. userdel-删除用户命令

命令格式为：

```
userdel [options] <username>
```

常用选项说明如下。

-r：删除账号时，连同账号主目录一起删除。

【例 4-5】 删除用户 tom 及其所拥有所有资源。

```
[root@localhost ~]# userdel -r tom  //这个操作同时删除了建立用户时建立的目录/home/tom
```

5. su-切换用户身份命令

命令格式为：

```
su [options] <other-username>
```

功能：在不同用户之间切换，为了切换为 other-username，用户需要知道 other-username 的密码,但 root 用户除外。常用 options 的选项及说明如下。

-:使 Shell 成为登录 Shell。

-c:运行指定命令,然后返回。

【例 4-6】 在用户 root 和 clsung 之间切换(//后为编者注释)。

```
[root@localhost ~]# su - c ls root  //变更账号为 root 并在执行 ls 指令后退出,变回
                                    //原使用者
[root@localhost ~]# su - clsung     //变更账号为 clsung 并改变工作目录至 clsung 的主
                                    //目录(home dir)
```

4.3.2 图形界面下管理用户和组

除在终端窗口用命令形式管理用户和组外,Linux 还提供了图形界面来管理用户和组。

1. 用户和组配置

在 CentOS 5.4 系统中,选择 System→Administration→Users and Groups 命令,打开用户和组群管理工具,如图 4-1 所示。

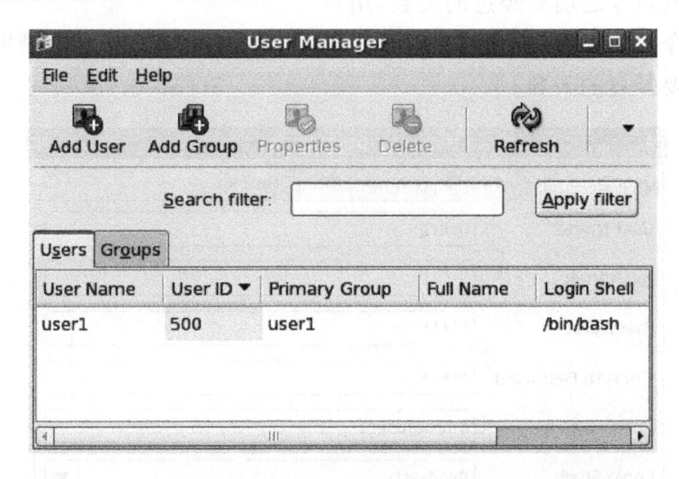

图 4-1 图形界面的用户管理器

单击 Users 选项卡,可以查看本地用户的列表;单击 Groups 选项卡,可以查看本地组群的列表;还可以在 Search Filter 字段内输入名称的前几个字符,搜索查找特定的用户。

2. 添加新用户

单击图 4-1 中的 Add User 按钮,出现如图 4-2 所示的窗口。输入用户名、口令(至少包含 6 个字符),选择登录 Shell。如果选择了创建主目录,默认的配置文件就会从/etc/skel 目录复制到新的主目录中。

可为用户指定 UID,如果没有指定,则新建用户的 UID 是上一个普通用户的 UID 加 1,初始普通用户的 UID 为 500。

用户被建立后,默认建立一个与用户名相同的私有组,如果把用户加入到更多的用户组群中,可在图 4-1 中单击要选择的用户,选择面板上的 Properties 属性按钮,在弹出的窗口中选择 Group 选项卡,选择所需的用户组。

3. 修改用户属性

在图 4-1 中选择某个用户,单击工具面板上的 Properties 属性按钮,弹出如图 4-3 所示的窗口。

(1) User Data:显示添加用户时配置的基本用户信息。在这里可以改变用户的全称、口令、主目录或登录 Shell。

(2) Account Info:如果让账号到达某一固定日期时过期,选择启用账号过期。然后输入日期;选择用户账号已被锁可以锁住用户账号,使用户无法登录系统。

(3) Password Info:该选项卡显示了用户口令最后一次被改变的日期。强制用户在一定天数之后改变口令,选择启用口令过期。还可以设置允许用户改变口令之前要经过的天数,用户被警告去改变口令之前要经过的天数,以及账号变为不活跃之前要经过的天数。

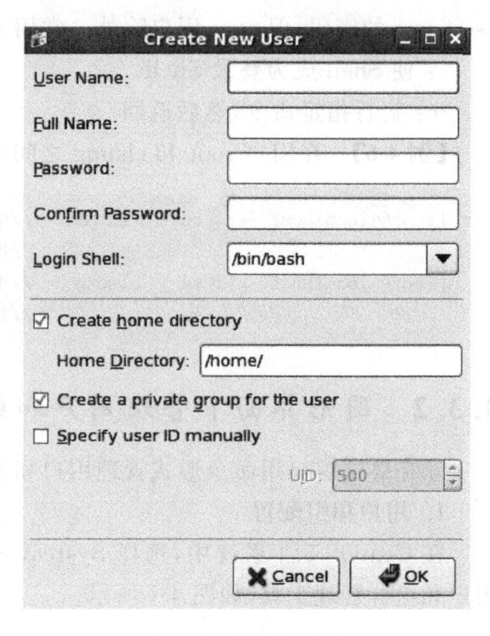

图 4-2 添加新用户

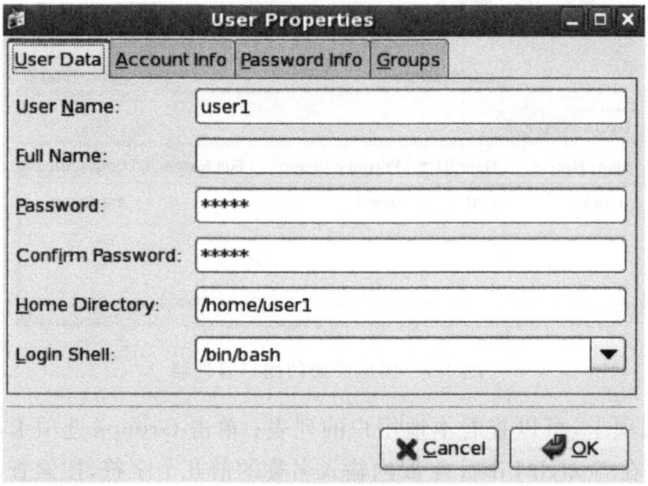

图 4-3 修改用户属性

(4) Groups:选择用户要加入的组群以及用户的主要组群。

4.4 学习进阶指引

4.4.1 Linux 的组管理命令

Linux 下用户群组的管理与用户的管理是相对应的,常用的管理用户群组的命令如表 4-2 所示。

表 4-2　用户群组管理命令

指　　令	用　　途	指　　令	用　　途
groupadd	创建用户组	groupmod	修改群组的信息
groupdel	删除用户组	newgrp	切换群组登录
gpasswd	修改、设置群组密码和用户权限		

4.4.2　查看系统用户信息

在 Linux 系统操作中，特别是在配置网络文件时，有时需要查看某一个网络服务如 httpd、ftp 等的用户信息，这些服务为系统服务，系统服务在安装后就产生了用以启动相应操作的用户，这些用户同普通用户一样，也具有自己的 username、UID、Shell 等。

【例 4-7】　查看系统服务用户 ftp 的相关信息。

```
[root@bogon etc]# cd /etc
[root@bogon etc]# cat passwd | grep ftp    //用命令 cat 输出 passwd 内容,再用 grep 命令搜索
                                           //ftp,这样只显示有关 ftp 用户的信息,|是管道操作
命令,用于连接两个命令
ftp:x:14:50:FTP User:/var/ftp:/sbin/nologin
[root@bogon etc]#
```

在显示的内容中，用户 ftp 的 UID 为 14，GID 为 50，描述为 FTP User，目录为/var/ftp，登录 Shell 为/sbin/nologin(不许登录)。同样，可以查看 httpd 等其他系统用户的信息。

4.4.3　/etc/skel 目录

/etc/skel 目录是系统模板目录，在新建一个用户时，把这个目录下的所有文件(隐藏文件)复制到新建立的用户目录下。

【例 4-8】　查看/etc/skel 目录的内容。

```
[root@bogon skel]# cd /etc/skel
[root@bogon skel]# ls -a        //用 -a 表示输出隐藏文件,这些文件以圆点号开头
. .. .bash_logout .bash_profile .bashrc .mozilla .zshrc
[root@bogon skel]#
```

小　　结

用户账户和组的管理是 Linux 系统工作中最重要的一部分，而账号管理是指账号的添加、删除和修改、账号设置以及权限授予。用户账户可以帮助系统管理员记载使用系统的人，并控制他们对系统资源的存取。

任务 4 介绍了 Linux 用户和组的基本概念，对用户和组操作的基本命令以及用图形界面对 Linux 用户进行管理。

任务5 Linux 文件系统与目录结构

5.1 学习目标

- 了解文件系统的概念和文件系统的类型。
- 掌握 Linux 的目录结构及每一个目录的作用。
- 掌握 Linux 不同的文件类型及每一类型的特点。
- 掌握文件命名的原则和文件通配符的使用。
- 了解文件权限，掌握 Linux 文件权限的文本表示和八进制表示，以及两种表示之间的转换。
- 掌握命令操作的基本知识。
- 熟练掌握修改权限、文件显示、复制/删除/移动文件、创建/删除目录的相关命令。
- 掌握搜索查找、文件比较、命令重定向和管道命令的使用。
- 熟练掌握 VI 的相关操作。

5.2 基础知识与原理

5.2.1 文件系统类型

Linux 和 Windows 的一个非常重要的差别是文件系统。Linux 支持的文件系统类型比 Windows 多；Linux 文件系统的组织方式也和 Windows 不同，Linux 没有 C 盘、D 盘这类盘符的概念，所有在不同分区的数据共同构成一个唯一的目录树；在 Linux 中可以很容易地根据需要决定是否挂载某个分区。

5.2.2 Linux 文件系统基本概念

1. 文件

文件是具有名字的一组相关信息的有序集合，存放在外部存储器中。文件的名称称为文件名，它是文件的标识。文件的信息可以是各种各样的，一个程序、一批数据、一张图片、一段视频等都可以作为文件的内容。文件的存储空间是具有非易失性的外部存储器(如磁盘、磁带、软盘、光盘等)，因而文件是可以长久保存的信息形式。所有需要在系统关机后仍能保留的信息都应以文件的形式存在。

2. 文件系统

文件系统是操作系统的一个重要组成部分，它负责管理系统中的文件，为用户提供使用文件的操作接口。文件系统由实施文件管理的软件和被管理的文件组成。文件系统通常以磁盘分区划分，每个分区对应一个独立的文件系统。

Linux 系统中用户能看到的文件空间是一个单树状结构，如图 5-1 所示。该树的根在顶部，称为根目录 root，用"/"表示。文件空间中的各种目录和文件从树根向下分支。实际上，文件树中的许多目录并不一定是存放在同一个磁盘中，它们可能被存放在不同的分区、不同的磁盘甚至不同的计算机中。当某一个磁盘分区被挂载到文件树中称为"挂载点"的目录上时，就成为了该文件系统的一个组成部分。

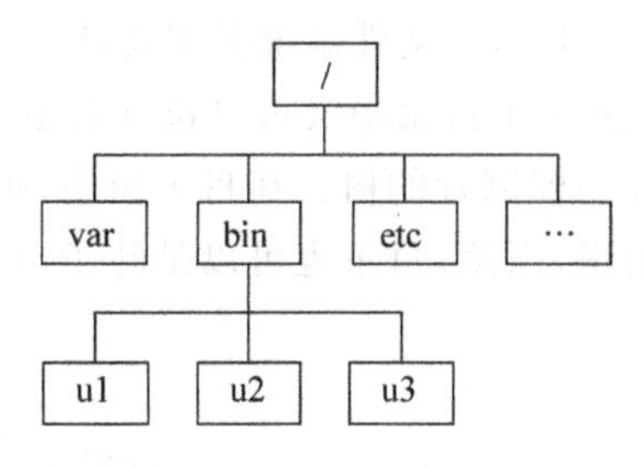

图 5-1 Linux 文件系统示意图

Linux 正是通过这种将不同文件系统组合在一起的技术，实现了文件系统之间的无缝连接，为用户的操作提供了极大的方便。

Linux 系统启动时，首先在内存中装载根文件系统，然后根据配置文件/etc/fstab 的设置，逐个建立文件系统。此外用户也可以通过 mount、umount 命令手工安装和卸载文件系统。

5.2.3 Linux 文件系统类型

Linux 作为开源操作系统其最大的优势就是支持多种文件系统。现代 Linux 内核几乎支持所有的文件系统，从基本的 FAT 文件系统到高性能文件系统如日志文件系统(JFS)。文件系统大体上可以分为基于磁盘的文件系统、基于网络的文件系统等。

1. 磁盘文件系统

磁盘文件系统针对的是直接或者间接连接到计算机上的存储设备，负责管理这些设备中的可用存储空间，常见的磁盘文件系统有：

(1) Linux 使用的文件系统，有广泛使用的 ext2 文件系统(Second Extended File System)、ext3 文件系统(Third Extended File System)和 Reiser 文件系统等。

(2) UNIX 使用的文件系统，有 SYS V 文件系统、Minix 文件系统、UFS 文件系统(UNIX File System)等。

(3) 微软的 VFAT、NTFS 文件系统。

(4) ISO9660 CD-ROM 文件系统、UDF(Universal Disk Format)的 DVD 文件系统。

2. 网络文件系统

网络文件系统也称作分布式文件系统，它通过网络管理和访问文件，典型的网络文件系统有：

(1) NFS(Network File System)，由 Sun 公司开发，在 UNIX 领域应用最广泛的网络文件系统。

(2) SMB(Server Message Block)，用在 Microsoft 的 Windows 操作系统和 IBM 的 OS/2 操作系统上，进行共享文件、共享打印机的文件系统。

(3) GFS(Global File System)是一个共享存储的、支持日志功能的分布式文件系统，主要由 Red Hat 公司进行开发和管理。

5.2.4 Linux 文件系统的目录结构

Linux 文件系统采用树状目录结构，即只有一个根目录，其中含有下级子目录或文件的信息；子目录中又可以包含有更多的子目录或者文件的信息，这样一层一层地延伸下去，构成一棵倒置的树。在目录树中，根节点和中间节点都必须是目录，而文件只能作为叶子节点出现，当然，目录也可以是叶子节点，如图 5-2 所示。

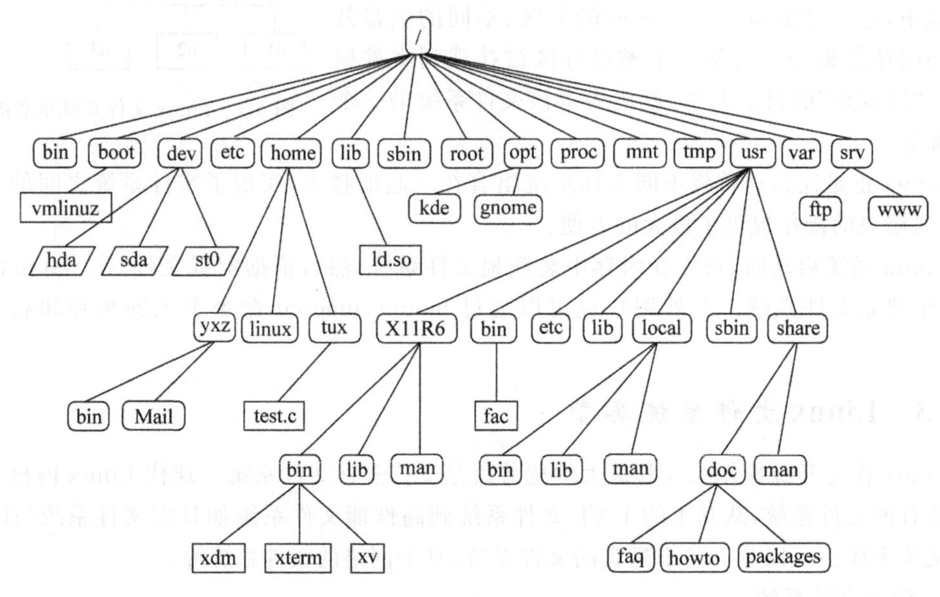

图 5-2　Linux 的树状目录结构

Linux 系统中各个目录的具体内容见表 5-1。

表 5-1　Linux 系统各个子目录的内容

路径	主 要 内 容
/root	引导系统的必备文件，文件系统的装载信息以及系统修复工具和备份工具等
/usr	通常操作中不需要进行修改的命令程序文件、程序库、手册和其他文档等
/var	经常变化的文件，如打印机、邮件、新闻等的假脱机目录、日志文件、格式化后的手册页以及临时文件等
/home	用户的主目录，用户的数据通常都保存在这个目录中
/proc	目录下的内容是系统启动后在内存中创建的，它包含内核虚拟文件系统和进程信息，如 CPU、DMA 通道以及中断的使用信息等
/etc	系统相关的配置文件，如开机启动选项等
/bin	大部分为必需的命令，可由普通用户使用
/dev	各类设备文件所在的目录，如光盘、U 盘、硬盘等
/tmp	程序运行过程中所产生的临时文件
/boot	引导装载程序要使用的文件，内核映象通常保存在这个目录中
/mnt	是临时文件系统的挂装目录，如 U 盘、光盘等都可以在这个目录下建立挂载点

5.2.5 Linux文件系统的分类

文件是有名字的一组相关信息的集合，它有很多种分类的方法，在Linux系统下将其分为四类。

1. 普通文件

普通文件也称为常规文件，包含各种长度的字符串。普通文件有以下几种。

(1) 文本文件：以文本的ASCII码形式存储在计算机中，是以“行”为基本结构的一种信息组织和存储方式。如信件、报告和称为脚本的命令文本文件，后者由Shell解释执行。

(2) 数据文件：由来自应用程序的数字型和文本型数据组成，如电子表格、数据库及字处理文档。

(3) 可执行的二进制文件：以二进制形式存储在计算机中，由机器指令和数据构成。如各种系统命令。

可以使用file命令来查看文件的类型，该命令可以将任意多个文件名当作参数，参数之间使用空格分隔开，其使用方式为：

```
file filename1 [filename2 …]
```

如显示文件类型：

```
[root@bogon skel]# cd /etc/skel
[root@bogon skel]# ls -a
. .. .bash_logout .bash_profile .bashrc .mozilla .zshrc
[root@bogon skel]# file .bash_profile
.bash_profile: ASCII English text
```

2. 目录文件

主要目的是用于管理和组织系统中的大量文件，其存储一组相关文件的位置、大小等与文件有关的信息。目录文件一般简称为目录，包括文件名、子目录名及其指针。它是Linux储存文件名的唯一地方，可以使用ls命令列出目录文件。

3. 符号链接文件

指向同一索引节点的那些目录条目。使用ls命令来查看时，链接文件的标志用字母l开头，而文件后面以“->”指向所链接的文件。

4. 设备文件

Linux系统把每一个I/O设备都看成一个文件(这点与Windows操作系统有很大区别)，与普通文件处理方法一样，这样可以使文件与设备的操作尽可能统一。从用户的角度来看，对I/O设备的使用和一般文件的使用一样，不必了解I/O设备的细节。

设备文件可以细分为块设备文件和字符设备文件。前者的存取是以字符块为单位的，后者则以单个字符为单位。Linux的一些设备如磁盘、终端、打印机等都是以文件的形式表示出来，这一类文件就是设备文件，常放在/dev目录内。例如，用/dev/fd0表示软盘，用/dev/hda等表示硬盘。

5.2.6 文件的一般命名原则

文件名存储在目录文件中，Linux 文件名几乎可以由 ASCII 字符的任意组合构成，文件名最长可达 255 个字符。为了方便管理，文件命名应遵循以下规则：

(1) 文件名应尽量简单，用户应该选择有意义的文件名反映出文件内容，文件名没有必要超过 14 个字符。

(2) 除斜杠"/"和空字符以外，文件名可以包含任意的 ASCII 字符，因为这两个字符被系统内核当做表示路径名的特殊字符来解释。

(3) 习惯上允许使用下划线"_"和圆点"."来区别文件的类型，使文件名更易读。但是应避免使用以下字符，因为对系统的 Shell 来说，它们有特殊的含义，这些字符包括；| < > ` " ' $! % & * ? \ ( ) [ ]等。

(4) 文件名应避免使用空格、制表符或其他控制字符。

(5) 为了便于管理和识别，同类文件应使用同样的后缀或扩展名。扩展名对文件分类是十分有用的，用户可能对某些大众已接纳的标准扩展名比较熟悉。例如，用 C 语言编写的源代码文件总是具有.c 的扩展名。

(6) 系统区分文件名的大小写。例如，名为 letter 的文件与名为 Letter 的文件不是同一个文件。除非有特别的原因，否则建议用户创建的文件和目录名要使用小写字符。

(7) 以圆点"."开头的文件名是隐含文件，默认方式下使用 ls 命令并不能把它们在屏幕上显示出来。同样，在默认情况下，Shell 通配符并不匹配这类隐藏文件名。

5.2.7 文件名通配符

为了能一次处理多个文件，Shell 提供了几个特别字符，称为文件名通配符。文件名通配符主要有以下几种。

(1) 星号"*"：与 0 个或多个任意字符相匹配，可以匹配当前目录下的所有文件，但以圆点"."开头的隐藏文件除外。例如，file * 可以匹配到 file123、fileabc 或 file 文件。

(2) 问号"?"：只与一个任意的字符匹配。可以使用多个问号。例如，file? 可以与 file1、file2、file3 文件匹配，但不与 file、file10 匹配。

(3) 方括号"[ ]"：只与方括号中字符之一匹配，可以用短横线代表一个范围内的字符，在方括号中如果以惊叹号开始，表示不与惊叹号后的字符匹配。例如，file[1-4]只与文件 file1、file2、file3 或 file4 匹配；file[! 1234]不能与 file1、file2、file3 和 file4 这 4 个文件匹配。

5.2.8 Linux 系统中用户的权限

Linux 系统中的每个文件和目录都有访问权限，用它来确定何种用户可以通过何种方式对该文件或者目录进行访问和操作。Linux 系统根据用户的身份、登录方式的不同规定了三种不同类型的用户：文件拥有者用户(user)、同组用户(group)、可以访问系统的其他用户(others)。并规定每种用户都有三种访问文件或目录的方式：可读文件(r)、可写文件(w)、可执行文件(x)。

除此之外，Linux 文件或目录的属性主要还包括：文件或目录的节点、种类、链接数量、所归属的用户和用户组、最近访问或修改的时间等内容。用户可以通过 ls 命令来查看(需要使用-lih 选项以显示完整信息)：

```
[root@localhost ~]# ls -lih
total 136K
291033 -rwxrw-r--    1 neo neo  64   Feb 14 05:54  file.c
291007 -rwxr-xr-x    1 neo neo  30K  Feb 1 14:32   telnet-server-0.17-25.i386.rpm
291005 -r--r--r--    1 neo neo  64K  Oct 28 2008   VMwareTools-7.8.4-126130.tar.gz
291024 drwxr-xr-x    3 neo neo  4.0K Oct 28 2008   vmware-tools-distrib
```

从第三行开始每行显示一个文件或者目录的详细信息，分别为 inode、文件种类和权限、硬链接个数、文件属主、所归属的组、文件或目录的大小、最后访问或修改时间、文件名或目录名。以 file.c 文件为例：

(1) 文件节点 inode 的值是 291033。

(2) 字符串"-rwxrw-r--"中第一个字符"-"说明文件类型，表示这是一个普通文件；关于文件的类型，常见的有"-"、"d"、"l"、"c"、"b"等，分别表示该文件的类型为普通文件、目录文件、符号链接文件、字符设备文件、块设备文件。

(3) 字符串"-rwxrw-r--"中后 9 个字符"wxrw-r--"说明文件权限，这 9 个字符每 3 个一组，分别说明文件拥有者用户、同组用户、其他用户对该文件的读、写、执行权限。本例中对于 file.c 文件，文件拥有者用户可读、可写、可执行，同组用户可读、可写，其他用户可读。

(4) 文件的链接数：file.c 这个文件没有硬链接，因为数值是 1，就是它本身。

(5) 文件属主：本例中 file.c 文件归属于 neo 用户。

(6) 文件属组：本例中 file.c 文件归属于 neo 用户组。

(7) 文件大小是 64 个字节。

(8) 访问和修改时间：这里的时间是最后访问该文件的时间。

5.2.9 文件及目录权限的功能

读权限(r)表示只允许指定用户读取相应文件的内容，禁止对它做任何的更改操作；如目录读权限表示可以列出存储在该目录下的文件，即读目录内容。写权限(w)表示允许指定用户打开并修改文件；如目录写表示允许你从目录中删除或创建新的文件或目录。执行权限(x)表示允许指定用户将该文件作为一个程序执行；如对目录可执行操作表示允许你在目录中查找，并能用 cd 命令将工作目录切换到该目录。

Linux 系统在创建文件的时候会自动把该文件的读写权限分配给其属主，使属主能够显示和修改该文件，也可以将这些权限改变为其他的组合形式。

5.2.10 命令操作基本知识

1. 命令的基本格式

Linux 不同于 Windows 桌面操作系统，用户操作 Linux 时，很多任务通常需要在终端提示符下(Shell)用命令完成，在 Linux 中，命令的基本格式为：

```
命令名 [-选项] [--选项] [参数 1] [参数 2]
```

说明如下。

(1) 命令名：命令名是必须的，是 Shell 提示符下执行的一个命令的具体名称。

(2) -选项：表示以符号“-”开始的选项，一般符号“-”后跟一个字符，如-l、-a 等，为可选项。

(3) --选项：表示以符号“--”开始的选项，一般符号“--”后跟一个单词，如--list 等，为可选项。

(4) 参数：命令执行时的对象，有些命令需要一个参数，如列表一个目录下的文件，这个目录就是参数；有些命令需要两个参数，如 cp(复制)命令，需要从哪儿复制，复制到哪里去，为可选项。

2. 相关命令操作提示

(1) 使用通配符。通过使用“*”、“?”、“[]”来代表某些字符，可减少命令输入的字符数，提高输入的速度。

(2) 自动补全。在输入命令或文件名时不需要输入完整的名称，只需要输入前面几个字母，按 Tab 键，系统就会自动补全。注意在应用自动补全功能时，所输入的命令或文件名的前几个字符必须是无歧义的。如在 Shell 提示符下要输入命令 history，可输入 hist，按 Tab 键，系统就会自动补全，因为系统中用 hist 开头的命令只有 history，这就是无歧义的。

(3) 使用命令历史功能。用户最近输入的命令都保存在系统中一个文件中，使用↑和↓可调出历史命令，加快输入的速度；另外，可使用历史命令 history 显示输入的历史命令，如下：

```
[root@localhost ~]# history
    1  mount /dev/cdrom
    2  mount
    3  cd /media
    4  ls
    5  cd CentOS_5.4_Final/
    6  ls
    7  cd CentOS/
    8  ls
    9  ls font*
```

每一个命令的前面有一个数字，如果要重复执行上面的某个命令，使用“！数字”就可实现，例如：

```
[root@localhost ~]# !2
mount
/dev/mapper/VolGroup00-LogVol00 on / type ext3 (rw)
proc on /proc type proc (rw)
sysfs on /sys type sysfs (rw)
devpts on /dev/pts type devpts (rw,gid=5,mode=620)
/dev/sda1 on /boot type ext3 (rw)
tmpfs on /dev/shm type tmpfs (rw)
none on /proc/sys/fs/binfmt_misc type binfmt_misc (rw)
```

```
none on /proc/fs/vmblock/mountPoint type vmblock (rw)
[root@localhost ~]#
```

(4) 复制与粘贴功能。在文本操作模式下，系统中有一个进程为 gpm，是鼠标的守护进程，进行命令操作时，按住鼠标左键选择要复制的区域，使其反白显示，按鼠标中键就可以将复制的内容粘贴到光标所在的区域，此方法在使用一些特殊字符（如中文字符）时可提高输入速度。

(5) 获取命令帮助。有些命令有很多的选项，每个选项执行时都有不同的功能，在 Linux 下，使用 man 命令可获取外部命令的帮助，例如：

```
[root@localhost ~]# man ls
Formatting page, please wait...
```

上述命令打开命令 ls 的帮助手册(manual)。

使用 help 命令可获取内部命令的帮助，例如：

```
[root@localhost ~]# help logout
logout: logout
    Logout of a login shell.
```

上述命令解释了内部命令 logout 的作用。

5.3 操作步骤指导

5.3.1 用命令改变工作目录和显示目录内容

1. ls 命令

ls 命令用于显示指定目录下所包含的文件和子目录信息。当没有指定具体的目录时，显示当前目录下的文件和子目录信息。命令格式为：

```
ls [options] filename/dirname
```

ls 命令的主要选项如表 5-2 所示。

表 5-2 ls 命令的主要选项

选 项	说 明
-a	显示所有档案及目录(ls 默认不显示以“.”开头的隐藏文件，不会列出)
-l	除文件名称外，同时显示文件类型、权限、拥有者、档案大小等详细信息
-r	将文件以相反次序显示(原定依英文字母次序)
-t	将文件依建立时间之先后次序列出
-A	同-a，但不列出“.”(目前目录)及“..”(父目录)
-F	在列出的档案名称后加一符号：例如可执行档则加“*”，目录则加“/”
-R	若目录下有档案，则以下档案都依序列出

【例 5-1】 列出当前工作目录下所有名称是 a 开头的文件，按时间顺序排列。

```
[root@localhost ~]# ls -lt a*
```

【例 5-2】 将/bin 目录以下所有目录及文件详细资料列出。

```
[root@localhost ~]# ls -lR /bin
```

【例 5-3】 列出当前工作目录下所有档案及目录；可执行档则加“*”，目录则加“/”。

```
[root@localhost ~]# ls -AF
```

2. cd 命令

变换工作目录至 dirName。其中 dirName 可以是绝对路径或者相对路径。若目录名称省略，则变换至用户主目录。另外，“~”也表示为 home directory 的意思，“.”则是表示目前所在的目录，“..”表示目前目录位置的上一层目录。命令格式为：

```
cd dirName
```

【例 5-4】 cd 命令的常用用法。

```
[root@localhost ~]# cd /usr/bin                //跳到/usr/bin/
[root@localhost ~]# cd ~                       //跳到用户主目录
[root@localhost ~]# cd ../..                   //跳到目前目录的上边两层目录
```

3. pwd 命令

显示用户当前所处的目录。如果不知道自己当前所处的目录，就必须使用它。这个命令和 DOS 下的不带任何参数的 cd 命令的作用是一样的。命令格式为：

```
pwd
```

【例 5-5】 显示当前的用户目录。

```
[root@localhost ~]# pwd
/home/test              //具体显示内容以当前用户而定
```

5.3.2 文件显示相关命令

1. cat 命令

该命令将文件内容显示在标准输出设备上(终端屏幕或另一个文件中)。

命令格式为：

```
cat [options] filename
```

常用选项说明如下。

-n：由 1 开始对所有输出的行数编号。

-b：和-n 相似，只不过对于空白行不编号。

-s：当遇到有连续两行以上的空白行，就合并为一个空白行。

【例 5-6】 文件 text. txt 的内容为“Hello，this is a Linux world!”，将其内容输出到终端。

```
[root@localhost ~]# cat text.txt
Hello, this is a Linux world!
```

【例 5-7】 把文件 text1. txt 内容加上行号后输入到文件 text2. txt 中。

```
[root@localhost ~]# cat -n text1.txt > textfile2.txt
```

【例 5-8】 把文件 text1. txt、text2. txt 内容加上行号（空白行不加）后输入到文件 text3. txt 末尾。

```
[root@localhost ~]# cat -b text1.txt text2.txt >> text3.txt
```

2. more 命令和 less 命令

使用 cat 命令显示文件内容时，如果文件内容太长，则由于显示翻页过快，用户只能看到文件的最后一页，而用 more 命令时可以一页一页地显示。执行 more 命令后，进入 more 状态，用 Enter 键可以向后移动一行；用 Space 键可以向后移动一页；用 q 键可以退出。

less 实际上是 more 的改进版，功能比 more 更灵活。例如，用 Page up 键可以向前移动一页，用 Page down 键可以向后移动一页，用向上光标键可以向前移动一行，用向下光标键可以向后移动一行。q 键、Enter 键、Space 键的功能和 more 类似。命令格式为：

```
more filename
less filename
```

3. head 命令和 tail 命令

head 命令显示文件的前 num 行。默认，head 显示文件的前 10 行。tail 命令和 head 命令相反，它显示文件的末尾 num 行。默认，tail 命令显示文件的末尾 10 行。命令格式为：

```
head filename
tail filename
```

【例 5-9】 显示文件 test1. txt 的前 20 行，显示文件 test2. txt 的末尾 20 行。

```
[root@localhost ~]# head -n 20 test1.txt
[root@localhost ~]# tail -n 20 test2.txt
```

4. touch 命令

更新文件的存取和修改时间，若指定的文件不存在，则自动创建一个空文件。命令格式为：

```
touch [options] filename
```

常用选项说明如下。

-d <yyyymmdd>：把文件的存取、修改时间改为 yyyymmdd。

-a：只把文件的访问时间改为当前时间。

-m：只把文件的修改时间改为当前时间。

【例 5-10】 把当前目录下的所有文件的访问和修改时间改为当前系统的时间。

```
[root@localhost ~]# touch  *
```

【例 5-11】 把文件 file.txt 的存取和修改时间改为 2014 年 12 月 6 日。

```
[root@localhost ~]# touch -d 20141206 file.txt
```

【例 5-12】 把 test.txt 的存取和修改时间改为当前系统的时间，如果 test.txt 文件不存在，则生成一个空文件(即 0 字节的文件)。

```
[root@localhost ~]# touch test.txt
```

5.3.3 复制、删除和移动文件的命令

1. cp 命令

cp 命令用于将一个文件复制至另一文件。命令格式为：

```
cp [options] source dest
```

常用选项说明如下。

-a：尽可能将档案状态，权限等资料都照原状予以复制。

-r：若 source 中含有目录，则将目录下的文件也依序复制至目的地。

-f：若目的地已经有相同文件名的文件存在，则在复制前先予以删除再行复制。

【例 5-13】 将已经存在的文件 aaa 复制，并命名为 bbb。

```
[root@localhost ~]# cp aaa bbb
```

【例 5-14】 将所有的 C 语言源代码文件复制至 aaa 子目录中。

```
[root@localhost ~]# cp *.c aaa        //目录 aaa 必须存在
```

2. mv 命令

mv 命令用于将一个文件改名或移动到另一目录，在同一目录下是改名，在不同目录下是移动。命令格式为：

```
mv [options] source dest
```

【例 5-15】 将已经存在的文件 aaa 重命名为 bbb。

```
[root@localhost ~]# mv aaa bbb
```

【例 5-16】 将所有的 C 语言源代码文件移动至 aaa 子目录中。

```
[root@localhost ~]# mv -i *.c aaa
```

3. rm 命令

rm 命令用于删除文件及目录。命令格式为：

```
rm [options] filename/dirname
```

常用选项说明如下。

-i：删除前逐一询问确认。

-f：即使原文件属性设为只读，亦直接删除，无需逐一确认。

-r：将目录及以下的文件递归逐一删除。

【例 5-17】 删除所有 C 语言源代码文件，删除前逐一询问确认。

```
[root@localhost ~]# rm -i *.c
```

【例 5-18】 将 aaa 子目录及子目录中所有文件删除。

```
[root@localhost ~]# rm -r aaa
```

5.3.4 用命令创建和删除目录

1. mkdir 命令

该命令创建由目录名命名的目录。如果在目录名前面没有加任何路径名，则在当前目录下创建；如果给出了一个存在的路径，将会在指定的路径下创建。命令格式为：

```
mkdir [options] dirname
```

常用选项说明如下。

-m：对新建目录设置存取权限，存取权限用八进制数表示。

-p：可一次建立多个目录，即如果为新建目录所指定的路径中的父目录尚不存在，此选项可以自动建立它们。

【例 5-19】 在目录/usr/neo 下建立子目录 data，并且只有文件主有读、写和执行权限，其余用户无权限访问。

```
[root@localhost ~]# mkdir -m 700 /usr/neo/data
```

【例 5-20】 在当前目录中建立 bin 目录和 bin 下的 bak 目录。

```
[root@localhost ~]# mkdir bin
[root@localhost ~]# mkdir bin/bak
```

如果使用-p 选项，可以简化操作：

```
[root@localhost ~]# mkdir -p /bin/bak
```

2. rmdir 命令

该命令用于删除空的目录。命令格式为：

```
rmdir [-p] dirname
```

选项-p 的功能是当子目录被删除后使它也成为空目录的话，则顺便一并删除。

【例 5-21】 将例 5-20 中创建的 bin 目录和 bak 目录删除。

```
[root@localhost ~]# rmdir bin/bak
[root@localhost ~]# rmdir bin
```

【例 5-22】 在工作目录下的 test 目录中，删除名为 exam 的子目录。若 exam 删除后，test 目录成为空目录，则 test 亦予删除。

```
[root@localhost ~]# rmdir -p test/exam
```

5.3.5 修改文件或者目录的权限

1. chmod 命令

Linux 的文件调用权限分为三级：文件拥有者用户、同组用户和其他用户。利用 chmod 可以控制文件或者目录的访问权限，其常用选项说明见表 5-3。

```
chmod modetype filename/dirname
```

表 5-3 chmod 命令的选项

选　项	功能说明
-c	若该文件权限与目录确实已经更改，才显示其更改动作
-f	若该文件权限与目录无法被更改，也不要显示错误信息
-v	显示权限变更的详细资料
-R	对当前目录下的所有文件与目录进行相同的权限变更
--help	显示辅助说明
--version	显示版本

模式的表示方法有两种：字符表示法和八进制数表示法。

1) 字符表示法

包含字母和操作符表达式的字符表示法，这种表示方法用字母和符号表示与文件权限相关的三类不同用户以及对文件的访问权限，其一般形式为：

```
[u g o a] [= + -] [r w x]
```

其中各字母和符号的含义如表 5-4 所示。

表 5-4　字符表示法说明

字　符	说　明
a(all)	所有用户
u(user)	文件属主
g(group)	同组用户,即与文件属主有相同组 ID 的所有用户
o(other)	其他用户
=	给指定用户指定权限
+	给指定用户增加权限
—	取消指定用户权限
r	可读权限
w	可写权限
x	可执行权限

例如,某文件的权限为 rwxrw-r--,若用字符方式来表示,则为 u=rwx,g=rw,o=r。

2) 八进制表示法

使用 3 位八进制数字分别代表文件拥有者用户、同组用户、其他用户的权限,读、写、执行权限所对应的数值分别是 4、2 和 1。若要表示 rwx 属性,则 4+2+1=7;若要表示 rw—属性,则 4+2+0=6;若要表示 r—x 属性,则 4+0+1=5。

【例 5-23】 将文件 file.txt 设为所有用户皆可读取(以下两个命令都可实现)。

```
[root@localhost ~]# chmod ugo+r file.txt
[root@localhost ~]# chmod a+r file.txt
```

【例 5-24】 将文件 file1.txt 与 file2.txt 设为该文件拥有者用户、同组用户可写入,其他用户不可写入。

```
[root@localhost ~]# chmod ug+w,o-w file1.txt file2.txt
```

2. umask 命令

umask 命令指定在建立文件时预设的权限掩码。权限掩码是由 3 位八进制的数字所组成,将完全权限(目录为 777,文件为 666)减掉权限掩码后,即可产生建立文件时预设的权限。本命令设置权限掩码,而 chmod 设置权限原码,功能相反。如果要查看当前系统的文件掩码,使用选项-S。umask 命令使用方式为:

```
umask [-S] maskcode
```

【例 5-25】 设置用户的掩码为文件主具有读、写、执行权限,同组用户具有读、写权限,其他用户具有读权限。

采用字符模式:

```
[root@localhost ~]# umask u=rwx,g=rw,o=r
```

采用八进制模式：

```
[root@localhost ~]# umask 0013
```

【例 5-26】 显示当前掩码。

```
[root@localhost ~]# umask -S
u=rwx,g=rw,o=r
```

3. chown 命令

Linux 是多用户操作系统，所有的文件都有一个拥有者。利用 chown 命令可以更改某个文件或目录的属主和属组，命令选项如表 5-5 所示。一般来说，普通用户没有权限改变文件属主，只有系统管理者(root)才有这样的权限。使用方式为：

```
chown [options] user/group filename
```

表 5-5 chown 命令的选项

选　项	功能说明
user	新的文件拥有者的使用者的 ID
group	新的文件拥有者所在的群组
-c	若该文件拥有者确实已经更改，才显示其更改动作
-f	若该文件拥有者无法被更改也不要显示错误信息
-h	只对于链接(link)进行变更，而非该 link 真正指向的文件
-v	显示拥有者变更的详细资料
-R	对当前目录下所有文件与目录进行递归变更

【例 5-27】 将文件 file.txt 的拥有者设为 users 群组的 neo 用户。

```
[root@localhost ~]# chown neo:users file.txt
```

【例 5-28】 将当前目录下的所有文件与子目录的拥有者皆设为 users 群组的 neo 用户。

```
[root@localhost ~]# chown -R neo:users *          //-R 选项表示递归子目录
```

4. chgrp 命令

chgrp 命令用来改变指定文件所属的用户组。其中组名可以是用户组的 ID，也可以是/etc/group 文件中用户组的组名；文件名可以是由空格分开的要改变属组的文件列表，支持通配符。如果用户不是该文件属主或超级用户，则不能改变该文件的组。使用方式为：

```
chgrp [options] group filename
```

【例 5-29】 将/home/neo 及其子目录下的所有文件的用户组改为 neo。

```
[root@localhost ~]# chgrp -R neo /home/neo
```

5.3.6 链接文件的命令

文件链接是实现文件共享的主要方式。Linux 系统提供了两种文件链接方式，即符号链接和硬链接。

符号链接(symbolic link)很像 Windows 系统中的快捷方式，即建立一个符号链接文件，其内容是到一个实际存在的文件的路径描述。访问符号链接文件时，系统将根据其记载的内容转去访问那个实际文件。符号链接文件与目标文件是两个独立的文件，有着各自的 i 节点和数据块。它们之间通过文件内容而逻辑地链接在一起。

硬链接(hard link)则是将两个或多个文件通过 i 节点物理地链接在一起。硬链接的文件具有不同的文件名和同一个 i 节点，通过其中任何一个文件名访问得到的都是同一内容，这就如同是一个文件具有多个别名。

用户可以用 ln 命令建立文件链接。至于是硬链接还是软链接则由参数决定。ln 命令格式为：

```
ln [options] source dist
```

ln 命令的主要选项如表 5-6 所示。

表 5-6 ln 命令的主要选项

选　项	说　明
-f	链接时先将与 dist 同名的文件删除
-d	允许系统管理者硬链接自己的目录
-i	在删除与 dist 同名的文件时先进行询问
-n	在进行符号连接时，将 dist 视为一般的文件
-s	进行符号链接
-v	在链接之前显示其文档名
-b	将在链接时对被覆写或删除的文件进行备份
--help	显示辅助说明
--version	显示版本

【例 5-30】 将文件 file1 产生一个符号链接 file2，产生一个硬链接 file3。

```
[root@localhost ~]# ln -s file1 file2
[root@localhost ~]# ln file1 file3
[root@localhost ~]# ls -l
total 3
-rw-------      2    neo  neo  0    Feb 19 05:06 file1
lrwxrwxrwx      1    root root 5    Feb 19 05:08 file2 -> file1
-rw-------      2    neo  neo  0    Feb 19 05:06 file3
```

5.4 学习进阶指引

5.4.1 匹配、排序及查找命令

1. grep 命令

grep 命令用来在指定文本文件中查找指定模式的单词或短语,并在标准输出上显示包括给定字符串模式的所有行,命令选项如表 5-7 所示。要搜索的模式就被看做是一些关键词,查看指定的文件中是否包含这些关键词。在使用时,如果没有指定文件,它们就从标准输入中读取。在正常情况下,每个匹配的行被显示到标准输出上。如果要搜索的文件不止一个,则在每一行输出之前加上文件名。

命令格式为:

```
grep [options] filename
```

表 5-7 grep 命令的选项

选　项	功能说明
-E	将查找模式看成是扩展的正则表达式
-F	将查找模式看成是单纯的字符串
-b	在输出的每一行前面显示包含匹配字符串的行在文件中位置,用字节偏移量来表示
-c	只显示文件中包含配置字符串的行的总数
-i	匹配比较时不区分字母的大、小写
-r	以递归方式查询目录下的所有子目录中的文件
-n	在输出包含匹配模式行之前,加上该行的行号

【例 5-31】 在配置文件/etc/passwd 中查找包含字符串 neo 的所有行。

```
[root@localhost ~]# grep -F neo /etc/passwd
root:x:0:0:neo:/root:/bin/bash
neo:x:500:500::/home/neo:/bin/bash
```

2. sort 命令

sort 命令将逐行对指定文件中的所有行进行排序,并将结果显示在标准输出上。如果不指定文件名或者使用“-”表示文件,则排序内容来自标准输入。系统默认按照字符的 ASCII 编码顺序排序,如果要逆序排序,需要使用选项-r。

命令格式为:

```
sort [options] filename
```

【例 5-32】 系统中有文件 file. txt,对它按行进行排序。

```
[root@localhost ~]# cat file.txt
abc
AHKG
```

```
18325
abd
%%
[root@localhost ~]# sort file.txt
%%
18325
abc
abd
AHKG
```

在 ASCII 编码表中，%、1、a、A 的编码分别为 37、49、65、97，所以出现以上的排序结果。sort 命令还有其他的排序规则，需要使用到不同的选项来引用，这里不再详细讲解，请查阅 sort 命令的联机帮助信息。

3. uniq 命令

uniq 命令读取输入文件，并比较相邻的行，去掉重复的行，只留下其中的一行。该命令加工后的结果存放到输出文件中。输入文件和输出文件必须不同，如果没有指明输入文件，则将结果显示到终端。

命令格式为：

```
uniq [options] inputfile outfile
```

常用选项说明如下。

-c：显示输出时，在每行的行首加该行在文件中出现的次数。

-d：只显示重复行。

-u：只显示文件中的不重复行。

【例 5-33】 删除文件 file1.txt 中重复的相邻行，将结果保存到 file2.txt 里。

```
[root@localhost ~]# cat file1.txt
a
a
a
a
b
b
c
a
[root@localhost ~]# uniq file1.txt file2.txt
[root@localhost ~]# cat file2.txt
a
b
c
a
```

4. find 命令

find 命令用于在目录结构中搜索文件，并执行指定的操作。find 命令从指定的起始目录开始，递归地搜索其各个子目录，查找满足寻找条件的文件并对之采取相关的操作。

命令格式为：

```
find [起始目录] 选项 操作
```

说明如下。

(1) 起始目录：find 命令所查找的目录路径。例如，用"."来表示当前目录，用"/"来表示系统根目录。

(2) find 命令常用选项如下。

-name：按照文件名查找文件。

-perm：按照文件权限来查找文件。

-user：按照文件属主来查找文件。

-mtime －n ＋n：按照文件的更改时间来查找文件，$-n$ 表示文件更改时间距现在 n 天以内，$+n$ 表示文件更改时间距现在 n 天以前。

-type：查找某一类型的文件。

(3) 操作：当查找出文件后所进行的命令处理，一般用-exec 选项，后面跟所要执行的命令或脚本，然后是一对{ }，一个空格和一个\，最后是一个分号。

使用示例如下(//后为编者注释)：

```
$ find $HOME - print               //查找当前用户主目录下的所有文件
$ find . - type f - perm 644 - exec ls - l { } \;  //列出当前目录中文件属主具有读、写权限,
                                                    //并且文件所属组的用户和其他用户具有读
                                                    //权限的文件
$ find / - type f - size 0 - exec ls - l { } \;  //查找系统中所有文件长度为 0 的普通文件,并
                                                  //列出它们的完整路径
```

5.4.2 用命令比较文件内容

1. comm 命令

comm 命令对两个已经排好序的文件进行逐行比较。文件 1 和文件 2 是已经排序号的文件。comm 从这两个文件中读取正文行，进行比较，最后生成三列输出：第一列表示仅在文件 1 中出现的行；第二列表示仅在文件 2 中出现的行；第三列表示在两个文件中都存在的行。选项－123 的含义分别表示不显示在 comm 输出中的第一列、第二列和第三列。

命令格式为：

```
comm [ - 123] filename1 filename2
```

【例 5-34】 文件 m1.c 和 m2.c 的内容如下。对文件 m1.c 和 m2.c 进行比较，只显示它们共有的行。

```
[root@localhost ~]#cat m1.c
main()
{
int n,m;
n=10;
printf("%d\n",m=n*10);
```

```
printf("\n");
}
[root@localhost ~]# cat m2.c
main()
{
printf("\n");
}
[root@localhost ~]# comm -12 m1.c m2.c
main()
{
printf("\n");
}
```

2. diff 命令

diff 命令逐行比较两个文件，列出它们的不同之处，并且告诉用户，为了使两个文件一致，需要修改它们的哪些行。如果两个文件完全一样，则该命令不显示任何输出。命令格式为：

```
diff [options] filename1 filename2
```

常用选项说明如下。

-b：忽略行尾的空格，而字符串中的空白符都被看做是相等的。

-c：输出格式是带上下文的三行格式。

-r：当文件 1 和文件 2 都是目录时，递归比较找到的各子目录。

【例 5-35】 用 diff 命令比较文件 m1.c 和 m2.c 的区别。

```
[root@localhost ~]# diff m1.c m2.c
3,6c3
< int n,m;
< n = 10;
< printf("%d\n",m = n * 10);
< printf("\n");
…
> printf("Hello\n");
```

输出内容的含义是：如果把文件 m1.c 的 3～6 行改成文件 m2.c 的第 3 行，那么两个文件就相同了。

5.4.3 重定向命令及管道命令

Shell 命令或应用程序在执行时，往往需要从输入设备接收一些输入数据，并将处理结果输出到输出设备上。在 Linux 系统中，这些输入/输出设备都被作为文件来对待。对应输入/输出设备的文件称为 I/O 文件。Linux 系统定义了 3 个标准 I/O 文件，即标准输入文件 stdin、标准输出文件 stdout 和标准错误输出文件 stderr。在默认的情况下，stdin 对应终端的键盘，stdout、stderr 对应终端的屏幕。

一般情况下，Shell 命令和应用程序都设计为使用标准 I/O 设备进行输入和输出。它们从 stdin 接收输入数据，将正常的输出数据写入 stdout，将错误信息写入 stderr。在命令开始运行时，Shell 会自动为它打开这 3 个标准 I/O 文件，并建立起文件与终端设备的连接。

这样，当命令读 stdin 文件时，就是在读取键盘输入；当写 stdout 或 stderr 文件时，就是在往屏幕上输出。

为了解决从终端输入资料时，用户输入的资料只能用一次，输出到终端屏幕上的信息只能看不能动，无法对此输出做更多处理的问题，Linux 系统为输入、输出的传送引入了另外两种机制，即输入/输出重定向和管道。利用输入/输出重定向以及基于输入/输出重定向实现的管道机制，用户可以灵活地改变 Linux 命令的输入/输出走向，或将多个命令的输入/输出相衔接，实现灵活多变的功能。

1. 输入重定向

输入重定向是指把命令的标准输入改变为指定的文件(包括设备文件)，使命令从该文件中而不是从键盘中获取输入。输入重定向主要用于改变那些需要大量标准输入的命令的输入源。

输入重定向的格式为：

```
命令 < 文件
```

当提交这样的一个命令行时，Shell 首先断开键盘与命令的 stdin 之间的关联，将指定的文件关联到 stdin，然后运行命令。这样，该命令就会从这个文件中读取标准输入信息。

【例 5-36】 输入重定向的应用。

```
[root@localhost ~]# cat file
This is Linux world.
[root@localhost ~]# cat < file
This is Linux world.
```

许多 Linux 命令都设计为以参数的形式指定输入文件，若未指定文件就默认从标准输入读入数据。对于这样的命令，用参数指定文件与用输入重定向指定文件的效果是一样的，所以没有必要使用输入重定向。但对那些设计为只能从标准输入读取数据的命令(如 mail、tr、sh 等命令)来说，把要输入的数据事先存入一个文件中，再将命令的输入重定向到此文件，就能避免在命令运行时从终端上手工输入大量数据的麻烦。

2. 输出重定向

输出重定向是指把命令的标准输出或标准错误输出重新定向到指定文件中。这样，该命令的输出就不显示在屏幕上，而是写入到文件中。很多情况下都可以使用输出重定向功能。例如，如果某个命令的输出很多，在屏幕上不能完全显示，或者命令是在无人监视的情况下运行，那么将输出重定向到一个文件中，就可以方便从容地查看命令的输出信息。

输出重定向的一般形式为：

```
标准输出重定向:      命令 > 文件
附加输出重定向:      命令 >> 文件
```

标准输出重定向就是将命令的标准输出保存到一个文件中，当提交这样的一个命令行时，Shell 首先断开命令的标准输出 stdout 与屏幕之间的关联，找到指定的文件(若该文件不存在就新建一个)，然后将这个文件关联到命令的标准输出上。随后 Shell 启动该命令运行。这样，该命令产生的所有标准输出信息都将写入这个文件中，而不是显示在屏幕上。

附加输出重定向与标准输出重定向相似，只是当指定的文件存在时，标准输出重定向的做法是先将文件清空，再将命令的输出信息写入，而附加输出重定向则是保留文件内原有的内容，将命令的输出附加在后面。

【例 5-37】 输出重定向的应用。

```
[root@localhost ~]# echo "this is Linux world!" > file
[root@localhost ~]# cat file
this is Linux world!
[root@localhost ~]# echo "this is not Linux world!" > file
[root@localhost ~]# cat file
this is not Linux world!
[root@localhost ~]# echo "this is Linux world!" >> file
[root@localhost ~]# cat file
this is not Linux world!
this is Linux world!
```

3. 管道命令

管道(pipe)的功能是将一个程序或命令的输出作为另一个程序或命令的输入。利用管道可以把一系列命令连接起来，形成一个管道线(pipe line)。管道线中前一个命令的输出会传递给后一个命令，作为它的输入。最终显示在屏幕上的内容是管道线中最后一个命令的输出。

管道的形式为：

```
命令1 | 命令2 | … | 命令n
```

管道的作用在于它把多个命令组合在一起，像流水线一样加工数据，完成单个命令无法完成的各种处理功能。恰当地使用管道可以大大提高操作的能力和效率。

【例 5-38】 统计当前目录中包含多少个子目录。

```
[root@localhost ~]# ls -l | grep "^d" | wc -l
```

本例中包含两个管道，第一个管道将 ls 命令的输出作为 grep 命令的输入。grep 命令的输出则是首字母为 d 的行，这个输出又被第二个管道送给 wc 命令来统计输出的行数。

5.4.4 Linux 的文本编辑命令 vi

VI 是 Visual Interface 的简称，它是 Linux 系统中最常用的文本编辑器，可以执行输出、删除、查找、替换、块操作等操作，而且用户可以根据自己的需要对其进行定制，这是其他文本编辑器所没有的。VI 的文本编辑功能十分强大，但使用起来比较复杂。它是一个全屏幕文本编辑器，几乎每个 Linux 系统都提供了 VI。

VI 编辑器有三种工作方式，即命令方式、输入方式及 ex 转义方式。通过相应的命令或操作，这三种工作方式之间可以相互转换。

1. 命令方式

当用户在终端中输入命令 vi 进入编辑器后，就处于 VI 的命令方式。此时，从键盘上输入的任何字符都被作为编辑命令来解释，如 a(append)表示附加命令、i(insert)表示插入命令等。如果输入的字符不是 VI 的合法命令，则计算机将发出报警声，光标不移动，且在命令方式下输入的字符(即 vi 命令)并不在屏幕上显示出来,如输入 i,屏幕上并无变化,但通过执行 i 命令,编辑器的工作方式却发生变化,由命令方式变为输入方式。

2. 输入方式

通过输入 VI 的插入命令 i、附加命令 a、打开命令 o、替换命令 s、修改命令 c 或取代命令 r,即可以从命令方式进入到输入方式。在输入方式下,从键盘上输入的所有字符都被插入到正在编辑的缓冲区中,被当做该文件的正文。进入输入方式后,输入的可见字符都在屏幕上显示出来,而编辑命令不再起作用,仅作为普通字母出现。例如,在命令方式下输入字母 i,进入到输入方式,然后再输入 i,就在屏幕上的相应光标处添加一个字母 i。

由输入方式回到命令方式的办法是按下 Esc 键。如果已在命令方式下,那么按下 Esc 键就会发出“嘟嘟”声。如果不能断定目前处于什么模式,则可以多按几次 Esc 键,听到系统发出蜂鸣声后,证明已经进入命令模式。

3. ex 转义方式

VI 编辑器有一个专门的“转义”命令,可访问很多面向行的 ex 命令。为使用 ex 转义方式,可输入一个冒号“:”。冒号作为 ex 命令提示符出现在状态行(通常在屏幕最下一行)。按下“中断”键(通常是 Del 键)可终止正在执行的命令。多数文件管理命令都是在 ex 转义方式下执行的(如读取文件、把编辑缓冲区的内容写到文件中等)。转义命令执行后,自动回到命令方式。

VI 编辑器的三种工作方式之间的转换如图 5-3 所示。

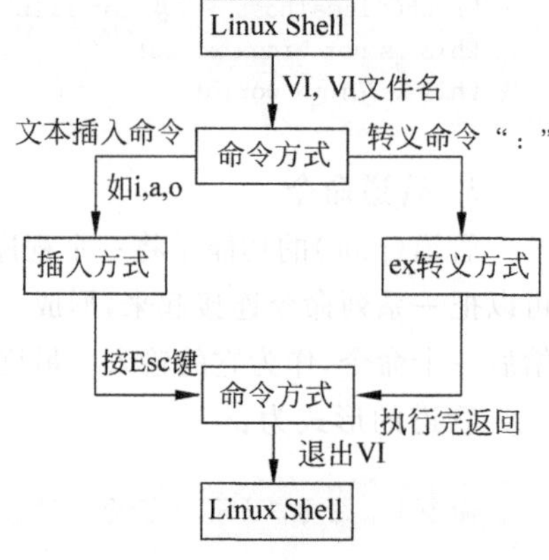

图 5-3 VI 编辑器的三种工作方式之间的转换

5.4.5 启动和退出 VI

在系统提示符下,输入命令 vi 和想要编辑(建立)的文件名,便可进入 VI。例如:

```
[root@localhost ~]# vi file.c
~
~
~
~
"file.c" [New File]
```

上述示例表示 file.c 是一个空文件,里面还没有任何东西。光标停在屏幕的左上角。在每一行开头都有一个“~”符号,表示空行。如果指定的文件已在系统中存在,输入上述形式的命令后,那么在屏幕上显示出该文件的内容,光标停在左上角。在屏幕的最底行显示出一行信息,包括正在编辑的文件名、行数和字符个数。该行称为 VI 的状态行。例如:

```
[root@localhost ~]# vi file.c
#include <stdio.h>
int main()
{
        printf("hello!");
        return 0;
```

```
}
~
~
"file.c" 6L, 64C
```

当编辑完文件后，准备返回到Shell状态时，应执行退出VI的命令。在VI的ex转义方式模式下用如下方法可以退出VI编辑器。

(1) “:wq”的功能是把编辑缓冲区的内容写到指定的文件中，以退出编辑器，回到Shell状态下。其操作过程是，先输入冒号(:)，进入到VI的转义模式，再输入命令wq(write and quit)，然后按Enter键。

(2) “:ZZ”或者“:x”的功能是仅当对所编辑的内容做过修改时，才将缓冲区的内容写到指定文件上。

(3) “:q!”的功能是强行退出VI。感叹号(!)告诉VI，无条件退出，不把缓冲区中的内容写到文件中。

强调的是，当利用VI编辑器编辑文本时，所输入或修改的内容都存放在编辑缓冲区中，并没有存放在磁盘的文件中。如果没有使用写盘的命令而直接退出VI，那么编辑缓冲区中的内容就被丢弃。所以，在退出VI时，应考虑是否需要保存所编辑的内容，然后再执行合适的退出命令。

5.4.6 VI常用命令

VI的常用命令如表5-8所示。

表5-8 VI常用命令

命令分类	命令模式下输入	功能说明	备注
进入插入模式	i	在当前光标之前插入	命令模式
	a	在当前光标之后插入	
	o	在当前光标下面插入新的一行并输入	
	I	在当前光标所在行行首插入	
	A	在当前光标所在行行尾插入	
	O	在当前光标上面插入新的一行并输入	
光标移动	h、j、k、l	光标分别向上下左右移动	
	G	光标移动至文件的最后一行	
	n+G	光标移动至第 *n* 行	
删除字符	x	删除光标所在位置上的字符	
	dd	删除光标所在行	
	n+x	向后删除 *n* 个字符，包含光标所在位置	
	n+dd	向下删除 *n* 行，包括光标所在行	
复制粘贴	yy	将光标所在行复制	
	n+yy	复制从光标所在行起向下的 *n* 行	
	n+yw	复制从光标所在位置起向后的 *n* 个字符	
	p	将复制的字符串粘贴在当前光标所在位置	
撤销与重复	u	撤销上一步操作	
	.	重复下一步操作	

续表

命令分类	命令模式下输入	功能说明	备注
字符串查找	/字符串 enter	向后查找指定的字符串	末行模式（转义方式）
	? 字符串 enter	向前查找指定的字符串	
	n	继续查找满足条件的字符串	
显示行号	:set nu	每一行前显示行号	
	:set nonu	不显示行号	
文件存取	:n,nw w 文件名	将第 $n\sim m$ 行的内容写入指定文件	
	:n,nw w >>文件名	将第 $n\sim m$ 行的内容追加到指定文件末尾	
	:r 文件名	读取指定文件，插到当前光标所在的行下面	
存盘与退出	:w 文件名	以指定的文件名存盘，不退出 VI	
	:wq 文件名	以指定的文件名存盘并退出 VI	
	:q	退出 VI	
	:q!	强行退出 VI，不管是否完成文档的保存工作	

小　结

Linux 中保存数据的磁盘分区通常采用 ext2 或 ext3 文件系统。

Linux 使用树形目录结构来组织和管理文件，所有的文件采取分层的方式组织在一起，从而形成一个树型的目录层次结构。

在使用 Linux 命令对某个文件或目录进行操作时，应指明文件或目录所在的查找路径，否则默认对当前目录中的同名文件或目录进行操作。

Linux 系统将文件大致分成普通文件、目录文件、链接文件和设备文件四种类型。

Linux 中通过键盘输入数据，而命令的执行结果和错误信息都输出到屏幕。但是，Linux 中也可以不使用系统的标准输入、标准输出或标准错误输出端口，而重新指定输入或输出设备，这就称为输入/输出重定向。

VI 是 UNIX/Linux 操作系统中功能最为强大的全屏幕文本编辑器。VI 编辑器具有命令模式、插入模式和 ex 转义模式三种工作模式，三者之间可以相互转换。

任务6 磁盘存储空间管理

6.1 学习目标

- 了解磁盘的物理结构，掌握通过磁盘参数计算磁盘存储空间的方法。
- 掌握磁盘分区的方法与步骤。
- 掌握格式化磁盘空间建立文件系统的方法与命令。
- 掌握磁盘分区挂载与卸载的方法与命令。
- 了解磁盘分区自动挂载的配置方法。
- 了解磁盘配额的概念与作用。
- 掌握Linux中实现磁盘配额的步骤与方法。

6.2 基础知识与原理

6.2.1 磁盘的物理组织

硬盘是现代计算机上最常用的存储器之一，由一片或几片圆形盘片组成，这些圆形盘片称为磁片，由表面镀有磁性物质的金属或玻璃等制成，磁性物质磁化后可以存储数据。一个磁盘有两个面(side)，每个面都专有一个读写磁头(head)，磁头被安装在梳状的可以做直线运动的小车上以便寻道。每个磁片被格式化成有若干条同心圆的磁道(track)，并规定最外面的磁道是0磁道，次外层是1磁道。每个磁道又被分成若干个扇区(sector)，并顺序排为1号扇区、2号扇区……。通常一个扇区可以存储512B的二进制信息位。这也是CPU进行磁盘I/O操作时能够读出和写入的最小单位。每个磁盘上同号磁道组成一个柱面(cylinder)，也就是说每个磁盘的0号磁道组成0号柱面，所有的1号磁道组成1号柱面。磁盘的结构如图6-1所示。

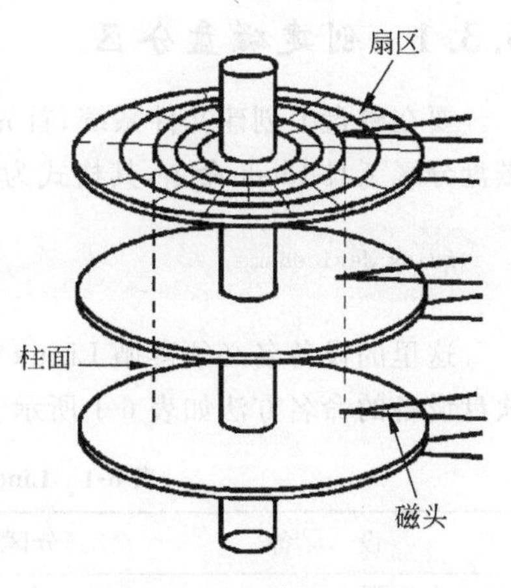

图6-1 磁盘结构示意图

6.2.2 Linux硬盘的相关知识

Linux操作系统支持的文件格式非常之多，但安装时一般选择ext2、ext3格式，另外还有swap交换分区。

1. 数据在硬盘上的存储

数据被以文件的形式存储在硬盘里，在读取相应的文件时，必须要给出它相应的规则，这就是分区。当创建分区时，就已经设置好了硬盘的各项物理参数，指定了硬盘主引导记录(Master Boot Record，MBR)和引导记录备份的存放位置。

2. 硬盘分区格式的种类

目前流行的操作系统常用的文件存取分区格式有五种，分别是 FAT16、FAT32、NTFS 和 ext2、ext3 格式。Linux 的磁盘分区格式与其他操作系统不同，共有两种，一种是 Linux Native 主分区，另一种是 Linux Swap 交换分区。目前支持这一分区格式的操作系统只有 Linux 系统。

3. Linux 硬盘的交换空间

Linux 系统的交换空间(swap space)在物理内存充满时被使用。如果系统需要更多的内存资源，而物理内存已经充满，硬盘中不活跃的页就会被移到交换空间去。Linux 安装时把交换空间设置成是一个专用的交换分区，交换空间的总大小应该相当于计算机内存的两倍。

4. Linux 数据存取分区

Linux 操作系统支持的文件格式非常之多，但安装时一般选择 ext2/ext3 格式。ext2/ext3 是 Linux 中使用最多的一种文件系统，它是专门为 Linux 设计的，拥有极快的速度和极小的 CPU 占用率。ext2 既可以用于标准的块设备(如硬盘)，也被应用在软盘等移动存储设备上。ext3 是一种日志式文件系统(Journal File System)，它是 ext2 的发展，保持有 ext2 系统的功能再加上日志回溯追踪功能。

6.3 操作步骤指导

6.3.1 创建磁盘分区

要在磁盘上创建文件系统，首先要进行磁盘分区。CentOS 5.4 提供了一种功能强大的磁盘分区工具 fdisk 命令，其格式为：

```
fdisk devicename
```

这里的设备名必须遵循 Linux 对各种存储设备的命名规范。在 Linux 中，硬盘、光盘、软盘设备的命名方法如表 6-1 所示。

表 6-1 Linux 硬盘、光驱和软盘设备的命名方法

设　　备	分区的命名	设　　备	分区的命名
第一个软驱	/dev/fd0	光驱	/dev/cdrom
第一个 IDE 硬盘上的 Master	/dev/hda	第一个 SCSI 硬盘	/dev/sda
第一个 IDE 硬盘上的 Slave	/dev/hdb	第二个 SCSI 硬盘	/dev/sdb
第二个 IDE 硬盘上的 Master	/dev/hdc	第三个 SCSI 硬盘	/dev/sdc
第二个 IDE 硬盘上的 Slave	/dev/hdd	第四个 SCSI 硬盘	/dev/sdd

1. 显示所有分区的信息

显示磁盘上所有分区,可以使用带有"-l"选项的 fdisk 命令。

```
[root@localhost ~]# fdisk -l
Disk /dev/sda: 8589 MB, 8589934592 bytes
255 heads, 63 sectors/track, 1044 cylinders
Units = cylinders of 16065 * 512 = 8225280 bytes
Device      Boot     Start      End       Blocks     Id  System
/dev/sda1   *        1          6         48163 +    83  Linux
/dev/sda2            7          515       4088542 +  83  Linux
/dev/sda3            516        949       3486105    83  Linux
/dev/sda4            950        1044      763087 +   5   Extended
/dev/sda5            950        1044      763056     82  Linux swap
```

以上显示了该系统中唯一的一个磁盘/dev/sda 的参数和分区情况:磁盘有 255 个磁头,1044 个柱面,每柱面 63 个扇区,第四行起是分区的情况,依次是分区名、是否是启动分区、起始柱面、终止柱面、分区的总块数、分区 ID(分区类型的数字值)、分区的类型。如/dev/sda1 分区是启动分区(带"*"号),它的大小为:磁头数×柱面数×扇区数×512/1024/1024MB,如上述共 255×1044×63×512/1024/1024=8189MB,相当于 8GB 空间。

2. 创建磁盘分区

要对第一个 IDE 硬盘(slave)创建分区,则操作命令应该为:

```
[root@localhost ~]# fdisk /dev/hdb
The number of cylinders for this disk is set to 1044.
There is nothing wrong with that, but this is larger than 1024,
and could in certain setups cause problems with:
1) software that runs at boot time (e.g., old versions of LILO)
2) booting and partitioning software from other OSs
   (e.g., DOS FDISK, OS/2 FDISK)
Command (m for help):
```

fdisk 命令是以交互方式进行操作的,在 Command (m for help)提示符下,可以通过键入各种子命令继续操作磁盘分区。fdisk 的交互操作子命令均为单个字母,常用的几个如表 6-2 所示。

表 6-2 fdisk 子命令

fdisk 子命令	功能说明	fdisk 子命令	功能说明
a	设置切换分区的启动标志	n	添加新的分区
b	设置卷标	p	显示当前硬盘的分区情况
d	删除分区	q	退出并且不保存分区的结果
l	显示已知的分区类型	t	改变分区的类型
m	显示命令的帮助	w	保存分区的结果并退出

假如要新增一个编号为 3，容量为 256MB，类型为 ext3 的主分区，执行过程如下：

```
//使用 n 命令创建分区，e 表示创建的是扩展分区、p 表示创建的是主分区
Command (m for help): n
Command action
e extended
p primary partition (1 - 4)
//输入子命令 p，创建主分区
p
//输入 3，创建 3 号分区号
Partition number (1 - 4): 3
//输入起始柱面号，也可以直接回车表示使用默认值
First cylinder (448 - 2482, default 448):448
//输入分区结束柱面号，或者输入分区的大小，用 + 256M 表示分区大小为 256MB
Last cylinder or  + size or  + sizeM or  + sizeK (448 - 2482, default 2482):  + 256M
//输入子命令 t，改变分区类型
Command (m for help): t
Partition number (1 - 4): 3
//输入 83，制定分区类型为 ext2/ext3，可以使用 l 子命令查看各种分区的编号
Hex code (type L to list codes): 83
Changed system type of partition 3 to 83 (Linux)
//使用子命令 w 保存分区结果并退出，如果不想保存结果，可使用子命令 q
Command (m for help): w
The partition table has been altered!
Calling ioctl() to re - read partition table.
Syncing disks.
```

注：硬盘分区对数据有破坏性，建议在 CentOS 5.4 虚拟机中增加一块硬盘，对新增加的硬盘进行分区操作。

6.3.2 在磁盘分区中建立文件系统

硬盘进行分区后，下一步的工作就是文件系统的建立，这和格式化磁盘类似。在一个分区上建立文件系统会覆盖掉分区上的所有数据，并且不能恢复，因此建立文件系统前要确认分区上的数据不再使用。

在 Linux 系统中，建立文件系统的命令是 mkfs。mkfs 的命令格式如下：

```
mkfs [options] filesystem
```

常用选项说明如下。

-t：指定要创建的文件系统类型，默认为 ext2。

-c：建立文件系统之前首先要检查坏块。

-l file：从文件 file 中读磁盘坏块列表，该文件一般是由磁盘坏块检查程序产生的。

-V：输出建立文件系统详细信息。

【例 6-1】 创建分区，使用默认文件系统 ext2。

```
[root@localhost ~]# mkfs /dev/hda3        //此操作是已经存在/dev/hda3 分区。
```

【例 6-2】 创建分区，指定 ext3 文件系统。

```
[root@localhost ~]# mkfs -t ext3 /dev/hda3
```

6.3.3 用命令挂载和卸载文件系统

Linux 文件系统的组织方式和 DOS、Windows 文件系统的组织方式有很大的差别。Windows 把磁盘分区用不同驱动器名字来命名，如“C:”、“D:”、“E:”等。Linux 系统只有一个总的根目录，或者说只有一个目录树，不同磁盘的不同分区都只是这个目录树的一部分。

在 Linux 中创建文件后，用户还不能直接使用它，要把文件系统挂载(mount)后才能使用。挂载文件系统首先要选择一个挂载点(mount point)。所谓的挂载点就是要安装的文件系统的安装点。这样整个文件系统是由多个文件系统构成的，但对于用户来说整个文件系统却是无缝的，感觉不到是在不同的文件系统工作。如图 6-2 所示，有两个相互独立的文件系统，它们分别有各自的根目录“/”，要把第二个文件系统挂载到第一个文件系统上，可以选择多种挂载点，文件系统的挂载点不同，目录树的结构也会发生变化，如图 6-3 所示。

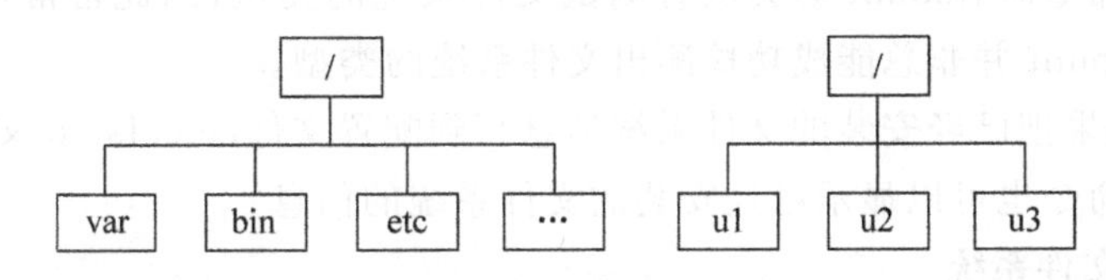

图 6-2 未安装的两个独立的文件系统

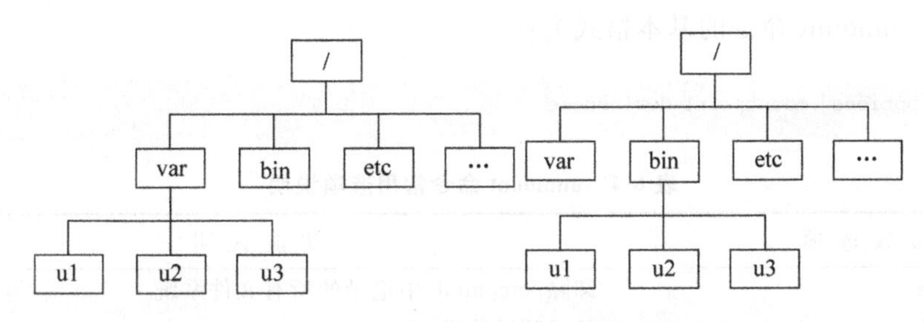

图 6-3 文件系统安装点不同引起目录树结构的不同

1. 手动安装/挂载文件系统

手工安装文件系统常常用于临时使用文件系统的场合，尤其是软盘和光盘的使用。手工安装文件系统使用 mount 命令，常用选项如表 6-3 所示，将设备挂载到挂载点处，设备是指要挂载的设备名称，挂载点是指文件系统中已经存在的一个目录名。命令格式为：

```
mount [options] devicename mountpoint
```

表 6-3 mount 命令常用选项说明

参数选项	功能说明
-a	安装/etc/fstab 中的所有设备
-f	不执行真正的安装，只是显示安装过程中的信息
-n	不在/etc/mtab 登记此安装

续表

参数选项	功能说明
-r	用户对被安装的文件系统只有读权限
-w	用户对被安装的文件系统有写权限
-t <type>	指定被安装的文件系统的类型，常用的有：ext2、ext3、nfs、vfat
-o	指定安装文件系统的安装选项

【例 6-3】 将/dev/hda3 分区的文件系统安装在/mnt/disk1 目录下，文件系统的类型是 ext3，安装点是/mnt/disk1。

```
[root@localhost ~]# mount -t ext3 /dev/hda3 /mnt/disk1
```

安装文件系统时，用户不能处在挂载点（当前目录是挂载点），否则安装文件系统后，用户看到的内容仍是没有安装文件系统前挂载点目录原来的内容。安装文件系统后，挂载点原有的内容会不可见。卸载文件系统后，挂载点原有的内容又会可见。

使用 mount 命令时，mount 会尝试着测试文件系统的类型，因此常常可以不指明文件系统的类型，但 mount 并非总能成功检测出文件系统的类型。

Linux 系统如果把已经安装的文件系统信息写到配置文件/etc/fstab 文件中，用不带任何参数的 mount 命令也可以显示已经安装的文件系统的信息。

2. 手动卸载文件系统

所有挂载的文件系统在不需要的时候都可以利用 umount 命令进行卸载，常用选项如表 6-4 所示。umount 命令的基本格式为：

```
umount [options] mountpoint devicename
```

表 6-4　unmount 命令常用选项说明

参数选项	功能说明
-a	卸除/etc/mtab 中记录的所有文件系统
-h	显示帮助信息
-n	卸载时不要将信息存入/etc/mtab 文件中
-r	若无法成功卸载，则尝试以只读的方式重新挂载文件系统
-t <type>	仅卸载选项中所指定的文件系统
-v	执行时显示详细的信息
-V	显示版本信息

进行卸载操作时，如果挂载设备正在被使用，或者当前目录刚好是挂载点，系统会提示类似 mount：/mnt/zigbee：device is busy 这样的信息。用户必须关闭相关的文件，或者切换到其他目录才能进行卸载操作。

6.3.4 文件系统的自动安装

mount 命令用于手动安装文件系统，但是这样挂载仅对本次操作有效，在关机的时候会被自动卸载。对于用户经常使用的文件系统（磁盘的各个分区）则最好能让 Linux 系统在启动时就自动安装好，并在关机时自动卸载。而光盘、U盘等移动存储介质则既可以在启动时自动挂载，也可以在需要时手动挂载或卸载。

Linux 系统通过配置文件/etc/fstab 来解决这个问题的，/etc/fstab 文件主要用来设置 Linux 系统需要自动挂载的设备和挂载点信息，在 Linux 启动过程中，init 进程会自动读取/etc/fstab 配置文件中的内容，并挂载相应的文件系统。

/etc/fstab 文件的一般格式如下：

```
[root@localhost ~]# cat /etc/fstab
/dev/hda1       /             reiserfs      defaults,notail       1    1
/dev/cdrom      /mnt/cdrom    iso9660       noauto,owner,ro       0    0
/dev/hda2       swap          swap          defaults              0    0
/dev/fd0        /mnt/floppy   vfat          noauto,owner          0    0
none            /proc         proc          defaults              0    0
none            /dev/pts      devpts        gid=5,mode=620        0    0
```

/etc/fstab 文件的每一行都表示一个文件系统，每个文件系统的信息用六个字段来表示，各字段的说明如下：

(1) 字段 1 表示系统在开机的时候会自动挂载的文件系统，通常以/dev 开头。

(2) 字段 2 指定每个文件系统的挂载点，必须使用绝对路径表示。其中，swap 分区无须指定挂载点，因为它并不是实际数据的存储位置，而是当应用程序执行时，因物理内存不足而提供的暂存区，即虚拟内存。

(3) 字段 3 指定每个被安装的文件系统的类型。

(4) 字段 4 指定每一个文件系统挂载时的命令选项，多个选项之间必须用逗号分隔。常见的选项如表 6-5 所示。

表 6-5　常见的文件系统挂载命令选项

选　项	说　明
auto	系统启动时自动挂载该文件系统
defaults	使用默认值挂载文件系统，即启动时自行挂载，并可读可写
grpquota	该文件系统支持组配额管理
noauto	系统启动时不自动挂载该文件系统，需要时由用户手工挂载
ro	以只读方式挂载该文件系统
rw	以读/写方式挂载该文件系统
usrquota	该文件系统支持用户配额管理
user	允许普通用户安装该文件系统
noexec	不允许在该文件系统运行程序

(5) 字段 5 表示备份频率，是一个数字，有 0 和 1 两种取值，表示该文件系统在备份文件系统时是否需要备份，0 表示不需要备份。

(6) 字段 6 表示检查顺序标志，是一个数字，用来检查文件系统时决定是否检查该系统以及检查的次序。

综上所述，第二行文件系统/dev/cdrom 安装在/mnt/cdrom 目录下，文件系统类型是 iso9660，安装选项是 noauto，owner，ro，不对该文件系统进行备份，安装文件系统时不进行检查。

6.4 学习进阶指引

6.4.1 磁盘配额的概念

磁盘配额是指用户可以使用的磁盘空间的额度。限制用户所能占用的磁盘空间常常是必要的，特别是当主机作为公共服务器被多个用户同时登录使用时。Linux 通过 quota 来实现磁盘配额管理。quota 可以从两个方面进行限制：一个方面可以限制用户或群组占用的磁盘块数；另一方面可以限制用户或群组所拥有的文件数。大多数情况下对用户占用的磁盘块数进行限制，在 Linux 系统中 1 块(1block)相当于 1KB 的存储空间。

quota 是以文件系统为基础的，如果系统中有多个文件系统，则必须在所有文件系统上分别进行 quota 的设置，quota 目前只在 ext2 类型的文件系统上实现。

6.4.2 配置磁盘配额

(1) 检查内核是否支持 quota。

```
[root@localhost ~]# dmesg | grep quota  //dmesg 命令输出系统启动时的信息,查找 quota 信息
VFS: Disk quotas dquot_6.5.1 initialized
```

如内核不支持，则需要安装相应的 RPM 软件包。

(2) 修改/etc/fstab 文件。

对于要启用 quota 的文件系统，要配置相应的安装选项。用 VI 编辑器打开/etc/fstab 文件，对要进行配额管理的行进行修改，在命令选项字段增加 usrquota 和 grpquota，分别表示支持用户级和群组级配额管理设置。此时，/etc/fstab 中该行内容如下：

```
/dev/hda3 /mnt/disk1 ext2 defaults,usrquota,grpquota 1 2
```

(3) 重新启动系统或卸载文件系统并重新安装文件系统让 quota 选项生效。

```
[root@localhost ~]# unmount /dev/hda3
[root@localhost ~]# mount /dev/hda3
```

(4) 使用 quotacheck 命令建立 aquota. user 和 aquota. group 文件。

quotacheck 命令的作用是检查配置了 quota 的文件系统中，各个用户或群组对文件和文件数的使用情况，并在每个文件系统的根目录上建立 aquota. user 和 aquota. group 文件。第一次执行时，如果文件系统存在的文件数较多，会比较费时。quotacheck 命令的基本格式为：

```
quotacheck [options]
```

主要选项说明如下。

-a：检查所有已安装(mount)了并且配置了配额的文件系统。

-g：检查组的配额。

-u：检查用户配额。

-v：显示检查时产生的信息。

【例 6-4】 建立 aquota. user 和 aquota. group 文件。

```
[root@localhost ~]# quotacheck -avug
Scan of /mnt/disk1 [/dev/hda3] done
Checked 2 directories and 25 files
```

查看文件目录，可以发现系统新建的用户级配置管理文件 aquota. user 和群组级配置管理文件 aquota. group。也就是说系统已允许针对用户或群组进行磁盘使用空间的限制。

(5) 执行 edquota 命令，编辑 aquota. user 和 aquota. group 文件，设置用户配额。

由于 aquota. user 和 aquota. group 文件的结构比较复杂，不宜直接打开它们来编辑，因此必须通过 edquota 命令进行编辑。edquota 命令的基本格式为：

```
edquota [options] user/group
```

主要选项说明如下。

-u：使用 VI 进入 quota 修改用户的配额。

-g：使用 VI 进入 quota 修改群组的配额。

-t：修改缓冲延时。

-p：复制某个用户或群组的配额管理设置，以设置另一个用户或群组的配额。

假设系统中有 test1、test2 两个用户，现要对这些用户进行配额管理设置，可用如下命令：

```
[root@localhost ~]# edquota -u test1
Disk quotas for user test1 (uid 500):
  Filesystem    blocks    soft    hard    inodes    soft    hard
  /dev/sda8     60        0       0       12        0       0
```

由此可知，实施配额管理的文件系统名为/dev/sda8，test1 用户已使用 60KB 的磁盘空间。在第三列(soft)下配置软配额，在第四列(hard)下配置硬配额，默认单位为 KB。例如要用户 test1 配置软配额为 10MB，硬配额为 15MB，内容如下：

```
Disk quotas for user test1 (uid 500):
  Filesystem    blocks    soft     hard     inodes    soft    hard
  /dev/sda8     60        10240    15360    12        0       0
```

然后，保存修改退出 VI 界面。

如果要对其他用户(本例中为 test2)进行相同的磁盘配额设置，可以使用如下的命令实现：

```
[root@localhost ~]# edquota -p test1 test2
```

同样，如果对群组配额管理文件 aquota.group 进行编辑时，需要将 edquota 命令的选项改为-g，其他操作同配置 aquota.user 文件时大致相同。

(6) 执行 quotaon 命令，启动配额管理。

设置好用户及组的配额限制后，需要使用 quotaon 命令来启动磁盘配额管理功能。

```
[root@localhost ~]# quotaon -avug
/dev/md0 [/home]: group quotas turned on
/dev/md0 [/home]: user quotas turned on
```

如果要关闭磁盘配额管理功能，则需使用 quotaoff 命令

```
[root@localhost ~]# quotaoff -avug
/dev/md0 [/home]: group quotas turned off
/dev/md0 [/home]: user quotas turned off
```

或者可以修改系统的启动脚本，让系统启动时自动执行配额检查并启动配额功能。系统的启动脚本为/etc/rc.d/rc.local，在 rc.local 文件末加入以下语句：

```
/sbin/quotacheck -avug
/sbin/quotaon -avug
```

重新启动系统让脚本生效。

6.4.3 实现磁盘配额的实例

要求在 CentOS 5.4 中新增 IDE 硬盘 8GB，对其进行分区划分，两个基本分区分别为 1GB，1 个交换分区为 500MB，扩展分区为 2GB，对其中一个基本分区进行磁盘配额限制，用户的空间限制为 100MB。步骤如下：

(1) 在 CentOS 5.4 中增加一个 8GB 的 IDE 硬盘。

关闭 CentOS 5.4 虚拟机，如图 6-4 所示，依步骤操作，新建硬盘。

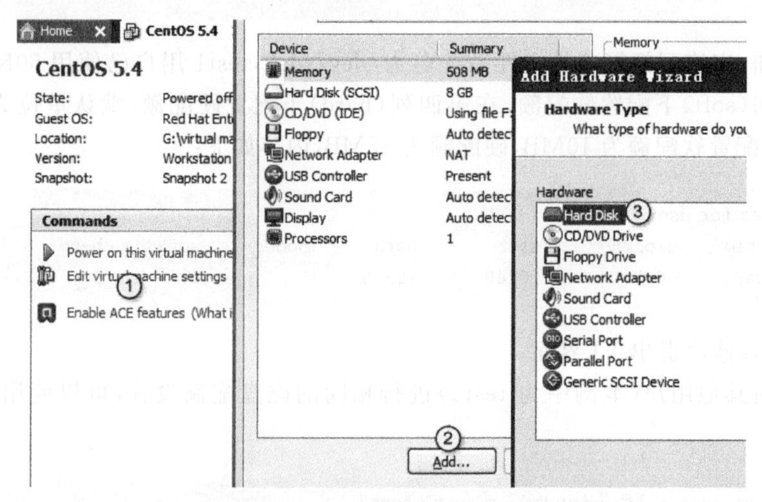

图 6-4　在 CentOS 5.4 中增加硬盘

依上述步骤选择建立的硬盘参数如图 6-5 所示。

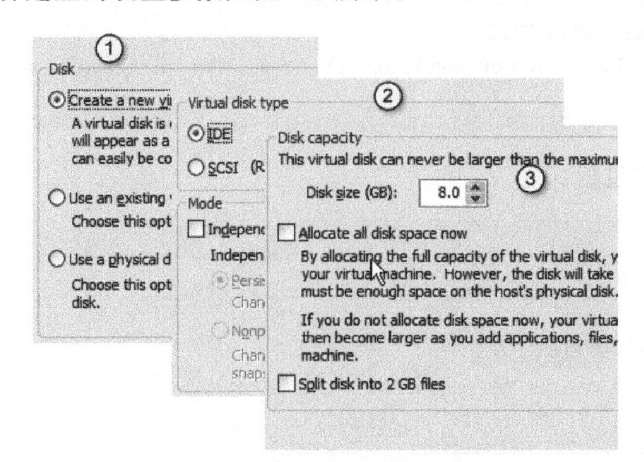

图 6-5 选择磁盘参数

重新启动系统，使用命令查看系统在启动过程中是否检测到了新增加的硬盘信息。因为增加的是 IDE 硬盘，而系统原来的硬盘为 SCSI 类型，所以增加的硬盘设备名为/dev/hda。

```
[root@bogon ~]# dmesg | grep hda
    ide0: BM-DMA at 0x10c0-0x10c7, BIOS settings: hda:DMA, hdb:pio
hda: VMware Virtual IDE Hard Drive, ATA DISK drive
hda: max request size: 128KiB
hda: 16777216 sectors (8589 MB) w/32KiB Cache, CHS=17753/15/63, UDMA(33)
 hda: unknown partition table
```

因为还没有进行分区，所以显示 hda:unknown partition table。

(2) 对新增加的硬盘进行分区。

使用 fdisk 命令列表显示/dev/hda 的分区信息。

```
[root@bogon ~]# fdisk -l /dev/hda
Disk /dev/hda: 8589 MB, 8589934592 bytes
15 heads, 63 sectors/track, 17753 cylinders
Units = cylinders of 945 * 512 = 483840 bytes
Disk /dev/hda doesn't contain a valid partition table
```

使用 fdisk 命令对/dev/hda 进行分区。

```
[root@bogon ~]# fdisk /dev/hda
Device contains neither a valid DOS partition table, nor Sun, SGI or OSF disklabel
Building a new DOS disklabel. Changes will remain in memory only,
until you decide to write them. After that, of course, the previous
content won't be recoverable.
The number of cylinders for this disk is set to 17753.
There is nothing wrong with that, but this is larger than 1024,
and could in certain setups cause problems with:
1) software that runs at boot time (e.g., old versions of LILO)
```

```
2) booting and partitioning software from other OSs
   (e.g., DOS FDISK, OS/2 FDISK)
Warning: invalid flag 0x0000 of partition table 4 will be corrected by w(rite)
Command (m for help):
```

以下为分区操作过程。

```
Command (m for help): n
Command action
   e extended
   p primary partition (1-4)
p                                    //选择 p 建立基本分区
Partition number (1-4): 1
First cylinder (1-17753, default 1):
Using default value 1
Last cylinder or +size or +sizeM or +sizeK (1-17753, default 17753): +1000M  //第一个基
本分区空间 1GB

Command (m for help): n
Command action
   e extended
   p primary partition (1-4)
p
Partition number (1-4): 2
First cylinder (2069-17753, default 2069):
Using default value 2069
Last cylinder or +size or +sizeM or +sizeK (2069-17753, default 17753): +1000M  //第二个
基本分区空间 1GB
Command (m for help): n
Command action
   e extended
   p primary partition (1-4)
e                                    //选择 e 建立扩展分区
Partition number (1-4): 3
First cylinder (4137-17753, default 4137):
Using default value 4137
Last cylinder or +size or +sizeM or +sizeK (4137-17753, default 17753):
Using default value 17753
Command (m for help): p              //打印当前分区信息
Disk /dev/hda: 8589 MB, 8589934592 bytes
15 heads, 63 sectors/track, 17753 cylinders
Units = cylinders of 945 * 512 = 483840 bytes
   Device Boot   Start      End       Blocks     Id   System
/dev/hda1        1          2068      977098+    83   Linux
/dev/hda2        2069       4136      977130     83   Linux
/dev/hda3        4137       17753     6434032+   5    Extended
Command (m for help): n
Command action
   l logical (5 or over)
```

```
  p primary partition (1 - 4)
l
First cylinder (4137 - 17753, default 4137):
Using default value 4137
Last cylinder or + size or + sizeM or + sizeK (4137 - 17753, default 17753): +2000M  //建立逻辑分区大小 2GB
Command (m for help): p
Disk /dev/hda: 8589 MB, 8589934592 bytes
15 heads, 63 sectors/track, 17753 cylinders
Units = cylinders of 945 * 512 = 483840 bytes
   Device Boot      Start      End      Blocks     Id  System
/dev/hda1           1          2068     977098 +   83  Linux
/dev/hda2           2069       4136     977130     83  Linux
/dev/hda3           4137       17753    6434032 +  5   Extended
/dev/hda5           4137       8271     1953756    83  Linux
Command (m for help): n
Command action
   l logical (5 or over)
   p primary partition (1 - 4)
l
First cylinder (8272 - 17753, default 8272):
Using default value 8272
Last cylinder or + size or + sizeM or + sizeK (8272 - 17753, default 17753): +500M  //建立交换分区大小 500MB
Command (m for help): p
Disk /dev/hda: 8589 MB, 8589934592 bytes
15 heads, 63 sectors/track, 17753 cylinders
Units = cylinders of 945 * 512 = 483840 bytes
   Device Boot      Start      End      Blocks     Id  System
/dev/hda1           1          2068     977098 +   83  Linux
/dev/hda2           2069       4136     977130     83  Linux
/dev/hda3           4137       17753    6434032 +  5   Extended
/dev/hda5           4137       8271     1953756    83  Linux
/dev/hda6           8272       9305     488533 +   83  Linux
Command (m for help): t
Partition number (1 - 6): 6
Hex code (type L to list codes): 82  //改变标号 6 分区的类型为交换分区 82
Changed system type of partition 6 to 82 (Linux swap / Solaris)
Command (m for help): p
Disk /dev/hda: 8589 MB, 8589934592 bytes
15 heads, 63 sectors/track, 17753 cylinders
Units = cylinders of 945 * 512 = 483840 bytes
   Device Boot      Start      End      Blocks     Id  System
/dev/hda1           1          2068     977098 +   83  Linux
/dev/hda2           2069       4136     977130     83  Linux
/dev/hda3           4137       17753    6434032 +  5   Extended
/dev/hda5           4137       8271     1953756    83  Linux
/dev/hda6           8272       9305     488533 +   82  Linux swap / Solaris
Command (m for help): w                    //把分区信息保存退出
The partition table has been altered!
Calling ioctl() to re - read partition table.
Syncing disks.
```

(3) 对/dev/hda1 分区进行格式化,建立文件系统。

```
[root@bogon ~]# mkfs /dev/hda1
mke2fs 1.39 (29-May-2006)          //默认的文件系统类型为 ext2
Filesystem label=
OS type: Linux
Block size=4096 (log=2)
Fragment size=4096 (log=2)
122368 inodes, 244274 blocks
12213 blocks (5.00%) reserved for the super user
First data block=0
Maximum filesystem blocks=251658240
8 block groups
32768 blocks per group, 32768 fragments per group
15296 inodes per group
Superblock backups stored on blocks:
        32768, 98304, 163840, 229376

Writing inode tables: done
Writing superblocks and filesystem accounting information: done

This filesystem will be automatically checked every 21 mounts or
180 days, whichever comes first.  Use tune2fs -c or -i to override.
```

(4) 修改/etc/fstab 文件,把装载信息写入文件中,并写入配额信息。
使用 fdisk 命令,显示/dev/hda 的分区后信息。

```
[root@bogon ~]# fdisk -l /dev/hda
Disk /dev/hda: 8589 MB, 8589934592 bytes
15 heads, 63 sectors/track, 17753 cylinders
Units = cylinders of 945 * 512 = 483840 bytes
   Device Boot      Start         End      Blocks    Id  System
/dev/hda1           1             2068     977098+   83  Linux
/dev/hda2           2069          4136     977130    83  Linux
/dev/hda3           4137          17753    6434032+  5   Extended
/dev/hda5           4137          8271     1953756   83  Linux
/dev/hda6           8272          9305     488533+   82  Linux swap / Solaris
```

接下来编辑/etc/fstab 文件,加入分区/dev/hda1 的信息。

```
[root@bogon ~]# mkdir /hda1           //在根目录下建立装载目录
[root@bogon ~]# vi /etc/fstab         //编辑 fstab 文件
```

/etc/fstab 文件的内容如图 6-6 所示。

(5) 安装/dev/hda1 文件系统,并查看其是否生效。

```
[root@bogon ~]# mount /dev/hda1
[root@bogon ~]# mount
/dev/mapper/VolGroup00-LogVol00 on / type ext3 (rw)
```

```
proc on /proc type proc (rw)
sysfs on /sys type sysfs (rw)
devpts on /dev/pts type devpts (rw,gid=5,mode=620)
/dev/sda1 on /boot type ext3 (rw)
tmpfs on /dev/shm type tmpfs (rw)
none on /proc/sys/fs/binfmt_misc type binfmt_misc (rw)
none on /proc/fs/vmblock/mountPoint type vmblock (rw)
/dev/hda1 on /hda1 type ext2 (rw,usrquota)
```

```
/dev/VolGroup00/LogVol00 /                       ext3    defaults        1 1
LABEL=/boot             /boot                   ext3    defaults        1 2
tmpfs                   /dev/shm                tmpfs   defaults        0 0
devpts                  /dev/pts                devpts  gid=5,mode=620  0 0
sysfs                   /sys                    sysfs   defaults        0 0
proc                    /proc                   proc    defaults        0 0
/dev/VolGroup00/LogVol01 swap                    swap    defaults        0 0
# Beginning of the block added by the VMware software
.host:/                 /mnt/hgfs               vmhgfs  defaults,ttl=5     0 0
/dev/hda1               /hda1                   ext2    defaults,usrquota
0 0
# End of the block added by the VMware software
```

图 6-6　/etc/fstab 文件的内容

在最后一行的命令输出中，可以看到，装载的/dev/hda1 分区具有用户配额管理的功能。

(6) 使用 quotacheck 命令建立 aquota. user 文件。

```
[root@bogon hda1]# quotacheck -auvg
quotacheck: Scanning /dev/hda1 [/hda1] quotacheck: Old group file not found. Usage will not be
substracted.
done
quotacheck: Checked 3 directories and 2 files
[root@bogon hda1]# ls
aquota.user   lost+found
```

(7) 建立一测试用户 user1，使其主目录建立在/hda1 下。

```
[root@bogon hda1]# useradd -d /hda1/user1 user1
[root@bogon hda1]# ls /hda1
aquota.user lost+found user1
```

(8) 使用 edquota 命令编辑用户 user1 的配额。

```
[root@bogon hda1]# edquota -u user1
```

user1 的配额限制采用 blocks 限制，100M，相当于 100000blocks，内容如图 6-7 所示。

```
Disk quotas for user user1 (uid 500):
  Filesystem                         blocks       soft        hard      inodes      soft
    hard
  /dev/hda1                               0          100000           100000           0
        0        0
~
```

图 6-7　user1 的配额限制

(9) 使用 quotaon 命令启用配额管理,并查看配额使用情况。

```
[root@bogon hda1]# quotaon -auvg
quotaon: using /hda1/aquota.user on /dev/hda1 [/hda1]: Device or resource busy
[root@bogon hda1]# repquota -auvg        //配额报告命令显示配额使用情况
*** Report for user quotas on device /dev/hda1
Block grace time: 7days; Inode grace time: 7days
                        Block limits                    File limits
User            used    soft    hard   grace     used  soft  hard  grace
--------------------------------------------------------------------------
root       --   1204    0       0                      3     0     0
user1      --   0       100000  100000                 0     0     0

Statistics:
Total blocks: 7
Data blocks: 1
Entries: 2
Used average: 2.000000
```

(10) 切换到 user1 用户,从其他目录向主目录中复制文件,查看操作提示。

```
[root@bogon hda1]# su - user1
[user1@bogon ~]$ cp -R /usr .
cp: cannot open `/usr/libexec/utempter/utempter' for reading: Permission denied
cp: cannot open `/usr/libexec/pt_chown' for reading: Permission denied
hda1: write failed, user block limit reached.
cp: writing `./usr/include/xulrunner-sdk-1.9/editor/nsIEditActionListener.h': Disk
quota exceeded
cp: writing `./usr/include/xulrunner-sdk-1.9/editor/nsIHTMLInlineTableEditor.h': Disk
quota exceeded
cp: writing `./usr/include/xulrunner-sdk-1.9/editor/nsEditorCID.h': Disk quota exceeded
cp: writing `./usr/include/xulrunner-sdk-1.9/editor/nsIHTMLEditor.h': Disk quota exceeded
cp: writing `./usr/include/xulrunner-sdk-1.9/editor/nsIHTMLAbsPosEditor.h': Disk quota
[user1@bogon ~]$
```

可以看到 user1 拷贝时已经超出其 100MB 大小的磁盘空间使用限制,显示 Disk quota exceeded。

(11) 再次切换回 root,显示配额的使用情况。

```
[user1@bogon ~]$ su - root
Password:
[root@bogon ~]# repquota -auvg
*** Report for user quotas on device /dev/hda1
Block grace time: 7days; Inode grace time: 7days
                        Block limits                    File limits
User            used    soft    hard   grace     used  soft  hard  grace
--------------------------------------------------------------------------
root       --   1204    0       0                      3     0     0
user1      --   100000  100000  100000                 6882  0     0
```

```
Statistics:
Total blocks: 7
Data blocks: 1
Entries: 2
Used average: 2.000000
```

小　　结

Linux 中磁盘在使用前必须进行分区并格式化，然后经过挂载才能进行文件存取操作。fdisk 用于对磁盘进行分区，mkfs 用于对分区进行格式化。

根据/etc/fstab 文件的默认设置，硬盘上的各文件系统（磁盘分区）在 Linux 启动时自动挂载到指定的目录，并在关机时自动卸载。而移动存储介质既可以在启动时自动挂载，也可以在需要时进行手工挂载和卸载。编辑/etc/fstab 文件可实现移动存储介质启动时的自动挂载，而用户挂载和卸载工具 mount 和 umount 可实现手工挂载和卸载。

Linux 可实现用户级和组级的文件系统配额管理。对文件系统可以只采用用户级配额管理或组级配额管理，也可以同时采用用户级和组级配额管理。

任务7　Linux 下的进程与作业管理

7.1　学习目标

- 了解 Linux 的启动过程。
- 了解 Linux 的运行级别及掌握常见运行级别 3、5 的配置。
- 了解进程和作业的概念及二者的区别。
- 掌握进程的类型及不同类型进程的启动方式。
- 掌握进程和作业的管理方法。
- 熟练掌握 atd 调度和 crond 调度的配置。

7.2　基础知识与原理

7.2.1　Linux 的启动过程

Linux 系统的启动过程包括启动系统内核和初始化程序 init。启动系统内核时，内核被装入内存并初始化每个设备驱动器，init 程序的功能是引导所有程序的启动。

Linux 系统的启动过程可以详细划分为六个阶段，如图 7-1 所示。

1. 加载 GRUB 引导装载程序

x86 计算机在启动后首先会进行 BIOS 的加电自检，检测计算机的硬件设备，然后按照 BIOS 设置的顺序搜索处于活动状态并且可以引导的设备。CentOS 5.4 默认安装的引导加载程序是 GRUB，它是目前最常用的 Linux 引导加载程序。

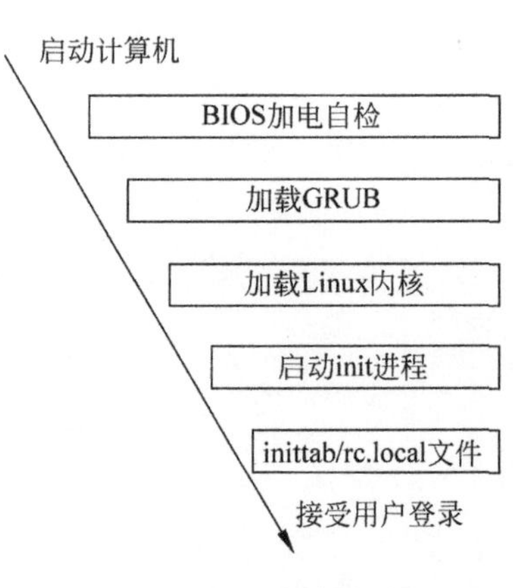

图 7-1　Linux 的启动过程

2. 以只读方式加载 Linux 内核

启动 Linux 后，GRUB 会根据/boot/grub/grub.conf 配置文件中所设置的信息，从/boot 所在的分区上读取 Linux 内核映像，然后把内核映像加载到内存中并把控制权交给 Linux 内核。Linux 内核获得控制权后，首先会检测系统中的硬件设备，包括内存、CPU、硬盘等，对这些设备进行初始化并配置。接下来对内核映像进行解压，同时加载必要的设备驱动。初始化与文件系统相关的虚拟设备，装载根文件系统，把根文件系统挂载到根目录下。

3. 启动 init 初始化程序

在加载 Linux 内核之后，会调用/sbin/init 程序启动 init 进程。init 进程是 Linux 系统所有进程的起点，其进程号(PID)为 1，它的任务是装载所有其他进程，是其他进程的父进程。

4. 读取/etc/inittab 文件

init 进程启动后初始化操作系统，读入/etc/inittab 文件，启动特定的运行级别(Runlevel)下的自动运行程序。用户可以通过更改相关的配置文件自定义需要在系统启动时自动运行的服务。

5. 读取/etc/rc. d/rc. local 文件

/etc/rc. d/rc. local 中的内容是每次开机时要执行的程序或者命令的名称，每个程序或者命令占一行，系统将按顺序执行。

6. 登录程序

如以上步骤都正确无误，系统会按照指定的运行级别打开图形或字符登录界面，提示用户输入账号及口令，并进行验证。如果验证通过，系统会执行/bin/login 登录系统。

7.2.2 Linux 的运行级配置文件/etc/inittab

Linux 运行级别的配置是在/etc/inittab 文件内指定的，它决定了当用户登录时，系统为该用户提供何种服务。/etc/inittab 的内容直接决定 init 程序以何种方式启动。

inittab 文件是以行为单位的，每一行内容的格式如下：

```
id:runlevels:action: command
```

各字段之间用冒号分隔，共同确定某个进程在哪些运行级别以何种方式运行。例如，12 ：2 ：wait ：/ etc / init. d / rc 2(注：l2 的 l 指字母 l，不是数字 1)。各字段解释如下。

(1) id：是一个任意指定的四个字符以内的序列标号，在本文件内必须是唯一的。

(2) runlevels：表示该行的状态标识符，代表 init 进程的运行状态，Linux 中规定取值范围是 0～6。如果为空，则对任何级别都有效。另外 sysinit、boot、bootwait 这三个进程会忽略这个设置值。

(3) action：表示进入对应的 runlevels 时，init 应该运行 command 字段的命令的方式。例子中的 wait 表示需要运行这个进程一次并等待其结束。Linux 中规定了多种方式，部分方式的说明见表 7-1。

(4) command：init 进程要执行的 Shell 命令或者可执行文件。每行的 Shell 命令或可执行文件是否被执行取决于每行的“状态”和“动作”。从 init 进程的执行流程可知，init 进程先创建一个 Shell 进程，再由该 Shell 去执行相应的命令。

表 7-1 有效的 action 值

respawn	本行的命令进程终止后，init 进程应该马上重新启动相应的进程
wait	init 应该运行这个进程一次，并等待其结束后再进行下一步操作
once	init 不必等待执行这些命令的进程完成，可以立即执行下面的进程
boot	随系统启动运行，runlevel 值对其无效

续表

bootwait	随系统启动运行，并且 init 应该等待其结束
off	没有任何意义
initdefault	系统启动后的默认运行级别；由于进入相应的运行级别会激活对应级别的进程，所以对其指定 process 字段没有任何意义。如果 inittab 文件内不存在这一条记录，系统启动时在控制台上询问进入的运行级
sysinit	init 进程启动后，最先执行动作标识符为 sysinit 行的命令或可执行程序。而其他标有 boot 或 bootwait 行的命令要等到 sysinit 行的命令或可执行程序终止后才能执行
powerwait	允许 init 在电源被切断时，关闭系统。当然前提是有 UPS 和监视 UPS 并通知 init 电源已被切断的软件。RH Linux 默认没有列出该选项
powerfail	同 powerwait，但 init 不会等待正在运行的进程结束
powerokwait	当电源监视软件报告“电源恢复”时，init 要执行的操作
powerfailnow	检测到 UPS 电源即将耗尽时，init 要执行的操作
ctrlaltdel	当 Ctrl＋Alt＋Del 组合键被同时按下时，init 进程将接收到系统发送的 SIGINT 信号，马上执行本行的 shutdown 命令，关闭系统

下面是某 Linux 系统的 inittab 配置文件的实例，重要信息请参考注释。

```
# 对各种运行级别的具体说明
# Default runlevel. The runlevels used by RHS are:
#    0 - halt (Do NOT set initdefault to this)
#    1 - Single user mode
#    2 - Multiuser, without NFS (The same as 3, if you do not have networking)
#    3 - Full multiuser mode
#    4 - unused
#    5 - X11
#    6 - reboot (Do NOT set initdefault to this)
# 定义默认进入的运行级别，此处为 5
id:5:initdefault:

# 调用/etc/rc.d/rc.sysinit 脚本文件实现对系统的初始化(rc.sysinit)
si::sysinit:/etc/rc.d/rc.sysinit
# 定义在运行级别 0～6 下系统将调用执行的脚本(rc)
l0:0:wait:/etc/rc.d/rc 0
l1:1:wait:/etc/rc.d/rc 1
l2:2:wait:/etc/rc.d/rc 2
l3:3:wait:/etc/rc.d/rc 3
l4:4:wait:/etc/rc.d/rc 4
# 当运行级别为 5 时，以 5 为参数运行/etc/rc.d/rc 脚本，init 将等待其返回(wait)
l5:5:wait:/etc/rc.d/rc 5
l6:6:wait:/etc/rc.d/rc 6
# 定义按 Ctrl + Alt + Del 组合键时要执行的命令：重启系统(shutdown)
# Trap CTRL - ALT - DELETE
ca::ctrlaltdel:/sbin/shutdown -t3 -r now

pf::powerfail:/sbin/shutdown -f -h +2 "Power Failure; System Shutting Down"

pr:12345:powerokwait:/sbin/shutdown -c "Power Restored; Shutdown Cancelled"
```

```
# 在2、3、4、5级别上以ttyN为参数执行/sbin/mingetty脚本,打开ttyN终端用于用户登录,如果进程退出则再次运行mingetty脚本(respawn)
# Run gettys in standard runlevels
1:2345:respawn:/sbin/mingetty tty1
2:2345:respawn:/sbin/mingetty tty2
3:2345:respawn:/sbin/mingetty tty3
4:2345:respawn:/sbin/mingetty tty4
5:2345:respawn:/sbin/mingetty tty5
6:2345:respawn:/sbin/mingetty tty6

# 定义在运行级别5时,启动X Window
x:5:respawn:/etc/X11/prefdm - nodaemon
```

当内核调用init程序后,它将读取/etc/inittab文件的配置,id:5:initdefault:说明系统默认的启动级别是5。所以系统启动之后会进入X Window模式。首先执行/etc/rc.d/rc.sysinit脚本程序,执行一系列系统初始化操作,包括装载和检查文件系统、设置网络参数、打开设备,以及把启动时的内核信息记录到/var/log/dmesg文件中。由于init启动后进入运行级别5,所以接下来执行/etc/rc.d/rc(以5为参数)中的各个命令。当init进程执行/etc/rc.d/rc脚本结束后,整个系统的初始化工作已经完成,系统已经能够正常工作。为了让用户能够使用计算机,init进程在最后会反复生产若干个终端进程getty,getty进程通过系统调用exec执行注册程序login,允许用户注册登录,注册成功时,login程序通过系统调用exec执行注册Shell,这时使用终端的用户就可以开始工作了。

7.2.3 Linux的运行级别

从注释的内容可以看出inittab文件定义了系统的各个启动级别上应该运行的程序,系统默认的运行级别有七个,分别是0～6。

(1) Runlevel 0:是让init关闭所有进程并终止系统。

(2) Runlevel 1:是用来将系统转到单用户模式,单用户模式下进行一些特别的维护操作,该runlevel的编号1也可以用S代替。

(3) Runlevel 2:是允许系统进入多用户的模式,但不支持NFS,这种模式很少应用。

(4) Runlevel 3:是最常用的运行模式,主要用来提供真正的多用户模式,也是多数服务器的默认模式。

(5) Runlevel 4:一般不被系统使用,用户可以设计自己的系统状态并将其应用到runlevel 4,尽管很少使用,但使用该系统可以实现一些特定的登录请求。

(6) Runlevel 5:是将系统初始化为专用的X Window终端。

(7) Runlevel 6:是关闭所有运行的进程并重新启动系统。

7.2.4 Linux下的进程和作业

1. Linux下的进程

Linux是一个多用户多任务的操作系统。每当运行一个任务时,系统就会启动一个进程。进程(process)是一个程序在其自身的虚拟地址空间中的一次执行活动。之所以要创建进程，就是为了使多个程序可以并发的执行，从而提高系统的资源利用率和吞吐量。

进程和程序的概念不同，下面是对这两个概念的比较：

(1) 程序只是一个静态的指令集合；而进程是一个程序的动态执行过程，它具有生命期，动态地产生和消亡。

(2) 进程是资源申请、调度和独立运行的单位，它使用系统的运行资源；而程序不能申请系统资源、不能被系统调度、也不能作为独立运行的单位，它不占用系统的运行资源。

(3) 程序和进程无一一对应的关系。一方面一个程序可以由多个进程所共用，即一个程序在运行过程中可以产生多个进程；另一方面，一个进程在生命期内可以顺序地执行若干个程序。

2. Linux 下的作业

正在执行的一个或者多个相关进程被称为作业。一个作业可以包含一个或者多个进程，比如当前使用了管道和重定向命令时，该作业就包含了多个进程，例如：

```
[root@localhost ~]# ls -l | grep "^d" | wc -l
```

在这个例子中，作业 ls -l | grep "^d" | wc -l 就同时启动了三个进程，它们分别是 ls、grep、wc。

作业可以分为两类：前台作业和后台作业。前台作业运行于前台，与用户进行交互操作；后台作业运行于后台，不直接与用户交互，但可以输出执行结果。在某一时刻，每个用户只能有一个前台作业。

7.2.5 Linux 进程的状态

Linux 的进程共有 5 种基本状态，包括运行、就绪、睡眠(分为可中断的与不可中断的)、暂停和僵死，状态转换图如图 7-2 所示。

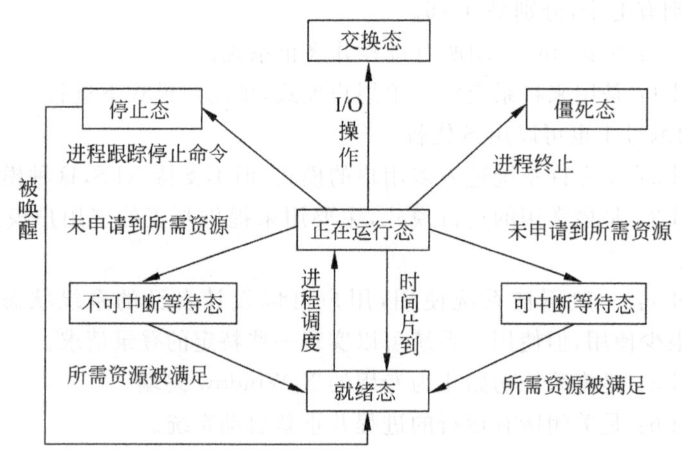

图 7-2 Linux 系统的进程状态转换图

(1) 可执行态(runnable)：可执行态实际包含了基本状态中的运行和就绪两种状态。处于可执行态的进程均已具备运行条件。它们或正在运行，或准备运行。

(2) 睡眠态(sleeping)：即等待态。进程在等待某个事件或某个资源。睡眠态又可细分为可中断的睡眠态(interruptible)和不可中断的睡眠态(uninterruptible)两种。它们的区别在于,在睡眠过程中,不可中断状态的进程会忽略信号,而处于可中断状态的进程如果收到信号会被唤醒而进入可执行状态,待处理完信号后再次进入睡眠状态。

(3) 暂停态(stopped):处于暂停态的进程一般都是由运行态转换而来,等待某种特殊处理。比如调试跟踪的程序,每执行到一个断点,就转入暂停态,等待新的输入信号。

(4) 僵死态(zombie):进程运行结束或因某些原因被终止时,它将释放除 PCB(进程控制块)外的所有资源,这种占有 PCB 但已经无法运行的进程就处于僵死状态。

7.2.6 Linux 下的进程相关概念

1. 进程标识

在 Linux 系统中总是有很多进程同时在运行,系统根据进程号 PID 区分不同的进程。系统启动后的第一个进程是 init,它的 PID 为 1。init 是唯一一个由系统内核直接运行的进程。新的进程可以用系统调用 fork()来产生,就是从一个已经存在的旧进程中分出一个新进程来,旧的进程是新产生的进程的父进程,新进程是产生它的进程的子进程,除了 init 之外,每一个进程都有父进程。当系统启动以后,init 进程会创建 login 进程等待用户登录系统,login 进程是 init 进程的子进程。当用户登录系统后,login 进程就会为用户启动 Shell 进程,Shell 进程就是 login 进程的子进程,而此后用户运行的进程都是由 Shell 衍生出来的。

2. 进程的类型

Linux 系统中的进程可以分为三种不同的类型。

(1) 交互进程:由一个 Shell 启动的进程。交互进程既可以在前台运行,也可以在后台运行。

(2) 批处理进程:不与特定的终端相关联,提交到等待队列中顺序执行的进程。

(3) 守护进程:在 Linux 在启动时初始化,需要时运行于后台的进程。

3. 进程的优先级

Linux 系统对普通进程采用时间片轮转法来调度进程的执行,所有就绪进程按先后排成队列,依次轮转,时间片用完而未完成任务者排在尾部,如此往复;对于实时进程则采用 FIFO(先进先出)和时间片轮转进行调度,最后经调度模块综合计算出各进程的优先级,优先级最高者获得执行权。

系统为每个进程设置了一个默认的优先级 NICE 值(0),通过 nice 命令可以调整进程的 NICE 值,从而达到调整优先级的目的。在 CentOS 5.4 中它的调整范围为-20～19,NICE 的值越大进程的优先级越低。

7.2.7 Linux 下进程的启动方式

启动一个进程主要有两种途径:手工启动和调度启动。

1. 手工启动

由用户输入命令,直接启动一个进程便是手工启动进程。手工启动进程又可以分为前台启动和后台启动。

(1) 前台启动:是手工启动一个进程的最常用的方式。一般地,用户输入一个命令,如

“ls -l”,这就已经启动了一个进程,而且是一个前台的进程。

(2) 后台启动:直接从后台手工启动一个进程用得比较少一些,除非是该进程甚为耗时,且用户也不急着需要结果的时候。假设用户要启动一个需要长时间运行的格式化文本文件的进程。在后台启动一个进程,可以在命令行后使用 & 命令,例如:

```
[root@localhost ~]# ls -R / > list &
```

2. 调度启动

指系统按照用户的事先设置,在特定的时间或者周期性地执行指定的进程。在对 Linux 系统进行维护和管理的过程中,有时需要进行一些比较费时而且占用资源较多的操作,为了不影响正常的服务,通常将其安排在深夜或者其他空闲时间由系统自行启动运行。在 Linux 中可以实现 at 调度、batch 调度和 cron 调度。

7.3 操作步骤指导

7.3.1 查看系统的进程与作业

要对系统中的进程进行监测和控制,首先就要了解进程的当前运行情况,即查看进程。普通用户和管理员都可以查看系统中正在运行的进程和这些进程的相关信息。在 Linux 中,使用 ps 命令对进程进行查看。ps 命令的格式如下:

```
ps [options]
```

常用的选项如表 7-2 所示。

表 7-2 ps 命令常用选项说明

选　项	说　明
-a	显示当前控制终端的所有进程
-e	在命令后显示环境变量
-u	显示进程的用户名和启动时间等信息
-x	显示没有控制终端的进程
-f	显示进程树
-w	宽行输出,不截取输出中的命令行
-l	按长格式显示输出

【例 7-1】 查看当前用户在当前控制台上启动的进程。

```
[root@localhost ~]# ps
  PID TTY       TIME CMD
28595 pts/2     00:00:00 su
28598 pts/2     00:00:02 bash
 7303 pts/2     00:00:00 ps
```

显示信息中每个进程都有四个字段来描述。

（1）PID：表示进程号，系统根据这个编号处理相应的进程。

（2）TTY：表示登录的终端号，即进程从哪个终端启动。

（3）TIME：进程自从启动以来占用 CPU 的总时间。

（4）CMD：表示正在执行的进程或者命令。

【例 7-2】 显示当前控制台上运行进程的详细信息。

```
[root@localhost ~]# ps -l
F  S  UID  PID    PPID   C  PRI   NI ADDR SZ    WCHAN  TTY    TIME      CMD
4  S  0    28595  16421  0  79    0  -    1163  wait   pts/2  00:00:00  su
4  S  0    28598  28595  0  75    0  -    1230  wait   pts/2  00:00:02  bash
4  R  0    7304   28598  0  77    0  -    814   -      pts/2  00:00:00  ps
```

该命令使用-l 选项，除了显示例 7.1 中显示的四个基本字段之外，另外还有几个字段。

（5）F：该进程状态的标记。

（6）S：进程状态代码，主要有以下几种：R 表示进程正在运行中；S 表示进程处于睡眠状态；T 表示进程处于终止状态；D 表示进程处于不可中断的休眠状态；Z 表示进程处于僵尸状态。

（7）UID：进程执行者的 ID 号。

（8）PPID：父进程的进程号。

（9）PRI：进程执行的动态优先级。

（10）NI：进程执行的静态优先级。

（11）SZ：进程占用内存空间的大小，以 KB 为单位。

【例 7-3】 查看系统中每位用户的全部进程。

```
[root@localhost ~]# ps -aux
USER   PID   %CPU  %MEM  VSZ     RSS    TTY    STAT  START  TIME COMMAND
neo    3679  0.0   0.2   5608    1384   pts/1  Ss+   Feb16  0:00 bash
root   2896  0.0   0.0   2440    452    tty6   Ss+   Feb16  0:00 /sbin/mingetty tt
root   28595 0.0   0.2   4652    1220   pts/2  S     Feb17  0:00 su
……
root   28598 0.0   0.2   4920    1396   pts/2  S     Feb17  0:02 bash
root   7305  0.0   0.1   2892    756    pts/2  R+    00:17  0:00 ps -aux
```

该命令显示系统中所有的用户执行的进程，包括守护进程（没有控制台的进程）和后台进程。主要输出选项说明如下。

（1）%CPU：占用 CPU 时间与总时间的百分比。

（2）%MEM：占用内存与系统内存总量的百分比。

（3）VSZ：进程所占用的虚拟内存的空间，以 KB 为单位。

（4）RSS：进程所占用的内存的空间，以 KB 为单位。

（5）STAT：进程当前状态。

（6）START：进程开始执行的时间。

注意：ps-aux 命令显示系统中所有的进程，通常内容较多，为了便于查看，经常通过管道跟 more 命令或者 grep 命令连用，如下面的形式：

```
[root@localhost ~]# ps - aux | more
[root@localhost ~]# ps - aux | grep httpd
```

和 ps 命令不同，top 命令可以实时监控进程状况。屏幕自动每 5s 刷新一次，也可以用“top-d 20”指定屏幕每 20s 刷新一次。top 命令的屏幕输出如下：

```
[root@localhost ~]# top
top - 05:51:13 up 5:02, 3 users, load average: 0.24, 0.26, 0.20
Tasks:90 total, 1 running, 87 sleeping, 1 stopped, 1 zombie
Cpu(s):9.4% us, 10.6% sy, 0.2% ni, 79.5% id, 0.0% wa, 0.2% hi, 0.0% si
Mem:515644k total, 438044k used, 77600k free, 46980k buffers
Swap:763048k total, 0k used, 763048k free, 249448k cached
 PID USER    PR  NI     VIRT     RES   SHR  S %CPU  %MEM   TIME+      COMMAND
 3689 root   15  0      151m     17m   6124 S  9.7  3.5    20:53.79   X
 6397 neo    15  0      38104    13m   8504 S  4.4  2.8    0:29.94    gnome-terminal
 5203 neo    25  10     30588    16m   9864 S  2.1  3.3    10:14.21   rhn-applet-gui
 3330 root   16  0      10596    7064  1612 S  0.5  1.4    0:41.38    hald
```

top 命令输出前五行分别是正常运行时间行、进程统计数行、CPU 统计行、内存统计行、交换区和缓冲区统计行。其他行的含义和 ps 的输出类似，这里不再介绍。

在 top 屏幕下，用 q 键可以退出，用 h 键可以显示 top 命令下的帮助信息，用 u 键可以指定显示特定用户的进程，用 k 键可以杀死指定进程号的进程。

使用 jobs 命令能查看系统当前的所有作业。命令格式如下：

```
jobs [options]
```

常用选项说明如下。

-p：仅显示进程号。

-l：同时显示进程号和作业号。

【例 7-4】 查看系统中的作业。

```
[root@localhost ~]# jobs -l
[1]+ 21180 Stopped                 vi file.c
```

命令执行的结果分别显示作业号、进程号、工作状态、作业产生的命令。

7.3.2 设置进程的优先级

Linux 操作系统中进程优先级的取值范围为-20～19 之间的整数，取值越小表示优先级别越高，默认优先级的取值为 0。设置进程优先级的命令主要有 nice 命令和 renice 命令。

1. nice 命令

指定将要启动进程的优先级，不指定优先级时默认设置为 0。命令格式为：

```
nice number command
```

【例 7-5】 启动 grep 程序，其优先级为 5。

```
[root@bogon /]# nice -5 grep -R ddd.conf * &  //-是选项开始标志，不是减号
[1] 8328
[root@bogon /]# ps -l  //使用 ps - l 显示 grep 进程的优先级，其中 NI 下显示的 5 即为优先级。
F S   UID    PID  PPID  C  PRI   NI   ADDR SZ    WCHAN  TTY          TIME CMD
0 S   0      4214 3836  0  75    0 - 1134 wait   pts/1  00:00:00 bash
0 R   0      8328 4214  52 84    5 - 33761 -     pts/1  00:00:02 grep
4 R   0      8329 4214  0  77    0 - 1053 -      pts/1  00:00:00 ps
```

2. renice 命令

修改运行中的进程的优先级。即设定指定用户或群组的进程的优先级。注意：优先级值前无"-"符号。命令格式为：

```
renice number PID
```

主要选项说明如下。

-p：进程号，修改指定进程的优先级。

-u：用户名，修改指定用户所启动进程的默认优先级。

-g：组群号，修改指定组群中所有用户所启动进程的默认优先级。

【例 7-6】 调整进程 Bash 的优先级。

```
[root@bogon /]# ps -l
F S   UID    PID  PPID  C  PRI   NI   ADDR SZ    WCHAN  TTY          TIME CMD
0 S   0      4214 3836  0  78    0 - 1134 wait   pts/1  00:00:00 bash
4 R   0      8369 4214  0  79    0 - 1053 -      pts/1  00:00:00 ps
[root@bogon /]# renice 10 4214
4214: old priority 0, new priority 10
[root@bogon /]# renice -10 4214
4214: old priority 10, new priority -10
```

7.3.3 用命令终止进程

通常情况下，可以通过停止一个程序运行的方法来结束程序产生的进程。但有时由于某些原因，程序停止响应，无法正常终止，这就需要使用 kill 命令来杀死程序产生的进程，从而结束程序的运行。kill 命令不但能杀死进程，同时也会杀死该进程的所有子进程。kill 命令的格式是：

```
kill [ - signal] PID
```

其中，PID 是进程的 ID 号；signal 是信号代码。kill 命令向指定的进程发出终止运行的信号，进程在收到信号后，会自动结束本进程，并处理好结束前的相关事务。默认信号代码时会直接终止进程。超级用户可以终止所有进程，普通用户只能终止自己启动的进程。表 7-3 列出了一些常用信号的说明。

表 7-3 常用信号

信　号	数　值	用　途
SIGHUP	1	从终端上发出的结束信号
SIGINT	2	从键盘上发出的中断信号(Ctrl+C)
SIGQUT	3	从键盘上发出的退出信号(Ctrl+\)
SIGFPE	8	浮点异常(如：被 0 除)
SIGKILL	9	结束接受信号的进程(强行杀死进程)
SIGTERM	15	kill 命令默认的终止信号
SIGCHLD	17	子进程中止或结束的信号
SIGSTOP	19	从键盘来执行的信号(Ctrl+D)

要终止一个进程首先要知道它的 PID,这就需要用到上面介绍过的 ps 命令。例如,用户的 xterm 突然停止响应了,无法接受用户的输入,也无法关闭,可以进行如下操作：

(1) 找到 xterm 对应的进程的 PID。

```
[root@localhost ~]# ps aux | grep xterm
root 1621 0.0 1.3 6980 1704 tty1 S Aug01 0:01 [xterm]
root 1920 0.0 1.9 6772 2544 tty1 S 00:41 0:00 [xterm]
root 1921 0.0 0.5 3528 664 pts/1 R 00:41 0:00 grep xterm
```

(2) 杀死进程。

```
[root@localhost ~]# kill 1621
```

可以看到用户共启动了两个 xterm 进程,可以通过两个 xterm 启动的先后顺序来判断哪个进程对应的是需要杀死的 xterm,因为先启动的进程的 PID 总是小于后启动的进程的 PID。默认情况下,kill 命令发送给进程的终止信号是 15,有些进程会不理会这个信号,这时可以用信号 9 来强制杀死进程,信号 9 是不会被忽略的强制执行信号。例如,如果上面的命令没有能够杀死 xterm,可以用信号 9 来结束它。

```
[root@localhost ~]# kill -9 1621
```

用户也可以用 killall 命令来杀死进程,和 kill 命令不同的是,在 killall 命令后面指定的是要杀死的进程的命令名称,而不是 PID。

【例 7-7】 终止所有的 apache 用户进程。

```
[root@localhost ~]# killall -9 httpd
```

发送给进程的终止信号可以是信号的号码,也可以用信号的名称。由于 killall 使用进程名称而不是 PID,所以所有的同名进程都将被杀死。

7.4 学习进阶指引

有时候需要对系统进行一些比较费时而且占用资源的维护工作,这些工作适合在如深夜等时间进行,Linux 操作系统进程调度允许用户根据需要在指定的时间自动运行指定的进程，也允许用户将非常消耗资源和时间的进程安排到系统比较空闲的时间来执行。进程调度有利于提高资源的利用率，均衡系统负载，并提高系统管理的自动化程度。用户可采用以下方法实现进程调度：

(1) 对于偶尔运行的进程采用 at 调度。

(2) 对于特定时间重复运行的进程采用 cron 调度。

7.4.1 使用一次性 at 调度

用户使用 at 命令在指定时刻执行指定的命令序列。也就是说，at 调度用来在一个特定的时间运行一个命令或脚本，这个命令或脚本只运行一次，其语法格式为：

```
at [options] time
```

at 调度主要选项说明见表 7-4。

表 7-4 at 调度常用选项说明

选　项	说　明
-d	删除指定的作业调度
-f <文件名>	从指定文件中读取执行的命令
-l	显示等待执行的调度作业
-m	指任务结束后会发送 mail 通知用户

时间参数用于指定任务执行的时间，其表达方式可以采用绝对时间表达法，也可以采用相对时间表达法。

1. 绝对时间表达法

at 允许使用一套相当复杂的指定时间的方法，它可以接受在当天的 hh:mm(小时:分钟)式的时间指定。如果该时间已经过去，那么就放在第二天执行。当然也可以使用 midnight(深夜)、noon(中午)等比较模糊的词语来指定时间。用户还可以采用 12 小时记时制，即在时间后面加上 AM(上午)或者 PM(下午)来说明是上午还是下午。也可以指定命令执行的具体日期，指定格式为 month day(月日)或者 mm/dd/yy(月/日/年)或者 dd.mm.yy(日.月.年)，指定的日期必须跟在指定时间的后面。

例如，表达 2014 年 12 月 18 日上午 9:00 的时间点，可以采用以下表达形式：

```
9:00am 12/18/14
9:00 18.12.14
9:00 12182014
```

2. 相对时间表达法

相对时间表达法对于安排不久就要执行的命令是很有好处的。指定格式为：now + count time-units，now 就是当前时间，time-units 是时间单位，这里可以是 minutes(分钟)、hours(小时)、days(天)、weeks(星期)。count 是时间的数量，究竟是几天，还是几小时等等。

例如，现在时间是中午 12:30，用相对时间表达法表示下午 3:30，其命令格式如下：

```
now + 3 hours
now + 180 minutes
```

以上这些表达式的意义是完全一样的，所以在安排时间的时候完全可以根据个人喜好和具体情况自由选择。一般采用绝对时间的 24 小时计时法可以避免由于用户自己的疏忽造成计时错误的情况发生。

【例 7-8】 三天后的下午 5 点钟执行/bin/ls 命令。

```
[root@localhost ~]# at 5pm +3 days /bin/ls
```

【例 7-9】 三个星期后的下午 5 点钟执行/bin/ls 命令。

```
[root@localhost ~]# at 5pm +3 weeks /bin/ls
```

【例 7-10】 明天的 17:20 执行/bin/date 命令。

```
[root@localhost ~]# at 17:20 tomorrow /bin/date
```

【例 7-11】 2014 年的最后一天的最后一分钟打印出"hello new year!"。

```
[root@localhost ~]# at 23:59 12/31/2014 echo " hello new year! "
```

注意：在 CentOS 5.4 终端提示符下，需要先执行"at 指定的时间"命令进入到 at>模式，再输入要执行的命令。

7.4.2 重复性调度 crontab 的文件格式

crontab 文件内容是 crond 守护进程的所要执行的一系列作业和指令。每个用户可以拥有与自己同名的 crontab 文件；同时，操作系统保存一个针对整个系统的 crontab 文件，该文件通常存放于/etc 目录中，这个文件只能由系统管理员来修改。

crontab 文件以行为单位，每一行均遵守特定的格式，由空格或制表符（Tab 键）分隔为 6 个字段，其中前 5 个字段是指定命令被执行的时间，依次为分钟、小时、日期、月份、星期。最后一个字段是要被执行的命令，具体的说明如表 7-5 所示。

表 7-5 crontab 文件字段的含义

字段名称	提供信息	取值范围
分钟	每个小时第几分钟执行	00～59
小时	每天第几小时执行	00～23，00 点表示晚上 24 点
日期	每月第几天执行	01～31
月份	每年第几月执行	01～12
星期	每周第几天执行	0～6，0 表示星期天
命令名称	所有执行的 shell 命令	可执行的 shell 命令

在配置 crontab 文件时有以下几点需要注意：

(1) 所有字段不能为空，字段之间用空格隔开。

(2) 如果不指定字段内容，需要输入"*"通配符，它表示"全部"。例如，在"月份"字段中输入"*"，表示在每年的所有月份都执行该进程或者命令。

(3) 可以使用"-"符号表示一段时间，例如，在"月份"字段中输入"3-12"，表示在每年的3～12 月都执行该进程或者命令。

(4) 可以使用","符号表示个别时间，例如，在"月份"字段中输入"3,5"，表示在每年的3 月、5 月都执行该进程或者命令。

(5) 可以使用"*/"后跟一个数字表示增量，当实际的数值是该数字的倍数时就表示匹配。例如，在"月份"字段中输入"*/6"，表示在每年的 6 月、12 月都执行该进程或者命令。

对于一个被启动的进程，每一个时间字段都必须与当前时间相匹配，但"日期"和"星期"字段只要匹配一个就可以了。

如果执行的命令没有使用输出重定向，系统会把执行的结果以电子邮件的方式发送给执行进程或者命令的用户。

以下是某个用户的 crontab 文件，内容如下：

```
5,15,25,35,45,55 16,17,18 *** command
00 15 ** 1,3,5 shutdown - r + 5
10,40 **** innd/bbslink
1 **** bin/account
12,55 3 4 - 9 1,4 * /bin/rm - f expire.lst >> mm.txt
```

第一行表示任意天任意月，也就是每天的 16 点、17 点、18 点的第 5 分钟、15 分钟、25 分钟、35 分钟、45 分钟、55 分钟时执行命令。

第二行表示在每周一、三、五的 15 点系统进入维护状态，重新启动系统。

第三行表示在每小时的第 10 分、40 分执行用户目录下的 innd/bbslin 这个指令。

第四行表示在每小时的第 1 分执行用户目录下的 bin/account 这个指令。

第五行表示每年的一月和四月，4 号到 9 号的 3 点 12 分和 3 点 55 分执行/bin/rm -f expire. lst 这个指令，并把结果添加在 mm. txt 这个文件之后。

7.4.3 重复性 cron 调度

前面介绍的 at 调度会在一定时间完成一定任务，但是要注意它只能执行一次。但是在很多时候需要周期性地不断重复一些命令，如每天例行的数据备份工作，这时候就需要使用 cron 命令来完成任务了。

实际上，cron 命令是不应该手工启动的。cron 命令在系统启动时就由一个 Shell 脚本自动启动，进入后台(所以不需要使用 & 符号)。一般的用户没有运行该命令的权限，虽然超级用户可以手工启动 cron，不过还是建议将其放到 Shell 脚本中由系统自行启动。

首先 cron 命令会搜索/var/spool/cron 目录，寻找以/etc/passwd 文件中的用户名命名的 crontab 文件，被找到的这种文件将载入内存。例如，一个用户名为 neo 的用户，它所对应的 crontab 文件就应该是/var/spool/cron/neo。也就是说，以该用户命名的 crontab 文件存放在/var/spool/cron 目录下面，cron 命令还将搜索/etc/crontab 文件。

cron 启动以后，它将首先检查是否有用户设置了 crontab 文件，如果没有就转入"休眠"状态，释放系统资源。所以该后台进程占用资源极少。它每分钟"醒"过来一次，查看当前是否有需要运行的命令。命令执行结束后，任何输出都将作为邮件发送给 crontab 的所有者，或者是/etc/crontab 文件中 MAILTO 环境变量中指定的用户。

crontab 命令用于管理用户的 crontab 配置文件。也就是说，用户把需要执行的命令序列放到 crontab 文件中以获得执行。下面就来看看如何创建一个 crontab 文件。crontab 命令格式为：

```
crontab [options]
```

常用选项说明如下。

-e：创建、编辑配置文件。

-l：显示配置文件的内容。

-r：删除配置文件。

【例 7-12】 neo 用户设置 cron 调度，要求每周一早上 3 点将/home/neo 目录中的所有文件归档并压缩。

首先以 neo 用户登录系统，然后执行命令：

```
[root@localhost ~]# crontab -e
```

输入该命令后，系统会自动打开 VI 编辑器，用户输入以下的配置内容后，存盘退出。

```
0 3 ** 1 tar -czf neo.tar.gz /home/neo
```

观察/var/spool/cron 目录，该目录下会出现一个名为 neo 的文件，文件内容同上。设置该文件后，系统将根据设置的时间执行指定命令，并将运行时的输出结果用内部 mail 形式返回给 neo 用户。neo 用户可以登录到系统中，用 mail 命令查看邮件的内容。

【例 7-13】 查看 neo 用户设置的 cron 调度。

```
[root@localhost ~]# crontab -l
0 3 ** 1 tar -czf neo.tar.gz /home/neo
```

小　　结

进程是 Linux 系统资源分配和调度的基本单位。每个进程都具有进程号(PID)，并以此区别不同的进程。正在执行的一个或多个相关进程形成一个作业。进程或作业既可以在前台运行也可以在后台运行，但在同一时刻，每个用户只能有一个前台作业。

启动进程的用户可以修改进程的优先级，但普通用户只能调低优先级，而超级用户既可调低优先级也可以调高优先级。Linux 中进程优先级的取值范围是－20～19 之间的整数，取值越高，优先级越低，默认优先级为 0。

用户既可以手工启动进程与作业，也可以调度启动进程和作业。at 调度可指定命令执行的时间，但只能执行一次。cron 调度用于执行需要周期性重复执行的命令，可设置命令重复执行的时间。

任务 8　Linux 下的软件包管理

8.1 学习目标

- 了解软件包的概念,RPM 软件包管理工具的应用背景。
- 掌握 RPM 软件包的命名规则。
- 熟练使用 RPM 软件安装、更新、卸载软件。
- 熟练使用 tar 命令归档文件和解档文件。

8.2 基础知识与原理

8.2.1 RPM 软件包简介

作为一个源代码开放的操作系统,Linux 系统所安装的大部分软件也都是开源软件。开源软件通常是以.tar、.tar.gz 等文件格式提供源代码压缩包,软件在下载之后必须经过解压和编译才可以安装使用,这对一般用户而言,使用极为不便且在后期管理中也容易出现问题。

基于上述原因,Red Hat 公司推出了红帽软件包管理工具 RPM(Red Hat Package Manager),由于其使用简单,可以方便地实现软件的安装、查询、升级、验证和卸载等功能,因而被广泛使用,成为 Linux 系统中公认的软件包管理标准。如今,RPM 不仅在 Linux 系统的多个发行版本如 Redhat、Centos、Fedora、SuSE 上使用,而且已经移植到 Solaris、Irix 和 FreeBSD 等 UNIX 操作系统上。

使用 RPM 软件包,安装过程比较简单,用户只需下载对应的软件,执行 RPM 命令即可,不需要对执行时所需的项目进行设置,能很容易地完成软件的安装。RPM 可以通过简单的命令对整个软件包进行升级,也可以根据需要对软件的个别组件进行升级,且能保留用户原先的配置而不需要其他设置。软件包的查询功能也比较强大,使用 RPM 管理软件时,在系统中保留了一个数据库,这个数据库中包含了所有软件包的资料,可以针对整个软件包的数据或是某个特定的文件进行查询,也可以轻松地查出某个文件是属于哪个软件包。RPM 软件包具有系统校验功能,不小心删除了某个重要文件,但不知道是哪个软件包需要此文件时,可以使用 RPM 校验已经安装的软件包中少了哪些文件,是否需要重新安装,并且可以检验出安装的软件包是否已经被别人修改过。

对于已经编译成二进制的 RPM 包,由于操作系统、硬件体系等环境不同,一般不能混用。对于以.src.rpm 格式发行的软件包,其中包含了该软件的源代码,在安装时需要进行本地编译，所以通常可以在不同系统下安装。

8.2.2 RPM 软件包的命名规则

RPM 软件包的文件命名需要遵循一定的规则，名称中通常包含了软件包名称、版本信息、发行号、操作系统信息、适应的硬件架构等。

RPM 包的命名格式为：

```
name - version - release.type.rpm
```

一般的 RPM 软件包命名中都包含上述几个部分，下面具体介绍它们的含义：

软件名称(name)：软件包的标识，例如 telnet-server 说明该软件用于 telnet 功能。

版本信息(version)：每个软件都有自己的版本号，版本号说明软件到目前共发行了多少个版本，软件是否是最新的等。

发行号(release)：一个版本的软件在发行后可能出现漏洞，那么就需要修复和重新封装，每修复封装一次，软件的发行号就要更新一次。

体系类型(type)：表示该 RPM 包适合的硬件平台。RPM 包要在多种硬件平台上使用，但是每个不同的硬件平台 RPM 打包封装的参数也各不相同，这样就出现了针对 i386、Sparc、Alpha 等平台名称标识。i386 指这个软件包适用于 Intel 80386 以后的 x86 架构的计算机。Sparc、Alpha 分别表示这个软件包适用于 sparc、alpha 架构的计算机。noarch 表示这个软件包与硬件构架无关，可以通用。

需要注意的是，有一种比较特殊的情况：如果体系号为 src 时，表明该软件包为 SRPM 包，即包含了编译时的源码文件和一些编译指定的配置、参数信息文件的 RPM 包，这种软件包是需要编译才能使用的，因此没有上面显示项中对应的平台选项，其他与 RPM 包命令格式完全一样。

例如，软件包 telnet-server-0.17-25.i386.rpm 其中 telnet-server 是在系统中登记的软件包的名字，0.17 是软件的版本号，25 是发行号(补丁号)，i386 表示该软件包适应于 Intel x86 平台。

8.2.3 Linux 下的文件压缩与打包

Linux 系统中有.gz、.tar.gz、tgz、bz2、.Z、.tar 等多种压缩文件类型，此外 Windows 系统的.zip 和.rar 也可以在 Linux 中使用。

软件包管理需要了解打包和压缩的概念，打包是指将许多文件和目录变成一个总的文件，该文件的体积并不会缩小。压缩则是将一个大的文件通过一些压缩算法变成一个小文件。Linux 系统中的很多压缩程序只能针对一个文件进行压缩，这样当需要压缩一大堆文件时，就得先借助其他的工具将这一大堆文件先打成一个包，然后再对打成的包进行压缩。

Linux 下常用的压缩工具有 bzip2、gzip、zip，分别生成.bz2、.gz、.zip 格式的压缩包，需要解压时对应使用解压缩工具 bunzip2、gunzip、unzip。它们的使用方法很类似，下面以 bzip2、bunzip2 为例简要介绍其用法。

【例 8-1】 在当前目录下使用 bzip2 压缩文件 bluetooth，对于生成的压缩文件，再使用 bunzip2 命令对其解压缩(注：此操作表示当前目录下有 bluetooth 文件)。

```
[root@localhost ~]# ls -l
-rwxrw-rw- 1 root root 30063 3月 29 17:51 bluetooth
[root@localhost ~]# bzip2 bluetooth
[root@localhost ~]# ls -l
-rwxrw-rw- 1 root root 27296 3月 29 17:51 bluetooth.bz2
[root@localhost ~]# bunzip2 bluetooth.bz2
[root@localhost ~]# ls -l
-rwxrw-rw- 1 root root 30063 3月 29 17:51 bluetooth
```

由上面的例子可知，使用 bzip2 命令对文件进行压缩之后，生成的压缩文件跟原文件同名，文件类型为.bz2，同时原文件会被删除；使用 bunzip2 命令对压缩文件解压后，还原出原始文件，压缩文件会被删除。

8.3 操作步骤指导

8.3.1 RPM 包的使用及其管理

使用 RPM 包可以安装、删除、升级和管理软件；可以查询某个 RPM 包中包含哪些文件，以及某个指定文件属于哪个 RPM 包；可以查询系统中的某个 RPM 包是否已安装以及其版本。

RPM 命令由 RPM 命令关键字、主选项、辅助选项、参数列表构成。RPM 命令关键字即 rpm，说明要操作的对象是 RPM 软件包；主选项是必须要有的，说明要执行什么样的动作，安装、查询、验证、升级和删除分别需要使用到的主选项是-i、-q、-V、-U、-e；辅助选项可以选用，是在主选项的基础上添加的一些辅助功能；参数列表指明所要操作的对象。

注意：RPM 软件包的安装、删除、更新只有 root 权限才能使用；对于查询功能任何用户都可以操作。

8.3.2 RPM 软件包的安装

安装 RPM 软件包使用-i 主选项，其命令格式如下：

```
rpm -i options file1.rpm ... fileN.rpm
```

其中，-i 是安装软件(install)的意思，也可以使用--install 代替。options 是安装时使用到的辅助选项，表 8-1 中列出了一些常用的选项。file1.rpm ... fileN.rpm 表示将要安装的 RPM 包的文件名，可以同时安装一个或者多个软件，软件包名称之间使用空格分隔。

表 8-1 RPM 安装命令辅助选项说明

辅助选项	功能说明	辅助选项	功能说明
-h(or --hash)	安装时输出 hash 记号(#)，即在安装时显示安装进度	-v(or verbose)	显示附加信息。显示安装过程，查看更细部的安装信息画面
--test	只对安装进行测试，并不实际安装	--replacefiles	替换属于其他软件包的文件

续表

辅助选项	功能说明	辅助选项	功能说明
--percent	以百分比的形式输出安装的进度	--force	忽略软件包及文件的冲突
--replacepkgs	强制重新安装已经安装的软件包	--nodeps	不检查软件安装包之间的依赖关系

【例 8-2】 安装 telnet-server-0.17-25.i386.rpm 软件包。RPM 命令通常会把-i、-v、-h 选项组合一起使用(注：可以使用源光盘上面的 telnet-server 软件包)。

```
[root@localhost ~]# rpm -ivh telnet-server-0.17-25.i386.rpm //此操作表示当前目录下有 telnet 软件包
Preparing...                ########################################### [100%]
   1:telnet-server          ########################################### [100%]
```

在安装 RPM 软件包时，如果将要安装的软件包中的某些文件已经安装过了，系统会提示文件无法安装，可以通过--replacepkgs 选项强制替换这些文件。若用户要安装的软件包中有一个文件同已经安装过的其他软件包出现冲突，系统会提示无法安装。若想继续安装，可用--replacefiles 选项忽略这些冲突。

【例 8-3】 强制重复安装 telnet-server-0.17-25.i386.rpm 软件包。

```
[root@localhost ~]# rpm -ivh telnet-server-0.17-25.i386.rpm
Preparing...                ########################################### [100%]
        package telnet-server-0.17-25 is already installed
[root@localhost ~]# rpm -ivh --replacepkgs telnet-server-0.17-25.i386.rpm
Preparing...                ########################################### [100%]
   1:telnet-server          ########################################### [100%]
```

当软件包出现依赖关系的时候，如要安装 A 包，提示说要先安装 B 包，找到 B 包安装又提示要先安装其他包，这种情况称为软件包的相互依赖关系。当无法解决依赖性的问题又必须安装软件包的时候，可以使用--nodeps 选项不检查软件之间的依赖关系。注意这样做可能会导致软件不可用。

8.3.3 RPM 软件包的查询

查询系统中已经安装的 RPM 软件包时使用-q 主选项，其命令格式如下：

```
rpm -q options file1.rpm ... fileN.rpm
```

其中，-q 是查询软件(query)的意思，也可以使用--query 代替。options 是查询时使用到的辅助选项，表 8-2 中列出了一些常用的选项。file1.rpm ... fileN.rpm 是要查询的软件包名称。可以同时查询多个软件包，各软件包名称之间使用空格分隔。

表 8-2 RPM 查询命令的辅助选项说明

辅助选项	功 能 说 明
-a	查看系统中所有已经安装的 RPM 软件包
-i	查看软件包的概要信息，包括软件名称、版本、应用平台、文件大小等。此选项后面跟不以.rpm 结尾的软件包名称
-l	显示软件包中的所有文件列表及安装位置。RPM 预设的安装路径见表 8-3。此选项后面跟软件包安装后对应的包名
-f	查询文件归属。在 rpm -qf 后面跟要查询的文件名，查询该文件属于哪个软件包
-p	查询以.rpm 为后缀的软件包安装后对应的包名称

【例 8-4】 查看 telnet-server 软件包是否已经安装。

```
[root@localhost ~]# rpm -q telnet-server
telnet-server-0.17-25
```

【例 8-5】 查看系统中所有安装过的软件包。通常情况下查到的结果都比较多，为了方便浏览，可以使用 more 命令分屏显示。

```
[root@localhost ~]# rpm -qa | more
```

【例 8-6】 查看 telnet-server 软件包的概要信息。

```
[root@localhost ~]# rpm -qi telnet-server
Name        : telnet-server                Relocations: (not relocatable)
Version     : 0.17                         Vendor: Red Hat, Inc.
Release     : 25                           Build Date: Wed 29 Jan 2003 02:55:50 AM PST
Install Date : Fri 03 Feb 2012 12:47:06 AM PST       Build Host: daffy.perf.redhat.com
Group       : System Environment/Daemons    Source RPM: telnet-0.17-25.src.rpm
Size        : 38697                              License: BSD
Signature   : DSA/SHA1, Sun 23 Feb 2003 09:59:32 PM PST, Key ID 219180cddb42a60ePackager     :
Red Hat, Inc. <http://bugzilla.redhat.com/bugzilla>
Summary     : The server program for the telnet remote login protocol.
Description :
Telnet is a popular protocol for logging into remote systems over the Internet. The telnet-
server package includes a telnet daemon that supports remote logins into the host machine. The
telnet daemon is enabled by default. You may disable the telnet daemon by editing /etc/xinetd.d/
telnet.
```

【例 8-7】 查看 telnet-server-0.17-25.i386.rpm 软件包安装之后在系统中对应的包名。

```
[root@localhost ~]# rpm -qp telnet-server-0.17-25.i386.rpm
telnet-server-0.17-25
```

【例 8-8】 查看 telnet-server-0.17-25 软件包安装路径。

```
[root@localhost ~]# rpm -ql telnet-server-0.17-25
/etc/xinetd.d/telnet
```

```
/usr/sbin/in.telnetd
/usr/share/man/man5/issue.net.5.gz
/usr/share/man/man8/in.telnetd.8.gz
/usr/share/man/man8/telnetd.8.gz
```

【例 8-9】 查询文件/usr/sbin/in.telnetd 的软件包归属。

```
[root@localhost ~]# rpm -qf /usr/sbin/in.telnetd
telnet-server-0.17-25.i386
```

RPM 包管理器支持网络安装和查询，我们可以直接从网络上安装应用软件，只需要在软件的文件名前加上适当的 URL 路径。

```
rpm -ivh rpm包的 http 或者 ftp 的地址
rpm -qpi rpm包的 http 或者 ftp 的地址
```

【例 8-10】 通过一个网络镜像安装、查询 telnet-server-0.17-25.i386.rpm 软件包。

```
[root@localhost ~]# rpm -ivh http://rpm.pbone.net/index.php3/idpl/com/telnet-server-
0.17-25.i386.rpm
[root@localhost ~]# rpm -qpi http://rpm.pbone.net/index.php3/idpl/com/telnet-server-
0.17-25.i386.rpm
```

8.3.4 RPM 软件包的验证

RPM 软件包的验证就是将已安装的软件包中所有文件的信息与存储在软件包数据库中的原始软件包中的文件信息相比较，看是否和最初安装时一样。如果没有问题就不输出任何结果，如果任何一个文件有问题，会输出该文件名和一个 8 位字符组成的字符串，依次是：S M 5 D L U G T。这 8 个字符分别代表文件的 8 个属性，表 8-3 给出了这 8 个字符的含义。若该文件的某个属性发生了改变，则在相应的位上会显示出代表该属性的字符，没有发生改变的位就显示“.”。

表 8-3 rpm -V 命令输出结果的含义

代　码	含　义	代　码	含　义
S	文件长度	M	文件权限与类型
5	MD5 校验值数据	D	主、副文件号
L	符号链接	U	文件拥有者
G	文件所在分组	T	文件修改的日期

RPM 命令可以使用-V 选项对系统中已经安装的软件包进行验证，命令格式如下：

```
rpm -V options file
```

其中，-V 是软件验证(verify)的意思，也可以用--verify 代替。此参数主要校验已经安装的软件包内的文件和最初安装时是否一致。file 是指定需要验证的软件包名称。

【例 8-11】 验证系统中软件包 a 安装情况。

```
[root@localhost ~]# rpm -V a
........C    /usr/lib/gconv/gconv-modules.cache
..?......    /usr/sbin/glibc_post_upgrade.i686
S.?......    /usr/sbin/groupadd
S.?....T. c /etc/seLinux/targeted/booleans
```

8.3.5 RPM 软件包的升级

RPM 对软件包的升级时使用-U 主选项，其命令格式如下：

```
rpm -U options file
```

其中-U 是软件升级(upgrade)的意思，也可以用--upgrade 代替。file 是指定需要升级的软件包名称。辅助选项--oldpackage 表示允许升级到一个老版本，即软件版本降级回退。其他选项与安装 RPM 软件包辅助参数完全相同，这里不再讲述。

【例 8-12】 将 telnet-server-0.17-25 软件包升级到 telnet-server-0.17-26。

```
[root@localhost ~]# rpm -q telnet-server
telnet-server-0.17-25
[root@localhost ~]# rpm -Uvh telnet-server-0.17-26.i386.rpm
Preparing...            ########################################### [100%]
   1:telnet-server      ########################################### [100%]
[root@localhost ~]# rpm -q telnet-server
telnet-server-0.17-26
```

8.3.6 RPM 软件包的删除

删除系统中已安装的 RPM 包使用-e 主选项，命令格式如下：

```
rpm -e options file
```

其中，-e 是软件删除(erase)的意思，也可以用--erase 代替。file 是指定需要卸载的软件包名称。options 表示辅助选项，常见的辅助选项说明如下。

--test：只执行删除的测试，不真正删除软件。

--nodeps：不检查软件之间依赖关系，强制删除软件。

RPM 在删除软件包时，主要进行以下操作：根据软件包中的依赖关系描述进行检查，确保没有任何软件包依赖于此软件包；执行软件包中的卸载前脚本，作卸载前处理；按照软件包中的文件列表，将文件逐个删除；执行软件包中的卸载后脚本，作卸载后处理；更新 RPM 数据库，删除该软件包的所有信息。

【例 8-13】 删除 telnet-server 软件包。

```
[root@localhost ~]# rpm -q telnet-server
telnet-server-0.17-26
[root@localhost ~]# rpm -e telnet-server-0.17-26
[root@localhost ~]# rpm -q telnet-server
package telnet-server is not installed
```

【例 8-14】 删除 gcc 软件包,但是存在依赖关系,操作过程如下:

```
[root@localhost ~]# rpm -e gcc
error: Failed dependencies:
gcc = 3.4.4-2 is needed by (installed) gcc-c -3.4.4-2.i386
gcc = 3.4.4-2 is needed by (installed) gcc-g77-3.4.4-2.i386
gcc = 3.4.4-2 is needed by (installed) gcc-java-3.4.4-2.i386
gcc = 3.4.3 is needed by (installed) libtool-1.5.6-4.EL4.1.i386
gcc is needed by (installed) systemtap-0.4-0.EL4.i386
[root@localhost ~]# rpm -e --nodeps gcc
[root@localhost ~]# rpm -q gcc
package gcc is not installed
```

这里出现了软件依赖性,根据上面的提示可知,要删除 gcc 软件包,需要首先删除与 gcc 相互依赖的五个软件包,这个操作要慎重,除非知道删除后对系统确实没有影响,否则一定不要盲目执行删除操作,这样可能导致系统的崩溃。强制删除时可以加辅助选项--nodeps,忽略依赖关系,但是这样可能会导致相关依赖软件的不可用。如果有依赖关系的话,注意卸载时后安装的包要先卸载。

8.4 学习进阶指引

8.4.1 TAR 软件包管理

Linux 系统下最常用的打包工具是 TAR,它最早是一个磁盘归档程序。使用 TAR 程序打出来的包称为 TAR 包,TAR 命令可以将若干文件或若干目录下打包成一个文件,既有利于文件管理,也方便压缩和文件的网络传输。TAR 命令可以为文件和目录创建存档,也可以在存档中改变文件,或者向存档中加入新的文件。生成 TAR 包后,就可以用其他的程序来进行压缩了。

TAR 命令的使用格式为:

```
tar options filename.tar directory/file
```

其中,option 为选项,分为主选项和辅助选项,使用 TAR 命令时,主选项是必须要有的,它告诉 tar 要做什么事情,辅选项是辅助使用的,可以选用,具体用法见表 8-4。需要特别注意的是,主选项-c、-x、-t 仅能存在一个,不可同时存在; filename.tar 为打包生成的文件,也称为档案文件; directory/file 为被打包的文件或者目录。

表 8-4 TAR 命令主选项说明

主选项	说明
-c	创建新的档案文件。如果用户想备份一个目录或一些文件，就要选择这个选项
-r	把要存档的文件追加到档案文件的末尾。如用户已经做好备份文件，又发现还有一个目录或是一些文件忘记备份了，这时可以使用该选项，将忘记的目录或文件追加到备份文件中
-t	列出档案文件的内容，查看已经备份了哪些文件
-u	更新文件，用新增的文件取代原备份文件，如果在备份文件中找不到要更新的文件，则把它追加到备份文件的最后
-x	从档案文件中释放文件
-f	使用档案文件或设备，这个选项通常是必选的
-v	详细报告 TAR 处理的文件信息。如无此选项，TAR 不报告文件信息
-z	用 gzip 来压缩/解压缩文件，加上该选项后可以将档案文件进行压缩，但还原时也一定要使用该选项进行解压缩

8.4.2 创建 TAR 文件

创建一个 TAR 档案文件要使用主选项-c，并指明创建 TAR 文件的文件名。该命令功能是将指定的文件或者目录进行归档，生成一个扩展名为.tar 的文件。格式如下：

```
tar - cvf filename.tar directory/file
```

【例 8-15】 把/home/neo/test 目录包括它的子目录全部做打包成档案文件，文件名为 test.tar。

```
[root@localhost ~]# tar cvf test.tar /home/neo/test
/home/neo/test/
/home/neo/test/telnet-26.txt
/home/neo/test/file.c
/home/neo/test/telnet-25.txt
[root@localhost ~]# ls -l
total 2
drwxrwxr-x    2    neo     neo     4096     Feb    17    07:02    test
-rw-r--r--    1    root    root    71680    Feb    17    07:02    test.tar
```

可以看到 test.tar 就是 test 目录打包后的文件，其容量比打包前要大。

8.4.3 创建压缩的 TAR 文件

使用-c 选项生成的 TAR 包并没有压缩，所生成的文件一般比较大，为了节省磁盘空间，通常需要对生成的 TAR 包进行压缩。此时可以在 TAR 命令中增加-z 或者-j 选项，以调用 gzip 或者 bzip2 压缩程序对其进行压缩，压缩后的文件扩展名分别为.gz、.bz.或者.bz2。格式如下：

```
tar -[z|j]cvf filename.tar directory/file
```

【例 8-16】 把/home/neo/test 目录包括它的子目录全部做归档并压缩，文件名为 test. tar. gz。

```
[root@localhost ~]# tar -zcvf test.tar.gz /home/neo/test
/home/neo/test/
/home/neo/test/telnet-server-0.17-26.i386.rpm
/home/neo/test/file.c
/home/neo/test/telnet-server-0.17-25.i386.rpm
[root@localhost ~]# ls -l
total 3
drwxrwxr-x    2 neo    neo     4096    Feb 17 07:02 test
-rw-r--r--    1 root   root    71680   Feb 17 07:02 test.tar
-rw-rw-r--    1 neo    neo     50496   Feb 19 01:56 test.tar.gz
```

可以看到 test. tar. gz 文件大小明显小于 test. tar 文件。

8.4.4 显示 TAR 文件内容

对于一个已存在的 TAR 文件，用户可能想了解其内容，即该文件是由哪些文件和目录打包而来的，这就要用带-t 选项的 tar 命令。若要查看. gz 压缩包的文件列表，还应增加辅助选项-z；若要查看. bz 或. bz2 压缩包的文件列表，还应增加辅助选项-j。格式如下：

```
tar -t[z|j]vf filename.tar
```

【例 8-17】 查看 test. tar 文件、test. tar. gz 文件的内容。可以看到这两个文件均由一个目录和该目录下的三个文件打包而成。

```
[root@localhost ~]# tar -tvf test.tar
drwxrwxr-x    neo/neo    0        2012-02-17 07:02:02 home/neo/test/
-rwxrwxrwx    neo/neo    30055    2012-02-17 04:32:01 home/neo/test/telnet-server.rpm
-rw-------    neo/neo    64       2012-02-14 05:54:59 home/neo/test/file.c
-rwxr-xr-x    neo/neo    30063    2012-02-01 14:32:14 home/neo/test/telnet-server.rpm
[root@localhost ~]# tar -tzvf test.tar.gz
drwxrwxr-x    neo/neo    0        2012-02-17 07:02:02 home/neo/test/
-rwxrwxrwx    neo/neo    30055    2012-02-17 04:32:01 home/neo/test/telnet-server.rpm
-rw-------    neo/neo    64       2012-02-14 05:54:59 home/neo/test/file.c
-rwxr-xr-x    neo/neo    30063    2012-02-01 14:32:14 home/neo/test/telnet-server.rpm
```

8.4.5 从 TAR 包中还原文件

从已经存在的 TAR 文件中解包，可以使用带主选项-x 的 TAR 命令实现。若要还原. gz 压缩包的文件，还应增加辅助选项-z；若要还原. bz 或. bz2 压缩包的文件，还应增加辅助选项-j。格式如下：

```
tar [z|j]xvf filename.tar
```

TAR 命令在还原 TAR 包时，将按照原备份路径进行释放和恢复。若要将软件包释放到指定的位置，可使用“-C 路径名”来指定。

【例 8-18】 还原 test. tar、test. tar. gz 压缩文件的内容。

```
[root@localhost ~]# tar xvf test.tar
home/neo/test/
home/neo/test/telnet-server-0.17-26.i386.rpm
home/neo/test/file.c
home/neo/test/telnet-server-0.17-25.i386.rpm
[root@localhost ~]# tar zxvf test.tar.gz
home/neo/test/
home/neo/test/telnet-server-0.17-26.i386.rpm
home/neo/test/file.c
home/neo/test/telnet-server-0.17-25.i386.rpm
```

8.4.6 向 TAR 文件中追加一个文件

如果要向一个已存在的存档中添加一个文件或目录，可以使用带-r 选项的 tar 命令。格式如下：

```
tar rvf filename.tar directory/file
```

【例 8-19】 向已经存在的备份包 test. tar 中添加一个文件 file2. c。

```
[root@localhost ~]# tar tvf test.tar
drwxrwxr-x neo/neo     0      2012-02-17 07:02:02 home/neo/test/
-rwxrwxrwx neo/neo     30055  2012-02-17 04:32:01 home/neo/test/telnet-server.rpm
-rw-------  neo/neo    64     2012-02-14 05:54:59 home/neo/test/file.c
-rwxr-xr-x  neo/neo    30063  2012-02-01 14:32:14 home/neo/test/telnet-server.rpm
[root@localhost ~]# tar rvf test.tar file2.c
file2.c
[root@localhost ~]# tar tvf test.tar
drwxrwxr-x neo/neo     0      2012-02-17 07:02:02 home/neo/test/
-rwxrwxrwx neo/neo     30055  2012-02-17 04:32:01 home/neo/test/telnet-server.rpm
-rw-------  neo/neo    64     2012-02-14 05:54:59 home/neo/test/file.c
-rwxr-xr-x  neo/neo    30063   2012-02-01 14:32:14 home/neo/test/telnet-server.rpm
-rw-------  neo/neo    0      2012-02-19 02:18:56 file2.c
```

小　　结

任务 8 介绍了 RPM 软件包和 TAR 软件包的使用方法，包括 RPM 软件包的设计思路和命名原则，RPM 软件包的安装、升级、查询、删除和验证；文件打包与压缩的概念、Linux 系统常用压缩工具，TAR 是一种标准的文件归档格式，常用于数据和文件的备份。Red Hat 可利用 tar 命令对文件进行归档和恢复。

任务9 Linux下的Shell编程

9.1 学习目标

- 了解 Shell 的功能和作用。
- 掌握 Shell 编程中使用的通配符的用法。
- 了解 Shell 脚本的运行过程。
- 了解 Shell 中常见类型的变量。
- 掌握 Shell 中的算术运算与条件测试。
- 掌握使用选择结构设计简单的程序。
- 掌握使用循环结构设计简单的程序。
- 掌握简单函数的编写方法与调用。

9.2 基础知识与原理

9.2.1 Linux下的Shell概述

Shell 的概念最初是在 UNIX 操作系统中形成和得到广泛应用的，Linux 系统继承了 UNIX 系统中 Shell 的全部功能。如图 9-1 所示，Shell 是 Linux 的一个外壳，它包在 Linux 内核的外面，为用户和内核之间的交换提供一个接口。

用户通过终端使用系统，从键盘输入指令和数据，从屏幕得到信息及响应。用户通过终端输入的所有信息都会先传给 Shell 处理，Shell 再把处理过的信息传给内核或程序执行。而系统的响应，也循着相反的方向由 Shell 传到屏幕上显示给用户。所以当下达指令给操作系统时，其实是把指令告诉 Shell，经过 Shell 解释、处理后才让内核运行。

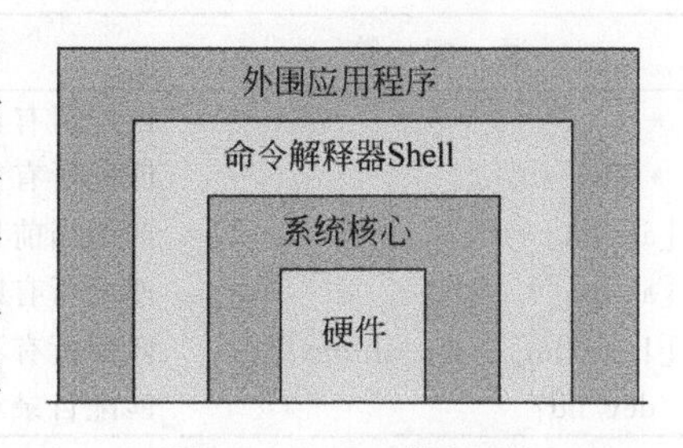

图 9-1 Linux 的 Shell

Shell 具有以下特点：

(1) 把已有命令进行适当组合构成新的命令。

(2) 提供了文件名扩展字符(通配符，如"*"、"?"、"[ ]")，使用单一的字符串可以匹配多个文件名。

(3) 可以直接使用 Shell 的内置命令，而不需要创建新的进程，如提供的 cd、echo、exit、pwd 和 kill 等命令。

(4) Shell允许灵活地使用数据流，提供通配符、输入/输出以及管道等机制，方便模式匹配、I/O处理和数据传输。

(5) 结构化程序模式，提供了顺序流程控制、条件控制以及循环控制等。

(6) Shell提供了可配置的环境，允许创建和修改命令、命令提示器和其他的系统行为。

(7) Shell提供了一种高级的命令语言，能够创建从简单到复杂的程序。

9.2.2 Shell使用的符号

除使用普通键盘可以输入的字符外，Shell中还可以使用一些具有特殊含义和功能的特殊字符，使用它们时，应注意其特殊的含义和作用范围。

1. 空白格

在UNIX/Linux系统中，空格和Tab成为空白格。

2. 通配符

通配符用于模式匹配，如文件名匹配、路径名搜索、字符串查找等。常用的通配符有“*”、“?”和括在方括号“[ ]”中的字符序列。用户可以在作为命令参数的文件名中包括这些通配符，构成一个所谓的“模式串”，在执行过程中进行模式匹配。

(1) *通配符：代表从它所在位置开始的任何字符串，如“f*”匹配以f打头的任意字符串。文件名前的圆点“.”和路径名中的斜线“/”必须显示匹配，如“*”不能匹配.file，而“.*”可以匹配.file。

(2) ?通配符：代表它所在位置上的任何单个字符。

(3) [ ]：代表一个指定范围的字符，只要文件名中“[ ]”位置处的字符在“[ ]”中指定的范围内，那么这个文件名在此处可以被匹配。方括号中的字符范围可以由直接给出的字符组成，也可以由表示限定范围的起始字符、终止字符及中间的连接字符“组成”。例如f[a-b]与f[abcd]的作用相同。[ ]内的第一个字符若是“^”或“!”，则为非运算，意为不匹配[ ]内的字符，如f[! a-b]或f[^a-b]表示不匹配方括号内的a-b的字符集，或匹配[ ]之外的字符集，见表9-1。

表9-1 通配符表

通配符	含义
*	匹配所有，但不包括以.开头的文件，如包括abc，但不包括.abc
Text	匹配所有文件名中包括Text的文件名，但不包括以.开头的文件
[ab-dm]*	匹配当前目录下所有以a、b、c、d、m开头的文件名
[ab-dm]?	匹配所有以a、b、c、d、m开头且后面只跟有一个字符的文件名
[! ab-dm]?或[^ab-dm]?	匹配所有不以a、b、c、d、m开头且后面只跟有一个字符的文件名
/dev/hd?	匹配目录/dev下所有以hd开头且只有三个字符的文件名

连字符“-”仅在方括号内且在中间时有效，表示字符范围，若在方括号外面或在方括号内最前或最后就成为普通字符，字符“^”和“!”只有在方括号内且位于开始位置才起“非”的作用，而“*”和“?”只在方括号外面是通配符，若出现在方括号之内，它们也失去通配符的能力，成为普通字符。

3. 注释符与注释

在Shell编程中，经常对某些正文进行注释，以增加程序的可读性，规定以“#”开头的行是注释行。

4. 转义字符

UNIX/Linux 系统中还有一个特殊的字符“\”,用于对某些特殊字符的表示,见表 9-2。

表 9-2　转义字符表

特殊字符	意　　义	特殊字符	意　　义	特殊字符	意　　义
\a	响铃符	\x??	十六进制	\\	\
\b	退格符	\`	`	\0???	八进制表示
\f	换页	\t	水平制表符	\'	"
\n	换行	\v	垂直制表符	\"	"

9.2.3 Shell 脚本的运行过程

Shell 脚本文件的第一行通常会放置一行特殊的字符串,告诉操作系统使用哪个 Shell 来执行这个文件。

如果脚本的前两个字符是“#!”,那么系统会将这两个字符后面的那些字符作为执行该脚本的命令解释器的绝对路径名,该路径可以指定到任何程序的路径名,而不仅仅局限于 Shell。如一个 Shell 脚本程序内容如下:

```
#!/bin/bash
#filename:bashscript          //指定 Shell 脚本名称
echo "这是第一 Shell 程序"
```

执行这个 Shell 脚本可以有三种方法:

(1) 通过 chmod 命令把文件的权限设置成可读、可执行,然后直接执行该可执行文件,如下所示。

```
[root@localhost ~]#chmod u+x 脚本文件名
[root@localhost ~]#./脚本文件名及其参数
```

例如:

```
[root@localhost ~]#chmod u+x bashscript      //赋予文件 bashscript 可执行权限
[root@localhost ~]#./bashscript
这是第一个 shell 程序
```

(2) 直接使用 Shell 的启动方式来执行脚本,如下所示。

```
[root@localhost ~]#bash 脚本文件名及其参数         //也可以使用 tcsh、sh
[root@localhost ~]#tcsh bashscript
这是第一个 shell 程序
```

(3) 使用 bash 内部命令“source”或“.”运行 Shell 脚本,如下所示。

```
[root@localhost ~]#source 脚本文件名及其参数
[root@localhost ~]#. 脚本文件名及其参数      //"."和后面的程序名之间要留有空格
```

9.2.4 Shell 变量的类型

Shell 中变量的类型分为环境变量、位置变量、预定义的特殊变量以及用户自定义变量，每个变量都有其特殊的功能。

1. 环境变量

环境变量是一类 Shell 预定义变量，用于设置系统运行环境的变量。

(1) HOME：用户主目录的全路径名。主目录是用户开始工作的位置，在一般情况下，如果用户名是 myname，HOME 的值便是/home/myname。

```
[root@localhost ~]#echo $HOME
/home/myname
```

注意：如果要使用环境变量或其他 Shell 变量的值，必须在变量名之前加上一个"$"符号，如 cd $HOME，不能直接使用变量名。

(2) PATH：变量 PATH 中定义了一些目录路径，路径由冒号分隔。在执行命令或 Shell 脚本时，Shell 会按 PATH 变量中设定的顺序搜索这些目录，找到的第一个匹配的命令或 Shell 脚本将被执行。

```
[root@localhost ~]#echo $PATH                        //显示变量 PATH 当前值
/usr/local/sbin:/usr/local/bin:/sbin:/bin:usr/sbin:/root/bin
```

(3) PWD：当前工作目录的绝对路径。它指出当前在 Linux 文件系统中处于什么位置。它是由 Linux 自动设置的，会随 cd 命令的使用而改变，可以通过下列命令获得当前路径：

```
[root@localhost ~]#echo $PWD
/root
```

(4) SHELL：定义 Shell 的解释器路径。例如，显示当前使用的 shell 解释器的绝对路径，命令如下所示。

```
[root@localhost ~]#echo $SHELL
/bin/bash
```

2. 位置变量

位置变量是依据出现在命令上的参数的位置来确定的变量，参数的位置定义如下所示。

```
#命令参数 1 参数 2 参数 3…
```

位置变量对应命令行上各项位置参数，命令名对应 $0，命令的第一参数对应 $1，命令的第二参数对应 $2，依次类推。如有 Shell 脚本，其内容如下：

```
#filename:locat
echo $0 $1 $2 $3 $4 $5
shift
```

带位置参数执行 locat 程序，如下所示。

```
[root@localhost ~]# chmod u+x locat
[root@localhost ~]# ./locat 1 2 3 4 5
```

3. 预定义的特殊变量

预定义的特殊变量与环境变量类似，由 shell 根据实际情况来设置，其值不能由用户重新设置，所有的预定义特殊变量由“$”符号与另一个符号组成。

$#：实际位置参数个数。

$*：命令行中的所有位置参数组成的字符串。

$!：上一个后台命令对应的进程号。

$?：表示最近一条命令执行后的退出状态，为十进制数。

$$：当前进程号 PID。

例如，编写 Shell 程序 mydefine，文件内容如下所示。

```
echo $ #
echo $ *
```

带参数执行 mydefine 程序，如下所示：

```
[root@localhost ~]# chmod u+x mydefine
[root@localhost ~]# ./mydefine A B C D
4
A B C D
```

4. 用户自定义的变量

变量的名称由字母或下划线开头，后面是任意的字母、数字、下划线，为了使变量名和命令名相区别，一般变量名用大写字母来表示。

9.2.5 Shell 变量的赋值

1. 使用 read 命令赋值

read 命令是一个内置命令，可以从标准输入设备或从一个文件读取数据。read 命令读取一个输入行直到遇到一个换行符为止。

```
格式: read 变量 1 变量 2…
```

例如，在 readtest 脚本中使用 read 命令将用户的输入保存在变量 test 中，然后通过 echo 命令显示输出，程序代码如下：

```
#!/bin/bash
#filename:readtest
echo -n "请输入一个名字"
read name
echo "你输入的用户名为: $ name"
```

执行过程如下：

```
[root@localhost ~]#chmod u+x readtest          //赋予文件 readtest 执行权限
[root@localhost ~]#./readtest                  //执行程序 readtest
请输入您的用户名：张三                          //从键盘上输入张三
你输入的用户名：张三
```

2. 直接给变量赋值

在 Shell 程序中，定义变量的同时可以直接给变量赋值。变量名前不应加美元符号“$”，且等号前后不可有空格。

例如，下面的脚本程序 resume 定义了变量 NAME、GENDER，并依次赋值“Sulivan”、“male”，最后通过 echo 命令显示输出变量的值，代码如下：

```
#!/bin/bash
#filename:resume
NAME=Sulivan
GENDER=male
echo "name: $NAME"
echo "gender: $GENDER"
```

其中，代码 3、4 行依次对变量 NAME、GENDER 直接赋值，执行程序 resume，显示结果如下：

```
[root@localhost ~]#./resume
name:sulivan
gender:male
```

3. 使用命令行参数赋值

用户可以通过使用命令行参数对位置变量赋值，如脚本程序 cmdarg 内容如下：

```
#!/bin/bash
#filename:cmdarg
echo "program name: $0"
echo "you first argument: $1"
echo "you second argument: $2"
```

其中，代码第 3～5 行实现了对应位置参数的输出。

```
[root@localhost ~]#chomd u+x cmdarg
[root@localhost ~]#./cmdarg 555 666
```

程序显示的结果是：

```
program name: ./cmdarg
you first argument:555
you second argument:666
```

9.2.6 Shell 变量的输出

命令格式为：

```
echo $ name1 [ $ name2]
```

其中，$ name1、$ name2 表示输出的变量，引用变量时需要在变量名前添加 $ 符号。

例如，从标准读入变量 VARNUMBER1、VARNUMBER2 的值，通过 echo 命令显示输出变量的值。

```
[root@localhost ~]# read VARNUMBER1 VARNUMBER2
aaa bbb
[root@localhost ~]# echo $ VARNUMBER1
aaa
[root@localhost ~]# echo $ VARNUMBER2
bbb
```

9.2.7 Shell 的算术运算

Shell 没有内置的算术运算符号，不能直接做加、减、乘、除运算。

1. expr 命令

expr 命令是一个表达式处理命令，当计算算术运算表达式时，可以执行简单的整数运算，有"+、-、*、/、%"等相关操作。

例如，在 Shell 提示符下执行如下命令：

```
[root@localhost ~]# a = 5;b = 6
[root@localhost ~]# a = 'expr $ a + 1'  //注意赋值号右边为反引号,并且 + 运算符左右各有一空格
[root@localhost ~]# echo $ a
6
```

2. let 命令

let 语句不需要在变量前面加美元符号 $，但必须将单个或带有空格的表达式用双引号引起来。

例如，使用 let 命令完成简单的算术运算：

```
[root@localhost ~]# x = 100
[root@localhost ~]# let "x = x + 1"
[root@localhost ~]# echo $ x
101
```

9.2.8 Shell 的条件测试

写脚本时，有时要判断字符串是否相等，可能还要检查文件状态或是数字测试，基于这些测试才能做进一步动作。test 命令用于测试字符串、文件状态和数字。

1. 测试文件属性

测试时使用的选项参数如表 9-3 所示。

表 9-3　文件属性表

表 达 式	说　明
-b file	如果文件 file 存在且为块设备,则值为真
-c file	如果文件 file 存在且为字符设备,则值为真
-r file	如果文件 file 存在且为只读,则值为真
-w file	如果文件 file 存在且为可写入,则值为真
-x file	如果文件 file 存在且为可执行,则值为真
-s file	如果文件 file 存在且为长度大于 0,则值为真
-d file	如果文件 file 是一个目录,则值为真
-f file	如果文件 file 是一个普通文件,则值为真
-e file	如果文件 file 存在,则值为真

例如,编写 Shell 程序 testfile,测试变量指定的文件是否是字符设备,如果是则复制到/temp 目录下,否则显示"$FILENAME is not a char device",测试表达式为"test -c $FILENAME",程序内容如下所示。

```
#!/bin/bash
#filename:testfile
echo "请输入文件的名字"
read FILENAME
if test - c $FILENAME; then
cp $FILENAME /temp
else
echo "$FILENAME is not a char device"
fi
```

该程序执行过程如下所示。

```
#chmod u+x testfile
#./testfile
请输入文件的名字:
rc.local
rc.local is not a char device
```

2. 测试数值

数值的测试包括相等测试、不相等测试、大于测试、大于等于测试、小于测试和小于等于测试,如表 9-4 所示。

表 9-4　数值测试

表 达 式	说　明	表 达 式	说　明
n1 -eq n2	n1 等于 n2,则值为真	n1 -lt n2	n1 小于 n2,则值为真
n1 -ne n2	n1 不等于 n2,则值为真	n1 -ge n2	n1 大于等于 n2,则值为真
n1 -gt n2	n1 大于 n2,则值为真	n 1 -le n2	n1 小于等于 n2,则值为真

例如编写 Shell 程序 noequal，测试变量 N1 和 N2 的值是否相等，如果相等，显示“equal”，否则显示“not equal”。测试表达式为“test $N1 -ne $N2”，程序代码如下所示。

```
#!/bin/bash
#filename:noequal
echo "please enter the first number"
read N1
echo "please enter the second number"
read N2
if test $N1 -ne $N2;then
echo "not equal"
else
echo "equal"
fi
```

代码第 4 行，第 6 行读入两个数值，且保存在变量 N1 和 N2 中，使用“-ne”对变量 N1 和 N2 所表示的两个数值是否相等进行判断，程序执行如下：

```
[root@localhost ~]#chmod +x noequal
please enter the first number:
45
please enter the second number:
67
not equal
```

3. 测试字符串

字符串测试包括相等测试、不相等测试、长度为零测试、长度不为零测试以及非空测试，测试选项如表 9-5 所示。

表 9-5 字符串测试

表 达 式	说 明
-z s1	如果字符串 s1 的长度为零，则值为真
-n s1	如果字符串 s1 的长度不为零，则值为真
s1=s2	如果字符串 s1 与字符串 s2 相等，则值为真
s1!=s2	如果字符串 s1 与字符串 s2 不相等，则值为真
s1	如果字符串 s1 不是空串，则值为真

例如，编写 Shell 程序 noequal，测试变量 S1 和 S2 的值是否相等，如果相等，显示“equal”，否则显示“not equal”。测试表达式为“test $S1!=$S2”，程序代码如下所示。

```
#!/bin/bash
#filename:noequal
echo "please enter the first string"
read S1
echo "please enter the second string"
read S2
```

```
if test $S1!= $S2;then
echo "not equal"
else
echo "equal"
fi
```

代码第 4 行，第 6 行读入两个字符串，且保存在变量 S1 和 S2 中，使用"!="对变量 S1 和 S2 所表示的两个字符串是否相等进行判断，执行过程如下所示。

```
[root@localhost ~]#chmod +x noequal
[root@localhost ~]#./noequal
please enter the first string:
jklmn
please enter the second string:
jklmn
equal
```

4. 测试逻辑运算符

有关测试选项如表 9-6 所示。

表 9-6 逻辑测试

逻辑操作符	说 明
-a	二进制"与"操作符
-o	二进制"或"操作符
!	一元"非"操作符

例如，编写 Shell 程序 myand，测试变量 Z 的值是否大于等于 10 且小于等于 50，如果满足条件则显示"between 20 and 40"，否则显示"not between 20 and 40"，程序代码如下：

```
#!/bin/bash
#filename:myand
read Z
if test $x -ge 20 -a $x -le 40;then
echo "between 20 and 40"
else
echo "not between 20 and 40"
fi
```

代码第 4 行使用-a 对变量 Z 是否大于等于 20 且小于等于 40 进行测试，程序执行过程如下：

```
[root@localhost ~]#chmod +x myand
[root@localhost ~]#./myand
35
between 20 and 40
```

9.3 操作步骤指导

9.3.1 选择结构程序设计

1. if 结构

最简单的判断形式就是 if。if 结构允许对表达式的值进行测试，并根据测试值执行相应的语句，if 结构包括 if、then、else、elif、fi 等语句。if 结构的语法格式如下所示。

```
if 表达式
then 命令表
[else 命令表]
fi
```

“表达式”是判断条件，当“表达式”的值为真时，执行 then 之后的命令表。如果“表达式”的值为假，执行 else 之后的命令表，“命令表”表示一条或若干条命令，else 可以省略，fi 表示语法结构结束。

可以在一行内使用分号将多个命令进行组合，因此可以把 then 与 if 放在同一行中，并在 then 的前面加一个分号，结构如下：

```
if 表达式;then
命令表
[else 命令表]
fi
```

如有以下脚本程序，程序代码如下：

```
#!/bin/bash
#filename:iftest
echo "请输入第一个字符串"
read WORD1
echo "请输入第二个字符串"
read WORD2
if test $WORD1 = $WORD2
then
    echo "两个字符串是相同的字符串"
fi
echo "程序执行完毕"
```

程序执行的过程：

```
[root@localhost ~]#chomd u+x iftest
[root@localhost ~]#./iftest
请输入第一个字符串:
zkledfj
请输入第二个字符串:
```

```
zkledfj
两个字符串是相同的字符串
```


2. case 结构

case 结构以 case 开头，以 esac 结尾。具体执行哪一分支，取决于“表达式”与每个分支前的“模式”之间的匹配情况。case 结构的语法格式如下所示：

```
case 表达式 in
模式 11[|模式 12] ...) 命令表 1;;
模式 21[|模式 22] ...) 命令表 2;;
…
                *) 命令表 n;;
esac
```

其中各项说明如下：

(1)“表达式”是判断条件，通常是一个变量名称。“表达式”与每一分支前的模式进行比较，如果匹配，则执行相应分支右括号“)”后面的命令表。

(2) 每一分支中的模式，可以有多个，但必须以“)”结尾。

(3) 命令表可以是一个命令或多个命令。

(4) 分支语句的个数没有规定，可以无限制地增加。每一分支以“;;”表示该分支结束。

(5) 分支“*)”表示在前面所有可能的匹配都不满足时的处理方式，该分支不是必需的，可以省略，但如果使用该分支则必须将其放在所有其他分支的后面。

(6) esac 表示 case 结构结束。

模式之间可以使用“|”表示各模式之间是“或”的关系。如“P|p”意味着大写和小写的 p 都可以匹配。模式中可以使用 Shell 通配符，如“*”、“?”和“[ ]”等。

case 结构的流程图如图 9-2 所示。

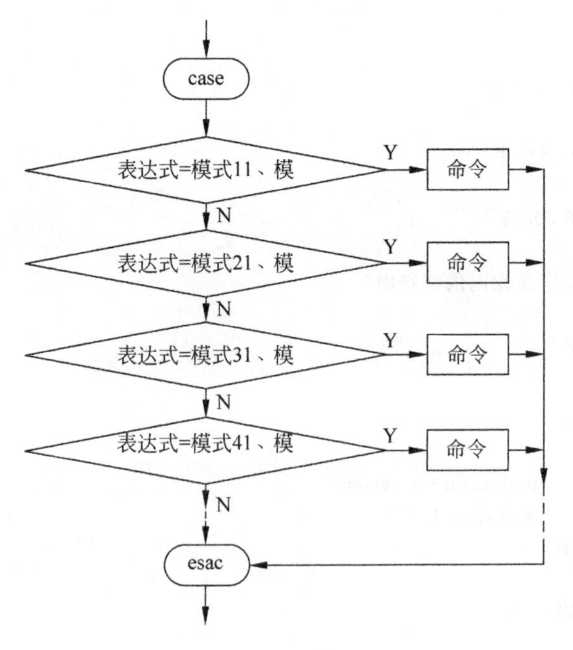

图 9-2　case 结构流程图

【例 9-1】 编写一个程序 caseweek，根据用户的输入，判断是星期几。程序代码如下：

```
#!/bin/bash
#filename:caseweek
read WEEK
case $WEEK in
0)echo "今天是星期日";;
1)echo "今天是星期一";;
2)echo "今天是星期二";;
3)echo "今天是星期三";;
4)echo "今天是星期四";;
5)echo "今天是星期五";;
6)echo "今天是星期六";;
esac
```

执行程序，结果如下所示：

```
[root@localhost ~]#chmod +x caseweek
[root@localhost ~]#./caseweek
3
今天是星期三
```

9.3.2 循环结构程序设计

循环用于反复执行一系列的语句，其中循环的次数依赖于一定的条件(或者是指定的次数，或者是符合特定的要求)。

1. while 语句

Shell 中的循环结构包括 while、for、until 等，其中最简单的循环形式是 while，也称当型循环。

与 if 语句相同，while 语句也需要设定一个条件。两者的区别在于，当条件为真时，if 语句只执行后续代码一次，而 while 循环只要条件为真，就会不断地重复执行后续的代码块。

while 循环的基本结构如下所示。

```
while 表达式
do
命令表
done
```

while 循环的具体执行步骤如下：首先执行"表达式"，若返回码为 0，则为真，进行循环体，执行"命令表"一次，然后返回执行"表达式"，直到"表达式"的返回码为非 0(即为假)，循环结束，继续执行 done 语句之后的代码，While 循环结构的流程图如图 9-3 所示。

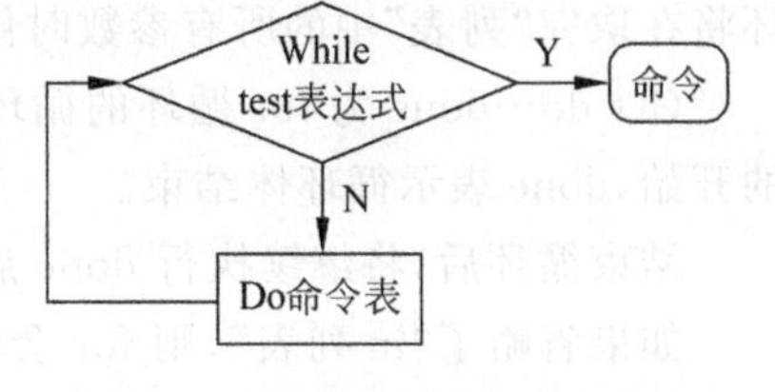

图 9-3 while 循环结构的流程图

【例 9-2】 使用 while 结构输出数字 1～10，程序代码如下所示。

```
#!/bin/bash                //注意编写程序时的中英文状态,除中文字符外,其他都为英文字符
#filename:whiletest
i=1
while [ $i -le 10 ]
do
echo "第$i次循环,输出: $i"
i=$(($i+1))
done
```

该代码的执行结果为:

```
[root@localhost ~]#chmod u+x whiletest
[root@localhost ~]#./whiletest
第一次循环,输出: 1
第二次循环,输出: 2
第三次循环,输出: 3
第四次循环,输出: 4
第五次循环,输出: 5
第六次循环,输出: 6
第七次循环,输出: 7
第八次循环,输出: 8
第九次循环,输出: 9
第十次循环,输出: 10
```

2. for 语句

事实上,所有能用for结构完成的循环,都可以用while来实现,但如果是通过一个列表来控制循环的次数,则采用for循环结构更简洁,代码也更紧凑。For结构的语法格式如下所示。

```
for 变量[in 列表]
do
命令表
done
```

其中各项说明如下:

(1)"列表"通常由一系列以空格为分隔符的字符串组成。

(2)"列表"中的字符串将依次赋值给"变量",每次赋值后将执行"命令表"中的命令,循环将在取完"列表"中的所有参数时停止。

(3)do…done为for循环的循环体,每次循环将执行循环体中的命令。do表示循环体的开始,done表示循环体结束。

结束循环后,将继续执行done后的代码。

如果省略了"in 列表",则for会将当前执行脚本中的每个位置参数作为"列表",一次执行列表中的一个,即"for 变量"隐含表示"for 变量 $@"。

for循环结构的流程如图9-4所示。

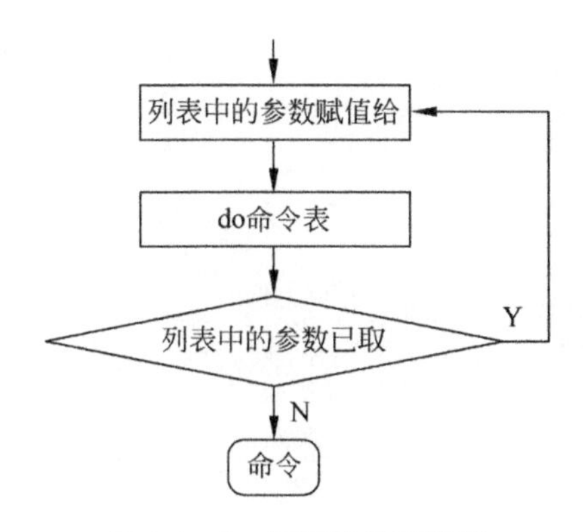

图 9-4　for 循环结构流程图

【例 9-3】 编写程序，使用 for 循环在屏幕显示字母 A、E、F、G、H，代码如下所示。

```
#!/bin/bash
#filename:viewchar
for i in A E F G H
do
echo "请选择答案 $ i"
done
```

该代码的执行过程为：

```
[root@localhost ~]#chmod u+x viewchar
[root@localhost ~]#./viewchar
请选择答案 A
请选择答案 E
请选择答案 F
请选择答案 G
请选择答案 H
```

3. until 循环

until 循环为直到型循环，和 while 的区别在于，while 循环在条件为真时继续执行循环，而 until 是在条件为假时继续执行循环，条件为真时，停止执行。

语法结构如下：

```
Until
命令表 1
Test 表达式
Do
命令表 2
Done
```

【例 9-4】 读入用户输入的 N 值，使用 until 循环计算 1～N 的平方值，代码如下：

```
#!/bin/bash
#filename:testuntil
```

```
i=1;
echo "请输入 N 值"
read N
until
test $i -gt $N
do
    RESULT='expr $i \* $i'
echo "$i ----- $RESULT"
i=$(($i+1))
done
```

该代码的执行过程如下：

```
[root@localhost ~]#chmod u+x testuntil
[root@localhost ~]#./ testuntil
请输入 N 的值:
4
1----1
2----4
3----9
4----16
```

4. break 语句

使用 break 语句可以结束 while、for、until 或 select 等结构的执行，从结构中跳出。跳出循环后，将转到 done 语句后继续执行。

【例 9-5】 如有以下程序代码：

```
#!/bin/bash
#filename:testbreak
echo "请输入数字 N"
read N
i=1
for i in 1 2 3 4 5 6 7 8 9
do
    if[ $i -eq $N];then
    echo "退出 for 循环"
    break;
    else
    echo "当前是第 $i 次循环"
fi
done
```

该程序的执行过程如下：

```
[root@localhost ~]#chmod u+x testbreak
[root@localhost ~]#./testbreak
请输入数字 N:
4
```

```
当前是第 1 次循环
当前是第 2 次循环
当前是第 3 次循环
退出 for 循环
```

5. continue 语句

continue 语句用来跳过本次循环中剩余的代码,即直接跳回到循环的开始位置(条件判断处)。如果条件为真则开始下一次循环,否则退出循环。continue 语句的实际作用是转到下一轮循环。

【例 9-6】 使用 continue 语句的例子。

```
#!/bin/bash
#filename:testcontinue
echo"请输入数字 N"
read N
i=1
for i in 1 2 3 4 5 6 7 8 9
do
    if[ $i -eq $N];then
    echo "开始下次循环"
    continue;
    else
    echo "当前是第 $i 次循环"
fi
done
```

该程序的执行过程为:

```
[root@localhost ~]#chmod u+x testcontinue
[root@localhost ~]#./testcontinue
请输入数字 N:
4
当前是第 1 次循环
当前是第 2 次循环
当前是第 3 次循环
开始下次循环
当前是第 5 次循环
当前是第 6 次循环
当前是第 7 次循环
当前是第 8 次循环
当前是第 9 次循环
```

9.4 学习进阶指引

9.4.1 函数的定义

Shell 函数类似于 Shell 脚本,里面存放了一系列命令。在一个程序中可以创建许多函数，在使用一个函数之前，必须先在程序中创建该函数，创建一个函数也称定义函数或函数的声明，定义函数的格式如下所示：

```
[function] 函数名
{
命令表
[return]
}
```

其中各项说明如下：

(1) 关键字 function 表示定义一个函数，可以省略，其后是“函数名”(有时函数名称后面有一对空的括号，但非必需)。

(2) 符号“{”表示函数执行命令的入口，该符号也可以放在“函数名”那一行。“}”表示函数体结束，其中“{”与“}”之间的命令表为函数体。

(3) 命令表由调用该函数时将要执行的命令列表构成，可以是任意的 Shell 命令，包括调用其他函数。

(4) 函数中的 return 用于返回函数中最后一个命令的退出状态值或给定的参数值。

如果在函数中使用 exit 命令，则可以退出整个脚本。如果函数退出，就返回到脚本中调用该函数的地方。可以在函数中使用 break 语句来中断函数的执行。

使用内部命令“declare -f”可以显示定义的函数清单，使用命令“export -f”将函数输出给 Shell，使用命令“unset -f”从 Shell 内存中删除函数。

Shell 函数的定义可以放在“~/. bash_profile”文件中，也可以放在使用该函数的脚本中，还可以直接放在命令行中。可以使用内部的 unset 命令删除函数。一旦用户注销，Shell 将不再保持这些函数。

【例 9-7】 编写一个 Shell 程序，其中定义函数 testcat，用于将输入的两个字符串合并输出，程序代码如下：

```
#!/bin/bash
#filename:testcat
stringcat()
{
echo $1$2
}
STR=
echo "请输入第一个字符串"
read STR
echo "请输入第二个字符串"
read STR2
echo "连接后的字符串为: "
stringcat $STR1 $STR2
```

该程序的执行过程如下：

```
[root@localhost ~]#chmod u+x testcat
[root@localhost ~]#./testcat
```

```
请输入第一个字符串
Hello
请输入第二个字符串
World
连接后的字符串为：
Hello World
```

9.4.2 部分实例操作

【例 9-8】 判断一个文件是否是符号链接文件，如果是则移动到/temp 目录下，否则不进行任何处理。

参考代码如下：

```
#!/bin/bash
#filename:linkfile
FILENAME =
echo "input file name:"
read FILENAME
if[ -L $FILENAME]
then
mv $FILENAME /temp
fi
```

【例 9-9】 编写 Shell 程序使用 select 命令生成选择菜单，允许用户在菜单中选择，并基于选择执行相应的命令。

参考代码如下：

```
#!/bin/bash
#filename:testselect
PS3:"请选择需要执行的命令："
Select cmd in "ls -l" "data + %y" pwd who "cd /root" ps df
do
$cmd
done
```

【例 9-10】 计算 1～50 之间所有奇数之和，采用 while 结构实现。

参考代码如下：

```
#!/bin/bash
#filename:testwhile
i=1
SUM=0
while[ $i-le 50]
do
    SUM=$(($SUM+$i))
    i=$(($i+2))
```

```
done
echo "the sum of odd number: $ SUM"
```


小　　结

任何编程语言都有变量的定义，变量是计算机内存中被命名的存储位置，其中存放数字、字母或字符串；变量指向的数据为变量的值，变量的值可以是数字、文本、文件名、设备或者其他类型的数据，变量为用户提供了一种存储、检索和操作数据的途径。

Shell 变量提供了对数据、字符和文件的条件测试，测试的结果值为 0，表示条件为真，若值为非 0，表示条件为假。

流程控制结构是程序语言中用来控制一段脚本执行流程的结构，Shell 提供了对多种流程控制结构的支持，包括条件结构、分支结构和循环结构，组合这几种结构就可以完成复杂的任务。

任务10 Linux 网络配置基础

10.1 学习目标

- 了解 IP 地址的作用，掌握 IP 地址的分类与判定。
- 掌握 A、B、C 三类私有 IP 地址的范围。
- 了解网关、DNS、子网掩码的作用，掌握三者的配置方法。
- 了解网络接口，掌握 Linux 下网络接口的表示方法。
- 掌握网络配置文件 services、hosts、resolv. conf、network-scripts 的作用与配置。
- 掌握查看网络接口信息的命令用法。
- 熟练掌握 DNS 解析测试命令 nslookup 的用法。
- 熟练掌握使用命令调整网络接口参数。
- 熟练掌握通过配置文件修改网络参数的方法。
- 熟练掌握使用 setup 命令进行网络设置的方法。
- 熟练掌握 Linux 下常见网络服务的分类与一般配置方法。

10.2 基础知识与原理

Linux 最为突出的特点还在于其内置的网络支持，Linux 使用标准的 TCP/IP 协议作为主要的网络通信协议，许多的网络服务器都采用 Linux 构建。要建立一个功能强大的、安全的网络服务器，就需要了解 Linux 环境下网络服务的相关概念、配置文件，掌握基本的网络配置命令。

10.2.1 网络相关概念

1. IP 地址

IP 地址用来标识各节点在计算机网络中的位置，为了实现网络中节点之间的正常通信，网络中每个节点都要分配一个网络地址，不管是静态指定或是通过 DHCP 自动获取的。目前的 IP 地址有 IPv4 和 IPv6 两种版本，IPv4 版本使用 4 字节(32 位)表示一个网络地址，分为 4 组，每组 8 位转换为 0～255 之间的一个十进制数，这些数之间有“. ”号分开，称为“点分十进制”。

如二进制 IP 地址：

```
11000000.10101000.00000000.00000001
```

对应的十进制 IP 地址为 192.168.0.1。

点分十进制格式的 IP 地址分成 A、B、C、D、E 五类，以适应大型、中型、小型的网络需求。一个二进制 IP 地址格式总体上来讲可分为两部分：网络位＋主机位，网络位表示 IP 主机属于哪一个网络，主机位表示 IP 主机是该网络中的具体主机，如果网络位为 8 位，主机位为 24 位，表示为 N.H.H.H。常见的 IP 地址有 A、B、C 三类，如表 10-1 所示。

表 10-1　IP 地址的分类

地址类型	网络标识	主机标识	首字节范围
A	N.0.0.0	0.H.H.H	1～126
B	N.N.0.0	0.0.H.H	128～191
C	N.N.N.0	0.0.0.H	192～223

在整个 IPv4 地址范围内有一些特殊地址，这些特殊地址具有特定的含义，常见如下：

(1) 以网络号 127 开头的地址。这一地址专门用于标识本地一路，用于测试设备本机地址 IP 协议栈是否正常工作。

(2) 在 IP 地址中，网络号不为“0”，主机位全为“0”表示一个网络本身，如 192.168.1.0 表示一个网络号为 192.168.1 的 C 类网络。

(3) 在 IP 地址中，网络号不为“0”，主机位全为“1”，如 192.168.1.255 表示向网络为 192.168.1 的 C 类网络上的所有主机广播。

(4) 私有地址。相对公有地址而言，公有地址由因特网信息中心负责分配，使用它直接访问 Internet。私有地址属于非注册地址，专门为组织机构内部使用。留用的内部私有地址如下。

- A 类：10.0.0.0～10.255.255.255。
- B 类：172.16.0.0～172.31.255.255。
- C 类：192.168.0.0～192.168.255.255。

在网络中，子网掩码用于区分不同的网络。网络掩码是一个与 IP 地址一一对应的 32 位二进制数字，与 IP 地址网络位对应的部分为“1”，主机位为“0”，因此，可以用 32 位的 IP 地址与对应的 32 位掩码进行“位与”运算，就可以得出每个 IP 地址的网络标识。每类 IPv4 地址都有默认的子网掩码，如表 10-2 所示。

表 10-2　IPv4 地址的默认子网掩码

地址类型	默认广播地址	默认网络地址	默认网络掩码
A	X.255.255.255	X.0.0.0	255.0.0.0
B	X.X.255.255	X.X.0.0	255.255.0.0
C	X.X.X.255	X.X.X.0	255.255.255.0

2. 网关

网关(gateway)是一个网络连接到另一个网络的“关口”。主机 IP 和子网掩码设置后，同一网段的主机可以相互通信，不同网段的主机必须通过网关才能进行通信。

如网络 A 和网络 B，网络 A 的 IP 地址范围为“192.168.1.1～192.168.1.254”，子网掩码为 255.255.255.0；网络 B 的 IP 地址范围为“192.168.2.1～192.168.2.254”，子网掩码

为 255.255.255.0。在没有路由器的情况下，两个网络之间是不能进行 TCP/IP 通信的，即使是两个网络连接在同一台交换机（或集线器）上，TCP/IP 协议也会根据子网掩码判定两个网络中的主机处在不同的网络里。而要实现这两个网络之间的通信，则必须通过网关。如果网络 A 中的主机发现数据包的目的主机不在本地网络中，就把数据包转发给它自己的网关（路由器），再由网关转发给网络 B 的网关，网络 B 的网关再转发给网络 B 的某个主机（如图 10-1 所示）。

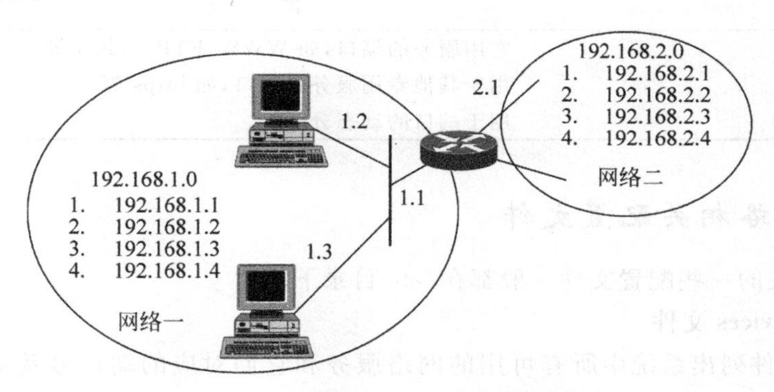

图 10-1　网络 A 和 B 之间的通信图示

3. DNS

网络中主机使用 IP 地址（最终为 0 和 1）的格式来和另一台主机通信，但数字格式表示的 IP 地址难于记忆，为此，使用有意义的字符串（域名）代替 IP 来访问一台主机。如 www. baidu. com 是一个域名，对应的 IP 地址为 61.135.169.125，但前者比后者更容易记忆。在网络中，如果访问百度网址时使用 www. baidu. com，则必须把它转换为 IP 地址 61.135.169.125，因为最终是使用 IP 地址来找到目标机器的，这个过程叫域名解析，完成这个功能的就是 DNS（Domain Name System），它完成域名到 IP 地址（正向解析）或 IP 地址到域名（反向解析）的解析功能。

在互联网中，DNS 采用分布式数据结构，其数据库分布在互联网上不同的 DNS 服务器上，呈树状结构，顶级的 DNS 服务器有 13 个。为实现域名的快速解析，不同组织可根据需要注册并建立自己的 DNS 服务器。

4. 网络接口

网络接口是主机和外界通信的媒介，Linux 内核中定义了不同的网络接口，主要有以下几个。

1) lo 接口

lo 接口表示本地回送接口（loop），用于网络测试及本地主机各网络进程之间的通信。

2) eth 接口

eth（ethernet，以太）接口表示网卡设备接口，附加数字表示物理网卡的序号，从 0 开始。如 eth0 表示第一块以太网卡，eth1 表示第二块以太网卡，以此类推。

3) PPP 接口

PPP 接口表示 PPP 设备接口，附加数字表示 PPP 设备的序号，从 0 开始。第一个 PPP 接口称为 ppp0，第二个 PPP 接口称为 ppp1，以此类推。采用 ISDN 或 ADSL 等方式接入 Internet 时使用 PPP 接口。

5. 网络端口

网络上一台主机可以提供多个服务，如 WWW、FTP、DNS 等。为区分不同类型的网络连接，TCP/IP 使用端口号来进行区别，端口号的范围为 0～65 535，每种网络服务都有确定的端口号，以便其他主机访问，端口号的分类如表 10-3 所示。

表 10-3 端口号的分类

端口范围	含 义
0～255	常用服务的端口，如 WWW、FTP、Telnet 等
256～1024	用于其他专用服务的端口，如 https 等
1024 以上	用于端口的动态分配

10.2.2 网络相关配置文件

与网络相关的一些配置文件一般都在/etc 目录下。

1. /etc/services 文件

services 文件列出系统中所有可用的网络服务和它们对应的端口号及协议，文件中的每一行对应一个服务，它由四个字段组成，分别表示"服务名称"、"端口"、"协议名称"和"别名"，部分内容如下所示：

```
chargen         19/udp          ttytst source
ftp-data        20/tcp
ftp-data        20/udp
ftp             21/tcp
ftp             21/udp          fsp fspd
ssh             22/tcp                  # SSH Remote Login Protocol +
ssh             22/udp                  # SSH Remote Login Protocol
telnet          23/tcp
telnet          23/udp
```

通过此文件可以查看常用服务的服务名称及端口号。

2. /etc/hosts 文件

host 文件包含了 IP 地址和主机名之间的对应关系，是早期实现主机名称解析的一种方法。文件中的一行对应一条记录，它由三个字段组成，分别表示"IP 地址"、"主机完全域名"、"别名"(可选)，该文件的默认内容如下：

```
# Do not remove the following line, or various programs
# that require network functionality will fail.
127.0.0.1           localhost.localdomain localhost
```

现在一般通过 DNS 来查找域名所对应的 IP 地址，但为了加快主机访问某一域名的速度，可以在此文件中添加该域名和 IP 地址的对应记录。

3. /etc/resolv.conf 文件

该文件的内容是 DNS 客户端在配置网络连接时所指定使用的 DNS 服务器信息。配置信息包括 nameserver、search、domain 三个部分。

(1) nameserver 选项：设置 DNS 服务器的 IP 地址，最多可设置 3 个，查询时按顺序查询。

(2) domain 选项：声明主机的域名。

(3) search 选项：它的多个参数指明域名查询顺序。当要查询没有域名的主机，主机将在由 search 声明的域中分别查找。domain 和 search 不能共存；如果同时存在，后面出现的将会被使用。

下面是一个 resolv. conf 文件的示例：

```
nameserver 218.28.91.99
nameserver 202.102.227.68
nameserver 202.102.224.68
domain hnpi.cn
search hnpi.cn
```

4. /etc/sysconfig/network-scripts 目录

此目录包含网络接口的配置文件以及部分网络命令。每个网络接口对应一个配置文件，配置文件的名称通过如下格式：

```
ifcfg - 网卡类型以及网卡的序号
```

例如：

- ifcfg-eth0：第一块网卡的配置文件。
- ifcfg-lo：本地回送接口的配置文件。

如某个 ifcfg-eth0 的配置文件的内容如下：

```
DEVICE = eth0
ONBOOT = yes
BOOTPROTO = static
IPADDR = 192.168.218.160
NETMASK = 255.255.255.0
GATEWAY = 192.168.218.1
```

Linux 支持一块物理网卡上绑定多个 IP 地址，对于每个绑定的 IP 地址，需要一个虚拟网卡，该网卡的设备名为 ethM:N，M 和 N 均从 0 开始，如第一个网卡的第二个 IP 地址配置文件名为 ifcfg-eth0:0，对应的内容可如下例：

```
DEVICE = eth0:0
ONBOOT = yes
BOOTPROTO = static
IPADDR = 192.168.216.160
NETMASK = 255.255.255.0
GATEWAY = 192.168.216.1
```

注意：*在配置文件中，DEVICE 后面的名称要与配置文件名对应。*

在使用命令重新启动 network 服务时，会读取这个目录下关于网络接口文件的设置，依据配置文件的信息更改网络参数。

10.3 操作步骤指导

10.3.1 查看及测试网络配置

1. 查看网络接口信息

命令格式为：

```
ifconfig [ -a] [网络接口名]
```

常用选项说明如下。

-a：查看所有接口，不论接口是否活跃。

网络接口名只显指定接口。

【例 10-1】 显示当前的接口(包括激活与未激活的)。

```
[root@localhost network-scripts]# ifconfig -a
eth0          Link encap:Ethernet HWaddr 00:0C:29:61:94:D0
              BROADCAST MULTICAST MTU:1500 Metric:1
              RX packets:1302 errors:0 dropped:0 overruns:0 frame:0
              TX packets:108 errors:0 dropped:0 overruns:0 carrier:0
              collisions:0 txqueuelen:1000
              RX bytes:120456 (117.6 KiB) TX bytes:4736 (4.6 KiB)
              Interrupt:193 Base address:0x2024
lo            Link encap:Local Loopback
              inet addr:127.0.0.1 Mask:255.0.0.0
              inet6 addr: ::1/128 Scope:Host
              UP LOOPBACK RUNNING MTU:16436 Metric:1
              RX packets:1154 errors:0 dropped:0 overruns:0 frame:0
              TX packets:1154 errors:0 dropped:0 overruns:0 carrier:0
              collisions:0 txqueuelen:0
              RX bytes:1735808 (1.6 MiB) TX bytes:1735808 (1.6 MiB)
```

注意：在系统中，接口 eth0 是 down 状态的，没有激活，在接口描述中没有 UP 标志，但用-a 选项显示了所有的接口信息。

【例 10-2】 显示指定接口 eth0 的信息。

```
[root@localhost network-scripts]# ifconfig eth0
```

2. 测试网络连接状态

命令格式为：

```
ping [ -c 次数] 目标主机 IP 或名称
```

【例 10-3】 向 IP 地址 192.168.0.1 发送 3 个 ping 包，测试是否连通。

```
[root@localhost network-scripts]# ping -c 3 192.168.0.1
PING 192.168.0.1 (192.168.0.1) 56(84) bytes of data.
64 bytes from 192.168.0.1: icmp_seq=0 ttl=128 time=2.07 ms
```

```
64 bytes from 192.168.0.1: icmp_seq=1 ttl=128 time=0.992 ms
64 bytes from 192.168.0.1: icmp_seq=2 ttl=128 time=1.93 ms

--- 192.168.0.1 ping statistics ---
3 packets transmitted, 3 received, 0% packet loss, time 2001ms
rtt min/avg/max/mdev = 0.992/1.668/2.079/0.481 ms, pipe 2
```

3. 查看主机路由信息

命令格式为：

```
route [-n]
```

常用选项说明如下。

-n：使用数字显示相关信息(提高速度)

【例 10-4】 显示本机的路由信息。

```
[root@localhost network-scripts]# route -n
Kernel IP routing table
Destination     Gateway         Genmask         Flags Metric Ref    Use Iface
192.168.84.0    0.0.0.0         255.255.255.0   U     0      0        0 eth0
192.168.216.0   0.0.0.0         255.255.255.0   U     0      0        0 eth0
169.254.0.0     0.0.0.0         255.255.0.0     U     0      0        0 eth0
0.0.0.0         192.168.84.2    0.0.0.0         UG    0      0        0 eth0
```

注意：在显示的信息中，目标地址和掩码均为 0.0.0.0 的表示默认路由，标志显示为 UG，U 表示 UP(激活的)，G 表示 Gateway。

4. 跟踪数据包所经过的路由

命令格式为：

```
traceroute 目标主机 IP 或名称
```

注意：traceroute 向每一个经过的路由发送三个包，并计算包返回的时间。

【例 10-5】 查看本机到一个域名经过了哪些路由。

```
[root@localhost network-scripts]# traceroute www.tech.net.cn
traceroute to www.tech.net.cn (221.12.38.131), 30 hops max, 38 byte packets
1 192.168.84.2 (192.168.84.2) 0.116 ms 0.295 ms 0.137 ms
2 * * *
3 * * *
4 * * *
5 * * *
6 * * *
[root@localhost network-scripts]# traceroute www.zzu.edu.cn
traceroute to www.zzu.edu.cn (123.15.57.103), 30 hops max, 38 byte packets
1 192.168.84.2 (192.168.84.2) 0.513 ms 0.154 ms 0.083 ms
2 hn.kd.ny.adsl (123.15.57.103) 14.231 ms 13.697 ms 13.900 ms
```

注意：第一个命令显示三个"*"，表示三个包均没有反应，但不代表网络不通，也可能是网络上某些设备对类似的traceroute包不回应。第二个命令显示到www.zzu.edu.cn所经过的路由，后面的三个值(加粗部分)表示每个包的回应计时。

5. 查看或设置主机名称

命令格式为：

```
hostname [主机名称]
```

【例10-6】 显示当前的主机名及设置主机名为Linux。

```
[root@localhost network-scripts]# hostname
localhost.localdomain
[root@localhost network-scripts]# hostname Linux
[root@localhost network-scripts]# hostname
Linux
```

注意：没有设置主机名的默认名称为localhost.localdomain，设置了主机名后，再次用命令可以显示出来，但重新启动后就会恢复默认。

6. 测试DNS服务器是否能正常解析

命令格式为：

```
nslookup 目标主机名或IP [DNS服务器IP]
```

作用是使用默认的或给定的DNS服务器解析目标主机名或IP地址。

【例10-7】 使用默认配置的DNS服务器解析目标主机www.zz.ha.cn。

```
[root@localhost network-scripts]# nslookup www.zz.ha.cn
Server:          192.168.84.2
Address:         192.168.84.2#53
Non-authoritative answer:
www.zz.ha.cn     canonical name = www.shangdu.com.
Name:            www.shangdu.com
Address: 182.118.3.166
```

注意：默认配置的DNS服务器就是/etc/resolv.conf文件中nameserver选项指定的IP地址。

【例10-8】 使用规定的DNS服务器解析www.zz.ha.cn。

```
[root@localhost network-scripts]# nslookup www.zz.ha.cn 202.102.227.68
Server:          202.102.227.68
Address:         202.102.227.68#53
Non-authoritative answer:
www.zz.ha.cn     canonical name = www.shangdu.com.
Name:            www.shangdu.com
Address: 182.118.3.166
```

7. 查看网络连接状态

命令格式为：

```
netstat [-anrltup]
```

常用选项说明如下。

-a：显示所有连接。

-n：用数字显示。

-r：显示路由表。

-l：显示处于监听状态的进程。

-t：显示 TCP 进程。

-u：显示 UDP 进程。

-p：显示进程号进程名信息。

8. 查看 ARP 缓存记录

命令格式为：

```
arp -n
```

作用是显示当前 ARP 缓存中的表项，表项存储的是 IP 地址及经过解析的以及网或令牌环物理地址（MAC 地址），-n 选项表示用数字格式显示。在局域网中，是靠 MAC 地址来找到对方的，有时候测试到一个目标主机的连通性，在 ping 通的情况下，但 ARP 显示的却不是目标主机的 MAC，这时要考虑是否有其他机器在配置同样的 IP 地址。

10.3.2 使用命令调整网络参数

1. 修改网卡参数

命令格式为：

```
ifconfig 接口名 ip 地址 [netmask 子网掩码]
ifconfig 接口名 ip 地址[/网络前缀]
```

注意：如果在配置时没有指定子网掩码，则按照每类地址的默认子网掩码进行配置。

【例 10-9】 配置 eth0 的地址为 192.168.10.1，掩码为 255.0.0.0。

```
[root@localhost /]# ifconfig eth0 192.168.10.1 netmask 255.0.0.0
[root@localhost /]# ifconfig eth0
eth0      Link encap:Ethernet HWaddr 00:0C:29:61:94:D0
          inet addr:192.168.10.1 Bcast:192.255.255.255 Mask:255.0.0.0

[root@localhost /]# ifconfig eth0 192.168.10.3/24
[root@localhost /]# ifconfig eth0
eth0      Link encap:Ethernet HWaddr 00:0C:29:61:94:D0
          inet addr:192.168.10.3 Bcast:192.168.10.255 Mask:255.255.255.0
```

命令格式为:

```
ifconfig 接口名 down[/up]
```

【例 10-10】 将网络接口 eth0 的状态改为 down。

```
[root@localhost /]# ifconfig eth0 down
```

然后再使用命令 ifconfig,由于 eth0 接口未激活,其信息并不显示。

2. 设置路由记录

命令格式为:

```
route add -net 网络地址/网络前缀 gw 下一跳 IP
route add -host 主机 IP gw 下一跳 IP
route add default gw 下一跳 IP
```

【例 10-11】 增加到网络 192.168.1.0/24 的路由。

```
[root@localhost /]# route
Kernel IP routing table
Destination     Gateway         Genmask         Flags Metric Ref    Use Iface
192.168.84.0    *               255.255.255.0   U     0      0        0 eth0
default         192.168.84.2    0.0.0.0         UG    0      0        0 eth0
[root@localhost /]# route add -net 192.168.1.0/24 gw 192.168.84.2
[root@localhost /]# route
Kernel IP routing table
Destination     Gateway         Genmask         Flags Metric Ref    Use Iface
192.168.84.0    *               255.255.255.0   U     0      0        0 eth0
192.168.1.0     192.168.84.2    255.255.255.0   UG    0      0        0 eth0
default         192.168.84.2    0.0.0.0         UG    0      0        0 eth0
```

【例 10-12】 增加到主机 192.168.0.253 的路由。

```
[root@localhost /]# route add -host 192.168.0.253 gw 192.168.84.2
[root@localhost /]# route
Kernel IP routing table
Destination     Gateway         Genmask            Flags Metric Ref    Use Iface
192.168.0.253   192.168.84.2    255.255.255.255    UGH   0      0        0 eth0
192.168.84.0    *               255.255.255.0      U     0      0        0 eth0
default         192.168.84.2    0.0.0.0            UG    0      0        0 eth0
```

【例 10-13】 增加本机的默认路由为 192.168.84.3。

```
[root@localhost /]# route add default gw 192.168.84.3
[root@localhost /]# route
Kernel IP routing table
Destination     Gateway         Genmask         Flags Metric Ref    Use Iface
192.168.84.0    *               255.255.255.0   U     0      0        0 eth0
default         192.168.84.3    0.0.0.0         UG    0      0        0 eth0
default         192.168.84.2    0.0.0.0         UG    0      0        0 eth0
```

注意：默认路由一般就一个，可以先删除旧的默认路由，再增加新的默认路由。

命令格式为：

```
route del -net 网络地址/网络前缀 [gw 下一跳 IP]
route del -host 主机 IP [gw 下一跳 IP]
route del default [gw 下一跳 IP]
```

【例 10-14】 将例 10-11～例 10-13 增加的路由分别删除。

```
[root@localhost /]# route del -host 192.168.0.253 gw 192.168.84.2
[root@localhost /]# route del -net 192.168.1.0/24 gw 192.168.84.2
[root@localhost /]# route del default gw 192.168.84.3
[root@localhost /]# route
Kernel IP routing table
Destination     Gateway         Genmask         Flags Metric Ref    Use Iface
192.168.84.0    *               255.255.255.0   U     0      0        0 eth0
default         192.168.84.2    0.0.0.0         UG    0      0        0 eth0
```

3. 配置静态 arp

命令格式为：

```
arp -s 主机 IP 地址主机 MAC 地址
```

选项-s 表示指定静态(永久)的地址。

【例 10-15】 将 IP 地址 192.168.84.2 对应的 MAC 地址改变为另一个。

```
[root@localhost /]# arp -a
? (192.168.84.2) at 00:50:56:F6:38:D5 [ether] on eth0
[root@localhost /]# arp -s 192.168.84.2 00:50:90:90:90:90
[root@localhost /]# arp -a
? (192.168.84.2) at 00:50:90:90:90:90 [ether] PERM on eth0
```

10.3.3 通过配置文件修改网络参数

1. 网卡参数

进入目录/etc/sysconfig/network-scripts/，查看网络接口 eth0 的配置文件 ifcfg-eth0。

```
[root@localhost /]# cd /etc/sysconfig/network-scripts/
[root@localhost network-scripts]# cat ifcfg-eth0
DEVICE=eth0
ONBOOT=yes
BOOTPROTO=dhcp
```

在配置文件中，“＝”号左边的部分相当于关键字，用大写，右边的是对应的值，每部分的含义如下。

DEVICE：表示对应的网卡设备名，如 eth0 或 eth1。

ONBOOT：是否在启动时激活，yes/no。

BOOTPROTO：采用的启动协议，static为静态指定IP，dhcp为动态分配。

IPADDR：IP地址。

NETMASK：网络掩码。

GATEWAY：网关。

【例10-16】 更改eth0的IP地址为192.168.11.3，掩码为24位，网关为192.168.11.1，设置为系统启动。

（1）进入/etc/sysconfig/network-scripts目录，编辑ifcfg-eth0文件。

```
[root@localhost /]# cd /etc/sysconfig/network-scripts/
[root@localhost network-scripts]# vi ifcfg-eth0
```

（2）修改文件内容如下并保存退出（注意大小写）。

```
DEVICE=eth0
ONBOOT=yes
BOOTPROTO=static
IPADDR=192.168.11.3
NETMASK=255.255.255.0
GATEWAY=192.168.11.1
```

（3）重新启动网络服务并查看。

```
[root@localhost network-scripts]# service network restart
Shutting down interface eth0:                 [ OK ]
Shutting down loopback interface:             [ OK ]
Setting network parameters:                   [ OK ]
Bringing up loopback interface:               [ OK ]
Bringing up interface eth0:                   [ OK ]
[root@localhost network-scripts]# ifconfig eth0
eth0      Link encap:Ethernet HWaddr 00:0C:29:61:94:D0
          inet addr:192.168.11.3 Bcast:192.168.11.255 Mask:255.255.255.0
```

2. 修改主机名

【例10-17】 修改主机的主机名为Linux，重新启动系统后仍然有效。

（1）进入目录/etc/sysconfig/，编辑network文件。

```
[root@localhost /]# cd /etc/sysconfig
[root@localhost sysconfig]# vi network
```

（2）更改内容，并存盘退出，重新启动系统，即生效。

```
NETWORKING=yes
HOSTNAME=Linux
```

3. 配置DNS服务器IP

【例10-18】 配置主机的客户端上网的DNS服务器地址为202.102.227.68。

(1) 进入/etc/目录，编辑 resolv.conf 文件。

```
[root@localhost ~]# cd /etc
[root@localhost etc]# vi resolv.conf
```

(2) 更改文件内容如下(只一行即可)，保存退出即可生效。

```
nameserver 202.102.227.68
```

4. 配置本地的域名解析记录

【例 10-19】 配置本机的 hosts 域名解析记录，增加一条指向 www.edu.cn(202.205.109.205)的记录，以实现快速解析。

(1) 进入/etc/目录，编辑 hosts 文件。

```
[root@localhost ~]# cd /etc
[root@localhost etc]# vi hosts
```

(2) 更改文件内容如下，保存退出即可生效。

```
# Do not remove the following line, or various programs
# that require network functionality will fail.
127.0.0.1               localhost.localdomain localhost
202.205.109.205 www.edu.cn
```

10.3.4 使用 setup 命令修改网络参数

setup 命令是一个设置公用程序，提供图形界面的操作方式，使用 Tab 键在不同的选项之间跳变。在 setup 中可设置多类选项，其中有网络设置(network configuration)，具体的设置按照提示操作即可。在 network 的设置界面上，可以设置网络接口的 IP 地址、子网掩码、网关和 DNS(见图 10-2)。

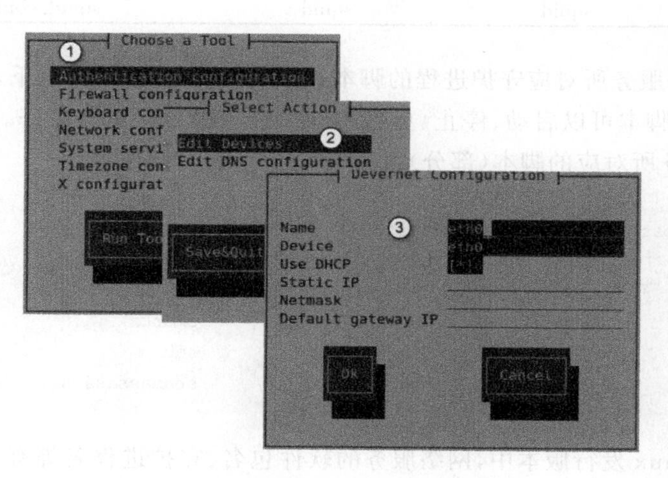

图 10-2 使用 setup 命令设置网络

10.4 学习进阶指引

Linux 是一种对网络服务有着完美支持的操作系统，利用 Linux 可以配置很多的网络服务，这些服务依靠运行在后台的程序(守护进程，daemon)来实现特定的服务功能。

守护进程独立于控制终端并且周期性的执行某种任务或等待处理某些发生的事件，它启动后运行在后台，时刻监听客户端的请求，一旦客户端有请求，就为其提供服务。

10.4.1 Linux 下网络服务的分类

Linux 的服务总体上可分为两类：独立性服务和依赖性服务。独立性服务都有自己的守护进程，如 WWW 服务的守护进程 httpd，DNS 的守护进程 named，以及硬件检测的守护进程 kudzu 等；依赖性服务指这些服务都依赖于一个守护进程，在 CentOS 5.4 下，这个守护进程为 xinetd，这些守护进程对应的运行脚本在/etc/rc.d/init.d/目录下。

1. 独立性服务

运行于 Linux 下独立服务的常用网络软件及其守护进程名如表 10-4 所示(以 CentOS 5.4 为例)。

表 10-4 Linux 常用网络服务

网络服务名称	软件包名称	守护进程名	配置文件
WWW 服务	httpd	httpd	httpd.conf
FTP 服务	vsftpd	vsftpd	vsftpd.conf
MAIL 服务	sendmail、dovecot	sendmail、dovecot	sendmail.cf、dovecot.conf
DHCP 服务	dhcpd	dhcpd	dhcpd.conf
DNS 服务	bind	named	named.conf
Samba 服务	samba	smb	smb.conf
NFS 服务	nfs-utils	nfs	exports
数据库服务	mysql-server	mysqld	/
防火墙服务	iptables	iptables	/
代理服务	squid	squid	squid.conf

Linux 下网络服务所对应守护进程的脚本在/etc/rc.d/init.d/目录下，脚本名称与服务名称相对应，这些脚本可以启动、停止、重新启动及查看服务的运行状态。下面给出 Linux 系统中安装的服务所对应的脚本(部分)：

```
[root@localhost /]# ls /etc/rc.d/init.d/
acpid           halt        netplugd          sendmail
anacron         hidd        network           single
apmd            httpd       NetworkManager    smartd
arptables_jf    iiim        nfs               smb
atd             innd        nfslock           spamassassin
```

在不同的 Linux 发行版本中，网络服务的软件包名、守护进程名等有所不同，这是因为相同的网络服务在 Linux 下有很多软件都能提供。

2. 依赖性服务

Linux下所谓的依赖性服务，是指这些服务被其他的进程所管理，这个进程叫超级守护进程，在Redhat 7以前这个进程名为inetd，现在为xinetd。与xinetd守护进程相关的有配置文件/etc/xinetd. conf和/etc/xinetd. d/目录，xinetd. conf是默认的或全局性的配置文件，/etc/xinetd. d目录下是xinetd超级守护进程所管理的其他服务的描述文件。

xinetd. conf的默认配置内容如下：

```
# Simple configuration file for xinetd
# Some defaults, and include /etc/xinetd.d/
defaults
{
    instances           = 60                  //可以启动的实例的最大值
    log_type            = SYSLOG authpriv     //日志类型
    log_on_success      = HOST PID            //成功登录的日志选项
    log_on_failure      = HOST                //登录失败的日志选项
    cps                 = 50 10               //每秒的连接数及服务启动间隔
}
includedir /etc/xinetd.d                      //管理的进程所在的目录
```

进入/etc/xinetd. d目录，列表显示xinetd进程管理的所有服务：

```
[root@localhost /]# ls /etc/xinetd.d
chargen        daytime        echo-udp    gssftp          kshell    time
chargen-udp    daytime-udp    eklogin     klogin          rsync     time-udp
cups-lpd       echo           finger      krb5-telnet     tftp
```

如tftp文件是简单文件传输协议的服务描述文件，这个协议在使用终端配置网络设备的时候经常使用。tftp的默认内容如下：

```
[root@localhost /]# cd /etc/xinetd.d
[root@localhost xinetd.d]# cat tftp
service tftp                    //服务名
{
        disable = yes           //默认服务禁止
        socket_type             = dgram
        protocol                = udp
        wait                    = yes
        user                    = root
        server                  = /usr/sbin/in.tftpd
        server_args             = -s /tftpboot
        per_source              = 11
        cps                     = 100 2
        flags                   = IPv4
}
```

描述一个服务的格式如下：

```
服务名
{
```

```
    指示符 = 值
    指示符 += 值
}
```


服务名一定要在/etc/services 文件中列出，并且要使用合适的 socket 和协议。“=”或者“+=”是操作符，“=”右边给定的值传给左边的指示符，“+=”用于给一个已经指定的指示符添加一个值。部分指示符含义如表 10-5 所示。

表 10-5 部分指示符所表示的含义

disable	用在默认的{}中禁止服务
socket_type	网络套接字类型，流或数据包
protocol	IP 协议，通常为 TCP 或 UDP
wait	是否允许多个服务的并发连接，选项为 yes 或 no
user	定义启动服务程序的用户
server	xinetd 调用的服务程序名的完整路径
server_args	传递给 server 的变量或值
per_sourece	指定每 IP 连接的最大实例数
cps	指定每秒连接数及服务启动间隔
flags	定义网络连接的相关属性

10.4.2 Linux 下网络服务的配置方法

1. 查看及配置服务的启动状态

1）ntsysv 命令

该命令读取 Linux 下配置的服务并以窗口方式显示出来。在图 10-3 中，方括号内如果为“*”表示该服务在系统启动时自动打开，可用空格键选取是否打开，使用 Tab 键在各选项之间跳变。

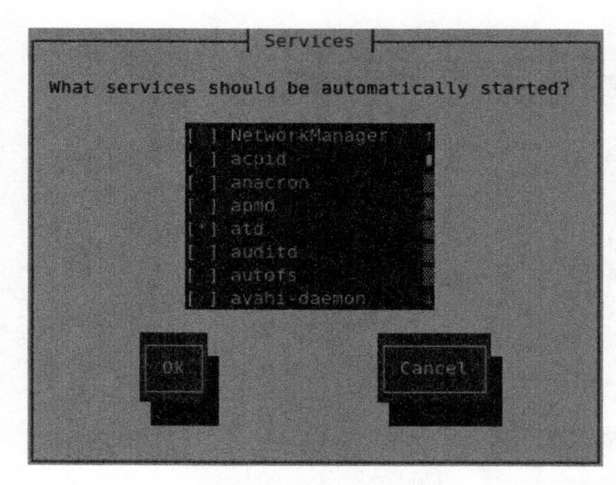

图 10-3 ntsysv 操作界面

2）service 命令

命令格式为：

```
service 服务守护进程名 {start | stop | restart | status}
```

守护进程名和/etc/rc.d/init.d/目录下的文件名对应，使用 service 命令可以启动、停止、重新启动及查看一个进程的状态。更改了一个服务的相关配置后，必须重启此服务的守护进程才能使更改生效。如重新启动 WWW 进程，可使用如下指令。

```
# service httpd restart
```

3）chkconfig 命令

此命令可以查看、设置服务的启动状态。

命令格式为：

```
chkconfig -- list
```

命令作用是查看服务的启动状态。

命令格式为：

```
chkconfig -- level <运行级别列表><服务守护进程名><on | off | reset>
```

命令作用是设置服务的启动状态。

命令格式为：

```
chkconfig <服务名称>    <on | off | reset>
```

命令作用是设置依赖性服务的启动状态。

【例 10-20】 查看系统中所有安装的服务的启动状态(以下为部分内容)。

```
[root@localhost ~]# chkconfig --list
netdump       0:off    1:off    2:off    3:off    4:off    5:off    6:off
arptables_jf  0:off    1:off    2:on     3:on     4:on     5:off    6:off
messagebus    0:off    1:off    2:off    3:on     4:on     5:off    6:off
kudzu         0:off    1:off    2:off    3:on     4:on     5:off    6:off
cpuspeed      0:off    1:on     2:on     3:on     4:on     5:off    6:off
named         0:off    1:off    2:off    3:off    4:off    5:off    6:off
rpcgssd       0:off    1:off    2:off    3:on     4:on     5:off    6:off
iptables      0:off    1:off    2:on     3:on     4:on     5:off    6:off
xinetd based services:
        time: off
        time-udp: off
        klogin: off
        kshell: off

[root@localhost ~]#
```

例如 iptables 服务，在运行级别 0、1、5、6 时关闭，2、3、4 时打开，对于由 xinetd 管理的服务如 time，在系统启动时的状态为关闭。

【例 10-21】 设置系统服务 kudzu 在 2、3、4 运行级别关闭。

```
[root@localhost ~]# chkconfig --level 234 kudzu off
[root@localhost ~]# chkconfig --list kudzu
kudzu    0:off   1:off   2:off 3:off   4:off   5:off   6:off
```

【例 10-22】 设置依赖性服务 time 在系统启动时打开。

```
[root@localhost ~]# chkconfig time on
[root@localhost ~]# chkconfig --list time
time        on
```

2. 网络服务的配置方法

1）独立性服务的配置方法

独立性服务的配置要了解服务的软件包名、服务的守护进程名、服务的配置文件名。软件包名是服务源文件名，用于安装、更新、卸载服务；服务的守护进程名用于服务的启动、停止；配置文件是对服务进行配置。更改了服务的配置文件后，还需要重新启动服务，以使更改生效。

2）依赖性服务的配置方法

依赖性服务的配置与独立性服务类似，以下以安装 telnet 服务器为例介绍此类服务的配置方法。

【例 10-23】 在 Linux 下安装 Telnet 服务器，并启动 Telnet 服务。

（1）装载 Linux 的安装光盘，找到 Telnet 服务程序的源文件（需要在 VMware Workstation 中正确设置安装光盘的源路径，如图 10-4 所示）。

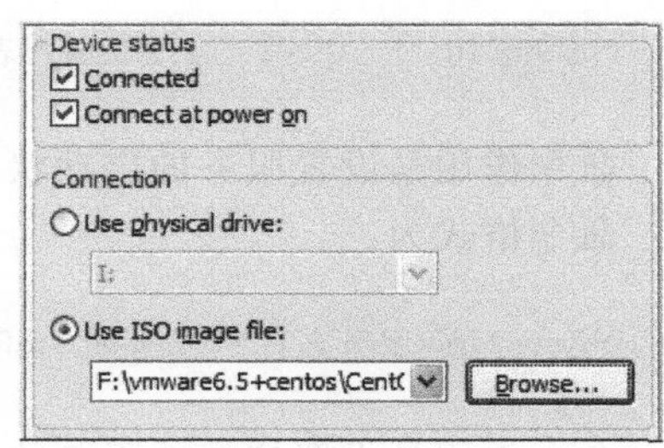

图 10-4 在 vmware 中设置安装光盘的源路径

```
[root@bogon ~]# mount /dev/cdrom /media
mount: block device /dev/cdrom is write-protected, mounting read-only
[root@bogon ~]# cd /media/CentOS/
[root@bogon CentOS]# ls telnet*
telnet-0.17-39.el5.i386.rpm telnet-server-0.17-39.el5.i386.rpm
```

（2）安装 Telnet 服务程序，并编辑其服务描述文件。

```
[root@bogon CentOS]# rpm -ivh telnet-server-0.17-39.el5.i386.rpm
Preparing...          ########################################### [100%]
   1:telnet-server    ########################################### [100%]
[root@localhost RPMS]# cd /etc/xinetd.d
[root@localhost xinetd.d]# vi telnet
```

(3) 配置 Telnet 服务的描述文件，更改服务为系统启动时打开，内容如下：

```
# default: on
# description: The telnet server serves telnet sessions; it uses \
#     unencrypted username/password pairs for authentication.
service telnet
{
        flags               = REUSE
        socket_type         = stream
        wait                = no
        user                = root
        server              = /usr/sbin/in.telnetd
        log_on_failure      += USERID
        disable             = no
}
```

(4) 重新启动 xinetd 服务，至此可以登录 Telnet 服务器。

```
[root@localhost xinetd.d]# service xinetd restart
Stopping xinetd:                [FAILED]
Starting xinetd:                [ OK ]
[root@localhost xinetd.d]# telnet 127.0.0.1
Trying 127.0.0.1...
Connected to localhost.localdomain (127.0.0.1).
Escape character is '^]'.
CentOS release 4.8 (Final)
Kernel 2.6.9-78.ELsmp on an i686
login:
```

10.4.3 Linux 的网络安全

作为一种网络操作系统，Linux 也避免不了安全的困扰。相比 Windows 操作系统而言，Linux 是开放源代码的，这更容易受到病毒的侵袭，但开放源代码也是 Linux 的最大优势，许多致力于为 Linux 做出贡献的人能很快发现 Linux 某个漏洞并快速采取补救措施，使 Linux 的安全隐患消灭于萌芽状态。

Linux 本身也能够采用多种机制，加强各种服务的安全性，其中，防火墙和 SELinux 是最常采用的措施。在图形界面下选择 System→Administration→Security Level and Firewall 命令，打开安全级别设置窗口，如图 10-5 所示。

在 Linux 中，防火墙功能是通过 iptables 服务来实现的，而 SELinux（Security-Enhanced Linux）是 Linux 上最杰出的新安全子系统，它通过对网络对象如接口界面、网络节点、端口等设置策略的方法实现细粒度的网络访问控制。在图 10-5 中，可以设置防火墙的启动选项和 SELinux 相关的安全选项。

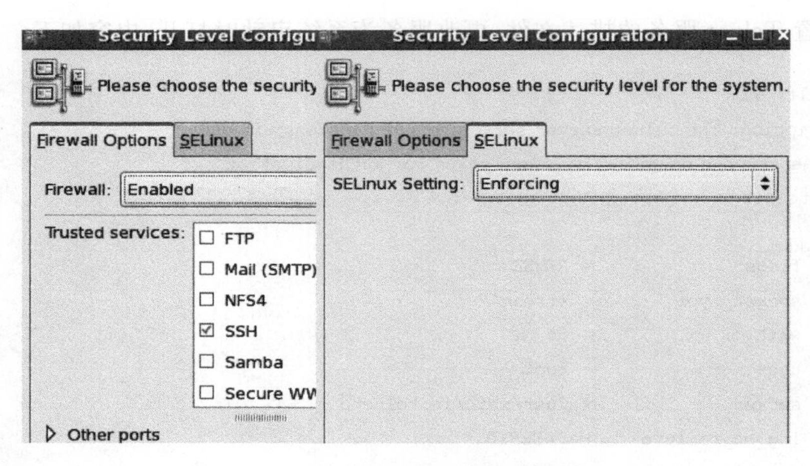

图 10-5 Linux 下的安全级别设置

小 结

Linux 是一种对网络有良好支持的操作系统，它以 TCP/IP 协议作为默认的通信协议。在 Linux 中，必须正确配置网络参数才能与其他主机进行通信，配置网络参数时，可以是静态指定，也可以通过 DHCP 服务动态分配，配置后，可使用网络命令对其进行调整。

Linux 下的网络服务分为独立性服务和依赖性服务两大类，独立性服务有自己的守护进程，依赖性服务都由超级守护进程 xinetd 管理。两大类服务的基本配置方法类似，配置了服务的相关配置文件后，还必须重新启动服务，才能使配置生效。

任务11 Linux下配置DHCP服务器

11.1 学习目标

- 掌握DHCP服务器的工作原理与过程。
- 掌握DHCP服务器软件包的查询与安装。
- 熟练掌握DHCP服务配置文件dhcpd.conf的配置。
- 掌握DHCP服务的调试与排错。
- 熟练掌握DHCP服务器的测试。
- 掌握DHCP服务的双网段中继代理配置。
- 熟悉DHCP服务的三(多)网段中继代理配置。

11.2 基础知识与原理

11.2.1 DHCP服务的工作原理

在TCP/IP网络上,主机在存取网络资源时,必须进行基本的网络配置,如IP等。它可以静态指定,也可以通过DHCP获得。DHCP全称为动态主机配置协议(Dynamic Host Configuration Protocol)。它实现了IP地址的集中式管理,减轻了TCP/IP网络的规划、管理和维护的负担,解决了IP地址空间匮乏的问题。

在DHCP地址方案中,采用C/S模式,请求IP地址的计算机被称为DHCP客户端,而负责给DHCP客户端分配IP地址的计算机称为DHCP服务器。DHCP服务采用UDP协议,其中服务器采用67端口,客户机采用68端口,DHCP客户机获得IP地址的过程又称为DHCP的IP租借过程。

11.2.2 DHCP服务的工作过程

其工作过程如图11-1所示。

(1) DHCP客户机启动时,客户机在当前的子网中广播DHCPDISCOVER报文。

(2) DHCP服务器收到DHCPDISCOVER报文后,以DHCPOFFER报文送回给主机。如果网络里包含有不止一个的DHCP服务器,则客户机以收到的第一个DHCPOFFER报文为准。

(3) 客户端收到DHCPOFFER后,向服务器发送DHCPREQUEST报文,请求IP地址。

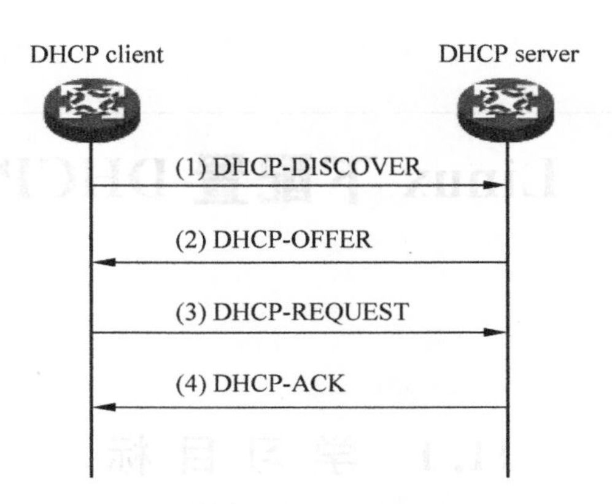

图 11-1　DHCP 的工作过程

（4）DHCP 服务器向客户机发回应答报文 DHCPACK，含分配的 IP 地址方案。

以上四步骤是顺利时的通信过程，实际的过程更复杂，还包括其他信息的报文。

11.3　操作步骤指导

11.3.1　DHCP 服务源软件包安装

安装 DHCP 服务的步骤如下：

（1）查看系统中是否安装了该服务。

```
[root@bogon xinetd.d]# rpm -qa | grep dhcp*
dhcpv6-client-1.0.10-17.el5
dhclient-3.0.5-21.el5
```

操作显示系统中已经安装的软件包没有 dhcp 服务软件包。

（2）在 VMware Workstation 中如前述部分正确设置光盘镜像，并装载光驱，安装相应的软件包。

```
[root@bogon ~]# mount /dev/cdrom /media
mount: block device /dev/cdrom is write-protected, mounting read-only
[root@bogon ~]# cd /media/CentOS/
[root@bogon CentOS]# ls dhcp*
dhcp-3.0.5-21.el5.i386.rpm            dhcpv6-1.0.10-17.el5.i386.rpm
dhcp-devel-3.0.5-21.el5.i386.rpm      dhcpv6-client-1.0.10-17.el5.i386.rpm
[root@bogon CentOS]#
[root@bogon CentOS]# rpm -ivh dhcp-3.0.5-21.el5.i386.rpm
Preparing...               ########################################### [100%]
   1:dhcp                  ########################################### [100%]
```

11.3.2　启动 DHCP 服务

DHCP 服务的配置文件为/etc/dhcpd.conf，守护进程为 dhcpd。

如果让 DHCP 服务在系统开机时自启动，可利用 ntsysv 命令，在图形界面下选择 dhcpd 进程，或利用 chkconfig 命令设置在运行级别 345 时启动 DHCP 服务。下面利用 service 命令手工启动 dhcpd 进程。

```
[root@localhost /]# service dhcpd restart
```

由于安装后的/etc/dhcpd. conf 并不是实质上的配置文件，所以进程启动时在提示的信息框中并不显示 OK。

11.3.3 DHCP 服务器的配置

设置 DHCP 服务器的 IP 地址，并重新启动网络服务，使新地址生效(设置 IP 地址的方法如前述)，这里配置 IP 地址 192.168.0.1/24。

DHCP 服务器的配置文件为/etc/dhcpd. conf，安装后，默认文件实际为空，仅有两行注释：

```
# DHCP Server Configuration file.
#   see /usr/share/doc/dhcp*/dhcpd.conf.sample
```

在第二行的注释中，提示参考模板文件 dhcpd. conf. sample，可以在编辑配置文件时，把原来的模板复制后再进行修改。

1. 原始配置样板文件寻找并复制

```
[root@bogon CentOS]# find / -name dhcpd.conf.sample
/usr/share/doc/dhcp-3.0.5/dhcpd.conf.sample
[root@bogon CentOS]# cp /usr/share/doc/dhcp-3.0.5/dhcpd.conf.sample /etc/dhcpd.conf
cp: overwrite `/etc/dhcpd.conf'? y
```

2. 配置 dhcpd. conf

默认的 dhcpd. conf 内容如下(//后为编者注释)：

```
ddns-update-style interim;                         //设置 DHCP 服务器与 DNS 服务器的动态信息更新模式
ignore client-updates;                             //忽略客户端更新
subnet 192.168.0.0 netmask 255.255.255.0 {                       //声明设置子网信息
# --- default gateway
        option routers                  192.168.0.1;          //设置默认网关
        option subnet-mask              255.255.255.0;
        option nis-domain               "domain.org";         //设置域名及 DNS
        option domain-name              "domain.org";
        option domain-name-servers      192.168.1.1;
        option time-offset              -18000; # Eastern Standard Time   //设置时间同步信息
#       option ntp-servers              192.168.1.1;
#       option netbios-name-servers     192.168.1.1;
# --- Selects point-to-point node (default is hybrid). Don't change this unless
# -- you understand Netbios very well
#       option netbios-node-type 2;
```


的，所以无法通过路由器，这就决定了一台 DHCP 服务器只能对本网段的客户机分配 IP 地址，如果要用一台 DHCP 服务器给不同的网段分配 IP，需要设置 DHCP 中继代理服务器，

务
11
Linux 下配置 DHCP 服务器

```
range dynamic - bootp 192.168.0.128 192.168.0.254;      //设置地址池、默认租约时间、
                                                          //最大租约时间
```

Linux 操作系统实用任务教程

实现跨子网服务。

实验平台：两台安装了 CentOS 5.4 系统的服务器，一台为 DHCP 服务器 DHCP Server，另一台做 dhcprelay 中继代理服务器 relay；两台用于测试的 PC——PC1 和 PC2。

实验环境如图 11-3 所示。作为 DHCP 中继代理的服务器 Relay 需要安装二个网卡，分别为：eth0(192.168.10.1/24)、eth1(192.168.20.1)。DHCP 服务器的网卡为 eth0(192.168.10.2/24)，网关为 relay 的 eth0(192.168.10.1)，PC1 和 DHCP Server 处于 192.168.10.0/24 网段(所在虚拟交换机为 VMnet2)，PC2 处于 192.168.20.0/24 网段(所在虚拟交换机为 VMnet3)，要求用于测试的 PC1、PC2 能够获得所在网段的 IP 地址。

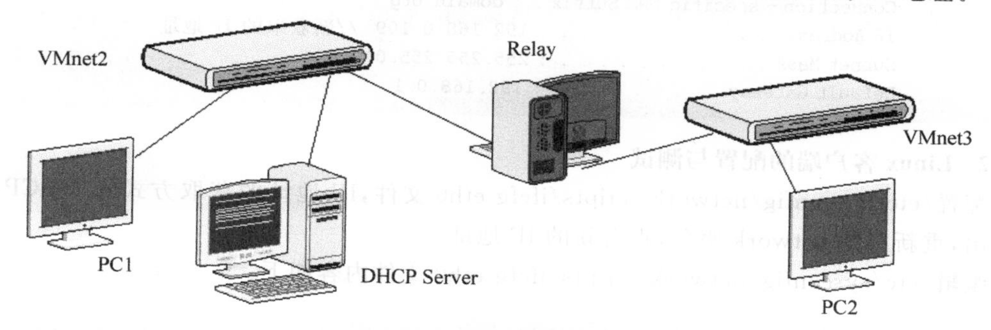

图 11-3　双网段 DHCP 中继实验环境

下面介绍双网段 DHCP 中继代理配置的步骤。

(1) 在虚拟机中利用克隆操作建立四个 Linux 系统。

在 VMware Workstation 中利用安装后的 CentOS 5.4，克隆出另外三台虚拟机，将其名称分别改为 relay、dhcp server、PC1 和 PC2(见图 11-4)，并将 PC1 和 dhcp server 设置成属于网络 vmnet2，PC2 属于网络 vmnet3。

图 11-4　在 VMware Workstation 中克隆 4 台虚拟机

(2) 配置 DHCP 服务器。

① 配置 IP 地址相关参数，服务器的 IP 地址为 192.168.10.2/24，网关为 192.168.10.1，如图 11-5 所示，并重新启动网络服务，使配置的 IP 地址生效。

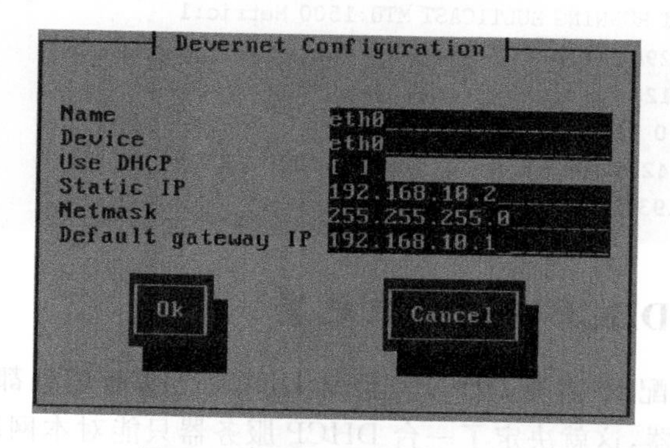

图 11-5　dhcp server 的 IP 配置

② 在 dhcp server 中查询是否安装 DHCP 服务软件包，如果没有安装，装载光盘安装。

③ 编辑 dhcp server 服务器的配置文件/etc/dhcpd.conf，内容如下：

```
ddns - update - style interim;
ignore client - updates;
        option subnet - mask            255.255.255.0;
        option nis - domain             "domain.org";
        option domain - name            "domain.org";
        option domain - name - servers192.168.1.1;
        default - lease - time 21600;
        max - lease - time 43200;
subnet 192.168.10.0 netmask 255.255.255.0 {
        option routers                  192.168.10.1;
        range dynamic - bootp 192.168.10.100 192.168.10.110;
        }
subnet 192.168.20.0 netmask 255.255.255.0 {
        option routers                  192.168.20.1;
        range dynamic - bootp 192.168.20.100 192.168.20.110;
        }
```

④ 启动重新 DHCP 服务器进程。

```
[root@localhost ~]#  service dhcpd restart
Shutting down dhcpd:            [ OK ]
Starting dhcpd:                 [ OK ]
```

（3）配置中继代理服务器 Relay。

① 关闭虚拟机 relay，编辑其硬件配置，添加网卡，配置其连接交换机 VMnet3。重新启动，配置两个网卡 eth0、eth1 的 IP 相关参数，并测试连通性，保证 eth0 连接交换机 VMnet2，eth1 连接交换机 VMnet3，网卡 eth0、eth1 的配置分别如图 11-6 所示。

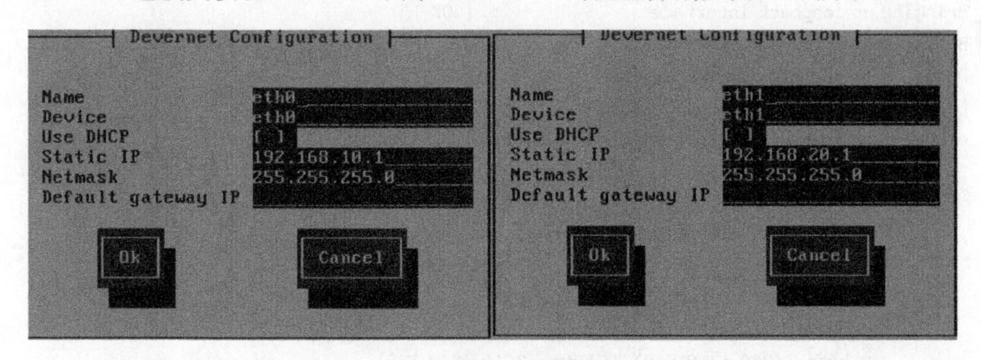

图 11-6　relay 的两块网卡配置

② 配置文件/etc/sysconfig/dhcrelay（如果没有此文件，请安装 DHCP 服务的源 RPM 包）

```
#vi /etc/sysconfig/dhcrealy
```

在 dhcrelay 文件中，用 INTERFACES 指明中继代理要监听的网卡（段），用

DHCPSERVERS 指明 DHCP 服务器的 IP 地址，内容如下：

```
# Command line options here
INTERFACES = "eth0 eth1"
DHCPSERVERS = "192.168.10.2"
```

③ 启动 dhcrelay 中继代理服务。

```
[root@localhost sysconfig]# service dhcrelay start
Starting dhcrelay:                              [ OK ]
```

有选择性地执行如下命令：

```
[root@localhost ~]# dhcrelay 192.168.10.2
Internet Systems Consortium DHCP Relay Agent V3.0.5 - RedHat
Copyright 2004 - 2006 Internet Systems Consortium.
All rights reserved.
For info, please visit http://www.isc.org/sw/dhcp/
Listening on        LPF/eth1/00:0c:29:29:3f:30
Sending on          LPF/eth1/00:0c:29:29:3f:30
Listening on        LPF/eth0/00:0c:29:29:3f:26
Sending on          LPF/eth0/00:0c:29:29:3f:26
Sending on          Socket/fallback
```

(4) 用 PC1、PC2 进行测试，查看结果。

在 PC1、PC2 上配置 IP 的获取方式为 DHCP，并测试，PC1 的测试结果：

```
[root@localhost ~]# service network restart
Shutting down interface eth0:                        [ OK ]
Shutting down loopback interface:                    [ OK ]
Bringing up loopback interface:                      [ OK ]
Bringing up interface eth0:
Determining IP information for eth0... done.         [ OK ]
[root@localhost ~]# ifconfig eth0
eth0      Link encap:Ethernet HWaddr 00:0C:29:2C:BF:19
          inet addr:192.168.10.110 Bcast:192.168.10.255 Mask:255.255.255.0
          inet6 addr: fe80::20c:29ff:fe2c:bf19/64 Scope:Link
          UP BROADCAST RUNNING MULTICAST MTU:1500 Metric:1
          RX packets:17 errors:0 dropped:0 overruns:0 frame:0
          TX packets:70 errors:0 dropped:0 overruns:0 carrier:0
          collisions:0 txqueuelen:1000
          RX bytes:4990 (4.8 KiB) TX bytes:7612 (7.4 KiB)
          Interrupt:67 Base address:0x2024
```

PC2 的测试结果：

```
[root@localhost ~]# service network restart
Shutting down interface eth0:                    [ OK ]
```

```
Shutting down loopback interface:                    [ OK ]
Bringing up loopback interface:                      [ OK ]
Bringing up interface eth0:
Determining IP information for eth0... done.         [ OK ]
[root@localhost ~]# ifconfig eth0
eth0      Link encap:Ethernet HWaddr 00:0C:29:7C:9C:31
          inet addr:192.168.20.110 Bcast:192.168.20.255 Mask:255.255.255.0
          inet6 addr: fe80::20c:29ff:fe7c:9c31/64 Scope:Link
          UP BROADCAST RUNNING MULTICAST MTU:1500 Metric:1
          RX packets:9 errors:0 dropped:0 overruns:0 frame:0
          TX packets:52 errors:0 dropped:0 overruns:0 carrier:0
          collisions:0 txqueuelen:1000
          RX bytes:1950 (1.9 KiB) TX bytes:6792 (6.6 KiB)
          Interrupt:75 Base address:0x2024
```

结果表明 PC1 和 PC2 都能获取所在网段的 IP 地址。

11.4 学习进阶指引

11.4.1 三(多)网段 DHCP 中继代理配置

实验环境在如图 11-3 所示的基础上，在 relay 上增加第三块网卡 eth2，IP 为 192.168.30.1/24，连接 VMnet4。增加另一台 PC3，同样连接 VMnet4 交换机，配置 dhcp server，使 PC1、PC2、PC3 都获得 DHCP 服务器分配的 IP 地址。

步骤如下：

(1) 在 VMware Workstation 中利用克隆再增加一个虚拟机 PC3。

PC3 连接 VMnet4，如图 11-7 所示。

Home ✕ relay ✕ dhcp server ✕ pc1 ✕ pc2 ✕ PC3 ✕

图 11-7 三网段中继的拓扑

(2) 配置 DHCP 服务器。

在双网段中继配置的基础上，改变 dhcpd.conf 配置内容如下：

```
ddns - update - style interim;
ignore client - updates;
        default - lease - time 21600;
        max - lease - time 43200;
        option subnet - mask          255.255.255.0;
subnet 192.168.10.0 netmask 255.255.255.0 {
        option routers                192.168.10.1;
        range dynamic - bootp 192.168.10.100 192.168.10.110;
}
subnet 192.168.20.0 netmask 255.255.255.0 {
        option routers                192.168.20.1;
        range dynamic - bootp 192.168.20.100 192.168.20.110;
```

```
}
subnet 192.168.30.0 netmask 255.255.255.0 {
        option routers          192.168.30.1;
        range dynamic-bootp 192.168.30.100 192.168.30.110;
}
```

重新启动 dhcpd 服务。

(3) 配置中继代理服务器 Relay。

① 关闭虚拟机 relay，编辑其硬件配置，添加网卡 eth2，配置其连接的交换机为 VMnet4。重新启动，并配置网卡 eth2 的 IP 参数，重新启动网络服务，并测试连通性，eth2 的 IP 参数配置如图 11-8 所示。

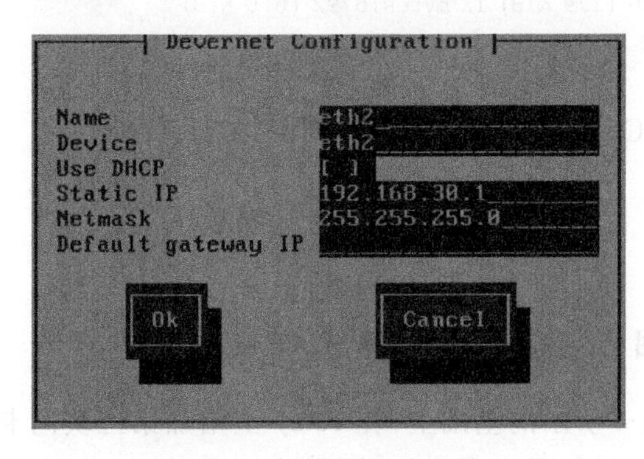

图 11-8 eth2 的 IP 配置

② 配置文件/etc/sysconfig/dhcrelay，其内容更改如下：

```
# Command line options here
INTERFACES="eth0 eth1 eth2"
DHCPSERVERS="192.168.10.2"
```

③ 重新启动 dhcrelay 服务，并有选择性地执行如下命令。

```
[root@localhost ~]# dhcrelay 192.168.10.2
Internet Systems Consortium DHCP Relay Agent V3.0.5-RedHat
Copyright 2004-2006 Internet Systems Consortium.
All rights reserved.
For info, please visit http://www.isc.org/sw/dhcp/
Listening on   LPF/eth2/00:0c:29:29:3f:3a
Sending on     LPF/eth2/00:0c:29:29:3f:3a
Listening on   LPF/eth1/00:0c:29:29:3f:30
Sending on     LPF/eth1/00:0c:29:29:3f:30
Listening on   LPF/eth0/00:0c:29:29:3f:26
Sending on     LPF/eth0/00:0c:29:29:3f:26
Sending on     Socket/fallback
```

(4) 用 PC1、PC2、PC3 查看结果。

PC1、PC2 的输出如上，配置 PC3 的 IP 地址获取方式为 DHCP，PC3 的输出结果如下：

```
[root@localhost ~]# service network restart
Shutting down interface eth0:          [ OK ]
Shutting down loopback interface:      [ OK ]
Bringing up loopback interface:        [ OK ]
Bringing up interface eth0:
Determining IP information for eth0... done.
                                       [ OK ]
[root@localhost ~]# ifconfig eth0
eth0   Link encap:Ethernet HWaddr 00:0C:29:8B:83:8E
       inet addr:192.168.30.110 Bcast:192.168.30.255 Mask:255.255.255.0
       inet6 addr: fe80::20c:29ff:fe8b:838e/64 Scope:Link
       UP BROADCAST RUNNING MULTICAST MTU:1500 Metric:1
       RX packets:17 errors:0 dropped:0 overruns:0 frame:0
       TX packets:42 errors:0 dropped:0 overruns:0 carrier:0
       collisions:0 txqueuelen:1000
       RX bytes:3030 (2.9 KiB) TX bytes:5904 (5.7 KiB)
       Interrupt:75 Base address:0x2024
```

11.4.2 按步骤配置三网段中继代理

如图 11-9 所示，DHCP 服务器(192.168.12.2)与 PC1 连接在 VMnet4 交换机上(192.168.12.0/24 网段)，PC2 连接在 VMnet3 交换机上(192.168.11.0/24 网段)，PC3 连接在 VMnet2 交换机上(192.168.13.0/24 网段)，DHCP 中继代理服务器上三块网卡，分别为 eth0(192.168.13.1/24)、eth1(192.168.12.1/24)、eth2(192.168.11.1/24)，连接三个网段。

要求：配置 DHCP 服务器及 DHCP 中继代理服务器，实现 PC1、PC2、PC3 都能正确获得 DHCP 服务器分配的 IP 地址。

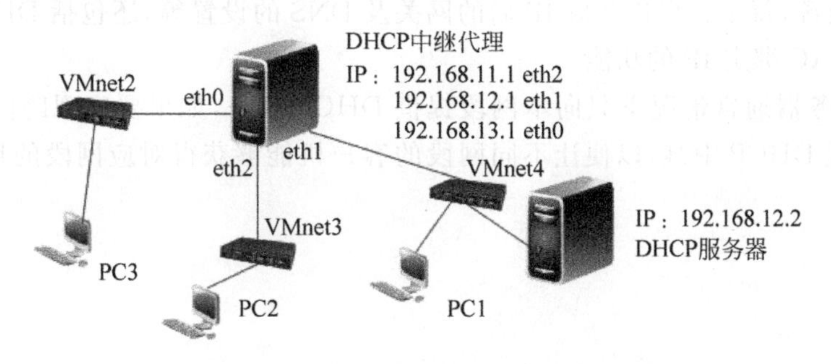

图 11-9　DHCP 三网段中继代理配置拓扑图

步骤如下：

(1) 在 VMware Workstation 中虚拟 5 台主机，DHCP 服务器和 DHCP 中继代理的操作系统为 CentOS 5.4，PC1、PC2、PC3 的操作系统为 Windows XP。

(2) 在 DHCP 中继代理上增加网卡 eth1 和 eth2，根据拓扑分别设置各网卡与每网段 PC 的连接的 VMnet。

(3) 配置各主机的网络参数，将 DHCP 服务器(192.168.12.2/24)、PC1(192.168.12.3/24)、PC2(192.168.11.2/24)、PC3(192.168.13.2/24)的网关都指向 DHCP 中继代理。网络参

数配置完成后，重新启动网络服务使配置生效，并测试各主机之间的连通性。

(4) 配置 DHCP 服务器。

① 如果没有安装 DHCP 服务器软件包，还需要安装源软件包。

② 配置 dhcpd.conf，实现三网段 192.168.11.0/24、192.168.12.0/24、192.168.13.0/24 的 IP 地址分配，各网段分配的 IP 范围为：

```
192.168.11.100～192.168.11.110
192.168.12.100～192.168.12.110
192.168.13.100～192.168.13.110
```

③ 配置后，重新启动 dhcpd 服务，直到正确启动。并把 PC1 的 IP 分配改为自动，进行测试，看是否能够获得正确的 IP。

(5) 配置 DHCP 中继代理服务器。

① 如果没有安装 DHCP 服务器软件包，还需要安装源软件包。

② 配置 dhcrelay，监听 eth0、eth1、eth2 所负责的网段。

③ 重新启动 dhcrelay 服务，并打开 IP 转发功能。

(6) 分别在 PC1、PC2、PC3 的 IP 地址配置改为自动分配，测试是否获得对应网段的 IP 地址。

小　结

DHCP 服务采用 C/S 模式，由客户端向服务器端自动获取 IP，简化了 TCP/IP 网络中网络参数的配置过程，也在一定程度上解决了 IP 地址资源不足的问题。

DHCP 服务的配置文件为/etc/dhcpd.conf，配置时要指明服务器负责的网段及可供分配的 IP 地址资源，每个客户机获取 IP 后的网关及 DNS 的设置等，还包括 DHCP 服务器的租期及实现 MAC 绑定 IP 的功能。

DHCP 服务器通常情况下只向本网段提供 DHCP 服务，如果要实现跨网段 DHCP 服务，这需要配置 DHCP 中继，以便让不同网段的客户机能够获得对应网段的地址和网关等参数。

任务12 WWW服务器的配置与管理

12.1 学习目标

- 了解WWW服务的工作原理与过程。
- 熟练掌握RPM包的WWW服务器软件的安装。
- 熟练掌握WWW服务启动、停止与调试。
- 掌握WWW服务文件的配置。
- 熟练掌握利用Apache实现个人站点的配置。
- 掌握利用Apache实现基于IP和基于域名的主机配置。
- 了解利用Apache实现代理的配置。

12.2 基础知识与原理

12.2.1 WWW服务的工作原理及过程

WWW(World Wide Web)也称W3、3W,是目前Internet上最热门的服务。系统采用C/S(客户机/服务器)工作模式,默认采用80端口进行通信,如图12-1所示。

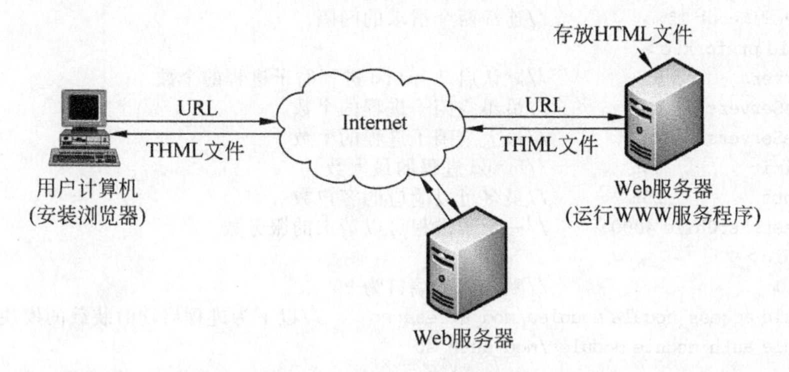

图12-1 WWW示意图

用来实现WWW服务的软件很多,Apache软件基金会(http://www.apache.org)的Apache HTTP Server(简称Apache)软件,由于运行平台广泛、功能强大、性能稳定、快速并易扩充等特点,成为排名第一的WWW服务器软件。

12.2.2 CentOS 5.4 中 WWW 服务的配置文件

CentOS 5.4 的 WWW 的配置文件为/etc/httpd/conf/httpd.conf，其代码有 991 行，有些配置参数很复杂。配置文件的格式有以下三种：

(1) 以＃开始的行表示注释，说明此行下面的配置项的作用。

(2) 没有注释的行一般是“关键字 值”的格式，如“ServerType standalone”，关键字是不能改动的。

(3) HTML 标记。以类似于 HTML 标记的方式把某一块需要说明的部分包含在<Directory>和</Directory>之间。

```
<Directory />
    配置语句;
</Directory>
```

httpd.conf 的配置文件包括三个部分：

```
### Section 1: Global Environment              //全局环境配置
### Section 2: 'Main' server configuration     //主服务器配置
### Section 3: Virtual Hosts                   //虚拟主机配置
```

1. 全局环境配置(//后为编者注释)

```
### Section 1: Global Environment
ServerTokens OS                   //当服务器响应主机头信息时，显示 httpd 的版本和操作系统名称
ServerRoot "/etc/httpd"           //指服务器相关配置文件目录
PidFile run/httpd.pid             //httpd 运行时的进程文件
Timeout 120                       //在指定时间内没有收到或发出数据时断开连接
KeepAlive Off                     //设置是保持连接关闭
MaxKeepAliveRequests 100          //每次连接最多的请求数
KeepAliveTimeout 15               //连续两个请求的间隔
<IfModule prefork.c>
StartServers        8             //默认启动 httpd 进程时子进程的个数
MinSpareServers     5             //最小空闲子进程的个数
MaxSpareServers     20            //最大空闲子进程的个数
ServerLimit         256           //httpd 进程的最大数
MaxClients          256           //最多可以响应的客户数
MaxRequestsPerChild 4000          //一个子进程可以请求的服务数
</IfModule>
Listen 80                         //默认监听端口为 80
LoadModule access_module modules/mod_access.so      //以下为进程启动时装载的模块
LoadModule auth_module modules/mod_auth.so

Include conf.d/*.conf             //包含配置文件
```

2. 主服务器配置

```
DocumentRoot "/var/www/html"              //Web 站点的主目录
<Directory />
```

```
    Options FollowSymLinks
    AllowOverride None
</Directory>
<Directory "/var/www/html">
    Options Indexes FollowSymLinks
    AllowOverride None
    Order allow,deny
    Allow from all                      //允许从任何站点访问此目录
</Directory>
<IfModule mod_userdir.c>                //设置用户个人主页
    UserDir disable                     //用户个人目录禁止
    #UserDir public_html                //用户个人主页目录
</IfModule>
DirectoryIndex index.html index.html.var    //设置 Web 站点默认首页文件
AccessFileName .htaccess                //访问控制文件
# Proxy Server directives. Uncomment the following lines to
#<IfModule mod_proxy.c>                 //代理服务配置部分
#ProxyRequests On
#ProxyVia On

#</IfModule>
```

在主服务器配置部分，主要有以下描述：

1) <Directory>和</Directory>语句块

此部分用于设置一个目录的访问权限，每个语句块都包含如下选项，如表 12-1 所示。

表 12-1 目录设置选项表

选　　项	功能说明
Options	用于设置目录功能，常用的有 Indexes 表示生成目录的文件列表，FollowSysmLinks 表示可以使用符号链接
AllOverride	决定是否取消以前设置的访问权限
Allow	允许连接到该目录
Deny	拒绝连接到该目录
Order	当 Deny 和 Allow 冲突时，哪一个顺序在前

2) 用户个人主页设置部分

标记<IfModule mod_userdir.c>是用户的个人主页设置部分，默认情况下，此项功能禁止。

3) 代理服务设置部分

Apache 可以配置为代理服务器，标记<IfModule mod_proxy.c>是配置代理服务部分，此功能默认禁止。

3. 虚拟主机配置

```
### Section 3: Virtual Hosts
#NameVirtualHost *:80                   //设置基于名字的虚拟主机
# VirtualHost example:
```

```
# Almost any Apache directive may go into a VirtualHost container.
#<VirtualHost * :80>                                    //虚拟主机的配置例子
#   ServerAdmin webmaster@dummy-host.example.com
#   DocumentRoot /www/docs/dummy-host.example.com       //虚拟主机的主目录
#   ServerName dummy-host.example.com                   //虚拟主机的域名
#   ErrorLog logs/dummy-host.example.com-error_log
#   CustomLog logs/dummy-host.example.com-access_log common
#</VirtualHost>
```

虚拟主机技术是现在广泛采用的一种技术，利用它可以在一台物理主机上搭建多个站点，这些站点具有不同的域名，或具有不同的 IP 或端口，从外部看，就好像每一个 Web 站点都是独立的，它有效地节约了主机和 IP 资源。虚拟主机分为基于名字的虚拟主机(NameVirtualHost)和基于 IP 的虚拟主机，都可以在 CentOS 5.4 中进行配置。

在上述默认配置中，如果启动基于名称的虚拟主机配置，则要反注释"#NameVirtualHost * :80"语句，符号"*"代表 IP 地址。在实际配置中，用具体 IP 代替。

12.3 操作步骤指导

12.3.1 WWW 服务的安装与启动

Linux 下的源安装文件，一种是 rpm 格式的二进制文件，另一种是以 tar.gz 包发行的源代码文件。在发行版的 Linux 中，WWW 服务器的软件版本都固定，为 rpm 格式；但 Apche 的软件版本升级快，如果要利用新版本的功能，则需要从 http://www.apache.org 网站下载相应版本，并卸载旧版本，重新安装。

1. WWW 服务的安装

在 CentOS 5.4 中，WWW 使用的软件为 Apache，在系统中软件包名为 httpd，守护进程名称为 httpd，配置文件是/etc/httpd/conf/httpd.conf，在系统中的默认文档目录为/var/www/html。

(1) 检测系统中是否安装了 httpd。

```
[root@bogon ~]# rpm -qa | grep httpd
httpd-manual-2.2.3-31.el5.centos
httpd-2.2.3-31.el5.centos
system-config-httpd-1.3.3.3-1.el5
```

(2) 如果没有安装，还需要装载安装源光盘，进行安装或升级。

2. WWW 服务的启动

```
[root@localhost /]# service httpd restart
Stopping httpd:          [FAILED]
Starting httpd:          [ OK ]
```

每一次更改配置文件 httpd.conf 后，必须重新启动才能使更改生效。

12.3.2 用户个人站点配置

个人站点的形式如"http://www. xyz. com/～username"，其中"www. xyz. com"是一个 WWW 主机域名，～username 是这个主机上的一个账户，它在 WWW 主机上有自己的默认空间/home/username，默认情况下，是不能通过"http://www. xyz. com/～username"形式来访问用户 username 的个人空间的，但配置了个人主页后，就能够实现这个功能。下面以建立一个用户 ww1201 的个人主页空间为例，介绍用户个人空间设置方法。

(1) 在 WWW 主机中增加账户 ww1201，并改变其密码。

```
[root@bogon ~]# useradd ww1201
[root@bogon ~]# passwd ww1201
Changing password for user ww1201.
New UNIX password:
BAD PASSWORD: it is WAY too short
Retype new UNIX password:
passwd: all authentication tokens updated successfully.
[root@bogon ~]#
[root@bogon ~]# ls /home
ww1201
```

默认在/home 目录下建立其个人目录/home/ww1201。

(2) 编辑/etc/httpd/conf/httpd. conf 文件，把主服务器配置部分中的个人空间设置部分改变如下：

```
<IfModule mod_userdir.c>
    #UserDir disable
    UserDir public_html
</IfModule>
```

上述改变是把 userdir disable 条目注释，把 userdir public_html 反注释。

(3) 在账户 ww1201 主目录/home/ww1201 下按要求建立 public_html 目录，并改变/home/ww1201 目录权限为其他人可读。

```
[root@bogon ~]# cd /home
[root@bogon home]# ls
ww1201
[root@bogon home]# chmod o+rx ww1201
[root@bogon home]# ls -l
total 4
drwx---r-x 3 ww1201 ww1201 4096 Jan 1 03:33 ww1201
[root@bogon home]# mkdir ww1201/public_html
[root@bogon home]# ls ww1201
public_html
```

(4) 在第(3)步中建立的 public_html 目录下建立 index. html 文件，并写入部分内容，重新启动 httpd 服务，测试个人主页服务。

```
[root@bogon home]# mkdir ww1201/public_html
[root@bogon home]# ls ww1201
public_html
[root@bogon home]# touch ww1201/public_html/index.html
[root@bogon home]# echo "this is ww1201 homepage" > ww1201/public_html/index.html
[root@bogon home]# service httpd restart
Stopping httpd:          [ OK ]
Starting httpd: httpd: apr_sockaddr_info_get() failed for bogon
httpd: Could not reliably determine the server's fully qualified domain name, using 127.0.0.1
for ServerName
                         [ OK ]
```

配置 CentOS 5.4 上集成的 SELinux，允许个人主页访问，如果不熟悉，直接关闭 SELinux 即可，打开浏览器访问，如图 12-2 所示。

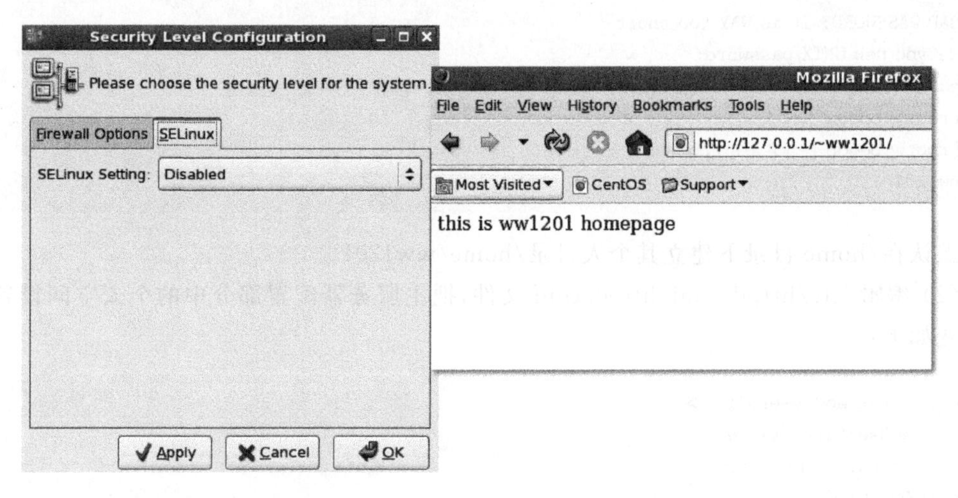

图 12-2　SELinux 设置及个人主页测试

12.3.3　基于名称的虚拟主机配置

基于名称的虚拟主机就是指用不同的域名来访问目标主机，这些目标主机的 IP 地址和端口号相同，但在主机上具有不同的文档目录。如要配置域名 www.05431.com，www.05432.com 都对应 IP 地址 192.168.11.2，端口为 80 的虚拟主机。步骤如下：

1. 客户端 DNS 和 CentOS 5.4 主机 IP 的配置

实现域名解析通过 DNS 或 hosts 文件，测试客户端使用 Windows XP 操作系统，编辑 Windows 客户端操作系统的 C:\windows\system32\drivers\etc\hosts 文件，实现快速解析，内容如下：

```
127.0.0.1       localhost
192.168.11.2    www.05431.com
192.168.11.2    www.05432.com
```

配置 CentOS 5.4 主机 IP 地址为 192.168.11.2，并使其生效，网络连接方式为桥接。

2. 在 httpd.conf 文件中的设置

编辑/etc/httpd/conf/httpd.conf，虚拟主机设置内容如下：

```
NameVirtualHost 192.168.11.2:80
<VirtualHost 192.168.11.2:80>
    DocumentRoot /var/www/html/05431
    ServerName www.05431.com
</VirtualHost>
<VirtualHost 192.168.11.2:80>
    DocumentRoot /var/www/html/05432
    ServerName www.05432.com
</VirtualHost>
```

配置文件中"NameVirtualHost 192.168.11.2"表示是基于名字的虚拟主机，DocumentRoot指定相应域名的文档存放目录，ServerName 指定对应虚拟主机的域名。

3. 根据配置建立目录文件

建立每个域名对应的文档目录，并在目录下建立首页文件 index.html。

```
[root@localhost conf]# cd /var/www/html
[root@localhost html]# mkdir 05431 05432
[root@localhost html]# touch 05431/index.html
[root@localhost html]# echo "this is 05431 homepage." > 05431/index.html
[root@localhost html]# touch 05432/index.html
[root@localhost html]# echo "this is 05432 homepage." > 05432/index.html
```

4. 重新启动 httpd 服务，利用客户机测试

客户端 Windows XP 的 IP 配置为 192.168.11.10，启动 IE 访问 www.05431.com 和 www.05432.com，如图 12-3 所示。

图 12-3　基于名称的虚拟主机测试

12.3.4　基于 IP 的虚拟主机配置

基于 IP 的虚拟主机是指一个主机上配置多个 IP 地址，当客户端访问不同 IP(或同一IP 不同端口)的时候，显示的内容不同。

1. IP 地址不同，端口号相同的虚拟主机配置

主机上配置多个 IP，可以使用多个物理网卡，也可以在一个物理网卡上绑定多个 IP，下面使用后一种方式，步骤如下：

(1) 在 CentOS 5.4 主机上配置多个 IP。

```
[root@localhost html]# ifconfig eth0 192.168.11.2
[root@localhost html]# ifconfig eth0:0 192.168.11.3
```

(2) 在 httpd.conf 文件中的配置。

编辑/etc/httpd/conf/httpd.conf，虚拟机设置内容如下：

```
#NameVirtualHost *:80
<VirtualHost 192.168.11.2:80>
    DocumentRoot /var/www/html/05431
    ServerName 192.168.11.2
</VirtualHost>
<VirtualHost 192.168.11.3:80>
    DocumentRoot /var/www/html/05432
    ServerName 192.168.11.3
</VirtualHost>
```

(3) 根据配置建立目录文件。

建立每个 IP 对应的文档目录，并在目录下建立首页文件 index.html。

```
[root@localhost conf]# cd /var/www/html
[root@localhost html]# mkdir 05431 05432
[root@localhost html]# touch 05431/index.html
[root@localhost html]# echo "this is 05431 homepage." > 05431/index.html
[root@localhost html]# touch 05432/index.html
[root@localhost html]# echo "this is 05432 homepage." > 05432/index.html
```

(4) 重新启动 httpd 服务，在客户端进行测试。

客户端启动 IE 访问 192.168.11.2 和 192.168.11.3，如图 12-4 所示。

图 12-4 IP 不同，端口相同的虚拟主机测试

2. IP 地址相同，端口号不同的虚拟主机配置

假设 CentOS 5.4 主机的 IP 地址为 192.168.11.2，在系统中监听端口 6666、7777，每个

端口实现一个虚拟主机配置，步骤如下：

(1) 在 CentOS 5.4 主机配置 IP。

```
[root@localhost html]# ifconfig eth0 192.168.11.2
```

(2) 在 httpd.conf 文件中的配置。

编辑/etc/httpd/conf/httpd.conf，虚拟机设置内容如下：

```
#Listen 12.34.56.78:80
Listen 6666        //监听端口 6666 和 7777
Listen 7777

#NameVirtualHost *:80
<VirtualHost 192.168.11.2:6666>
    DocumentRoot /var/www/html/05431
    ServerName 192.168.11.2
</VirtualHost>
<VirtualHost 192.168.11.2:7777>
    DocumentRoot /var/www/html/05432
    ServerName 192.168.11.2
</VirtualHost>
```

(3) 根据配置建立目录文件。

建立每个 IP 对应的文档目录，并在目录下建立首页文件 index.html。

```
[root@localhost conf]# cd /var/www/html
[root@localhost html]# mkdir 05431 05432
[root@localhost html]# touch 05431/index.html
[root@localhost html]# echo "this is 05431 homepage." > 05431/index.html
[root@localhost html]# touch 05432/index.html
[root@localhost html]# echo "this is 05432 homepage." > 05432/index.html
```

(4) 配置 CentOS 5.4 上集成的 SELinux，允许 httpd 监听 80 外的其他端口，如果不熟悉，直接关闭 SELinux 即可。

重新启动 httpd 服务，在客户端打开浏览器访问，如图 12-5 所示。

图 12-5　基于 IP、端口不同的虚拟主机测试

12.4 学习进阶指引

12.4.1 用户认证配置一

用户认证是主机访问控制的一种，就是在访问某些网站，当点击某个链接时，浏览器会弹出一个身份验证的对话框，要求输入账号及密码；如果没有，就无法继续浏览。

例如，设置访问 CentOS 5.4 主机的 WWW(192.168.11.2)服务，获取根/var/www/html 目录下文档时，进行用户认证，步骤如下：

(1) 配置 httpd.conf 文件。

```
#
<Directory "/var/www/html">
    Options Indexes FollowSymLinks
    AllowOverride All
    Order allow,deny
    Allow from all
</Directory>
#

AccessFileName .htaccess
```

在<Directory /var/www/html>中的 AllowOverride 要设置为 All，这样后面的.htaccess 文件才会起作用。

AccessFileName .htaccess 语句指定配置存取控制权限的文件名称。

(2) 创建.htaccess 文件内容。

要控制某目录的访问权限必须建立一访问控制文件，文件名为步骤(1)中指定的.htaccess，其内容格式如下：

```
AuthUserFile      用户账号密码文件名
AuthGroupFile     群组账号密码文件名
AuthName          画面提示文字
AuthType          验证方式
```

用户验证方式 AuthType 目前提供了 Basic 和 Digest 两种。

此例中具体设置如下：

```
AuthUserFile /etc/secure.user
AuthName 安全认证中心
AuthType Basic
require valid-user
```

建立.htaccess 文件后，放在当前目录下(要设置访问控制的目录下，本例为/var/www/html)。

(3) 建立用户密码文件。

第一次创建用户密码,命令格式如下：

```
htpasswd -c 密码文件名用户名称
```

在步骤(2)中,我们将用户密码文件放到了/etc/secure.user 文件中,所以这里应按照如下进行操作：

```
[root@www html]# htpasswd -c /etc/secure.user sword
New password:
Re-type new password:
Adding password for user sword
```

程序会提示你输入两次用户的口令,然后用户密码文件就创建了 sword 这个用户。

如果要向密码文件中添加新的用户,按照如下命令格式进行操作：

```
htpasswd  密码文件  用户名称
```

(4) 重新启动 httpd 后,客户端测试。

在客户端启动 IE,访问 192.168.11.2,就会有一个对话框弹出,要求输入用户名及用户口令了,如图 12-6 所示。

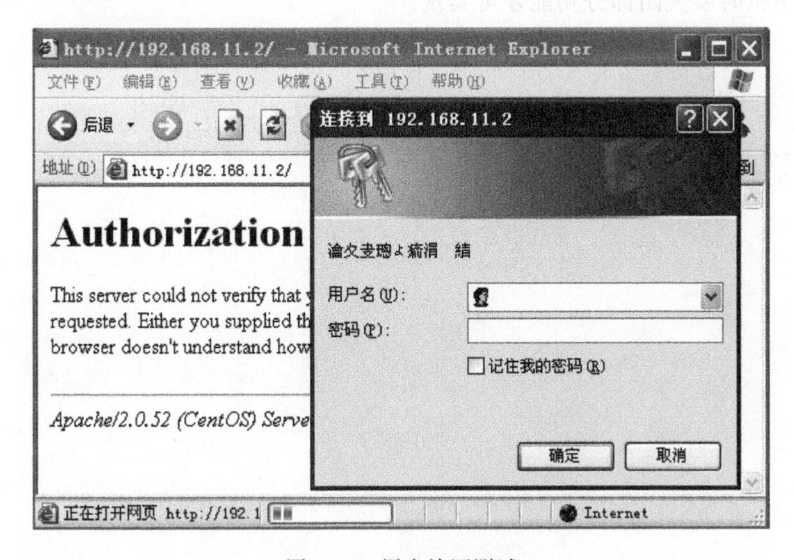

图 12-6 用户认证测试

12.4.2 用户认证配置二

(1) 编辑 WWW 配置文件 httpd.conf,在对应位置增加如下配置项。

```
<Directory /var/www/html/private>
//中间内容
</Directory>
```

中间内容自己根据需要编辑。

(2) 创建.htaccess 文件,并放在/var/www/html/private 目录下。

(3) 创建用户 shu 的密码验证文件 secure,并放在/etc 目录下。

(4) 在客户机 client 上访问 http://192.168.13.1/private,测试是否出现弹出窗口要求输入用户名和密码,排错直到成功。

小 结

WWW 是互联网中应用最广泛的服务,其服务使用开源、跨平台软件 Apache 来实现,在 CentOS 5.4 中其配置文件为 httpd.conf,内容分全局变量设置、服务器部分设置和虚拟主机设置三部分。

在 CentOS 5.4 中,Apache 软件实现了很多功能,主要有用户个人站点设置、用户访问控制设置及虚拟主机设置,其他还有代理设置、别名、重定向功能等任务 12 没有提及。

虚拟主机设置是 Apache 比较重要的一个功能,在 Internet 上应用比较广泛,它分为基于名字的虚拟主机和基于 IP 的虚拟主机,虚拟主机的功能减少了 IP 或主机资源的利用,增加了主机资源配置的灵活性。

在 CentOS 5.4 中,Linux 的安全功能 Security Linux 默认是打开的,在配置用户个人站点或虚拟主机时要关闭部分功能才可实现。

任务 13 Linux 下配置域名解析服务 DNS

13.1 学习目标

- 了解 DNS 服务的工作原理与过程。
- 了解实现域名解析的几种方法，掌握利用 hosts 文件实现域名解析的配置。
- 了解 DNS 的种类与 DNS 服务器的类别。
- 了解 DNS 服务的分布式存储、层次结构。
- 熟练掌握 DNS 服务软件包的安装。
- 熟练掌握 DNS 服务的启动、停止与排错。
- 掌握 DNS 的主配置文件 named. conf 与区域配置文件的编写方法。
- 了解 DNS 的区域配置文件的结构及含义。
- 熟练掌握主 DNS 服务器的配置、测试与排错。
- 掌握辅助 DNS 服务器的配置、测试与排错。
- 了解子 DNS 服务器与主 DNS 服务器的关联方法。
- 了解区域委派的配置方法与步骤。

13.2 基础知识与原理

13.2.1 DNS 服务的工作原理与过程

在网络上最终是根据目标主机的 IP 地址来寻址并通信的。域名是有意义的字符串，它代替难于记忆的数字 IP。当在浏览器中输入一个域名的时候，必须转换成 IP 地址，如图 13-1 所示，当访问一个网址时，第一步是从查询 DNS 获取目标主机的 IP 地址。

13.2.2 实现域名解析的两种方法

在 Linux 中实现域名服务有以下两种方式。

1. 使用/etc/hosts 文件

文件中的每一行是一个域名和一个 IP 的对应记录，但这种方法有限，面对互联网上日益增加、变化的域名，hosts 文件会越来越大，更新困难、维护量大，不利于域名的快速转换。

2. 域名系统(Domain Name System，DNS)

DNS 最常见的版本是 BIND(Berkeley Internet Name Domain，伯克利的 Internet 域名服务器)。

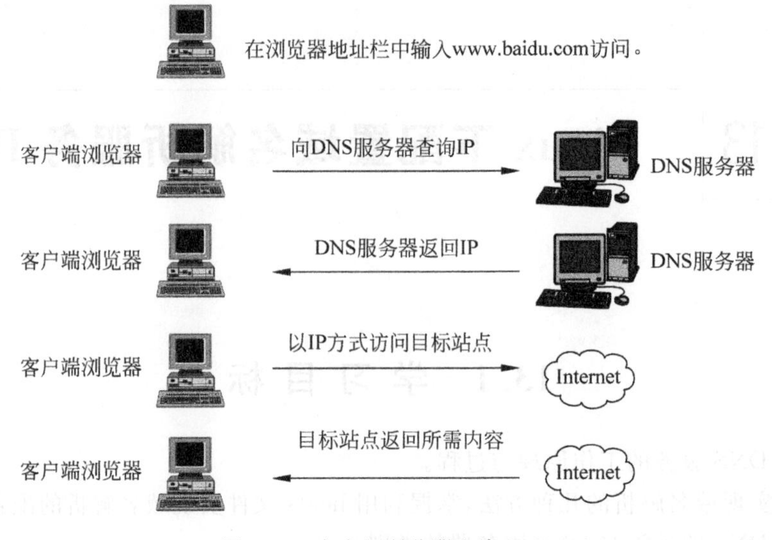

图 13-1　客户机浏览器查询 DNS

域名是有意义的字符串，从后向前念，每一部分用"."号分隔。如域名 www. zz. ha. cn 可记为中国河南郑州(商都)的 WWW 服务器，域名 www. cctv. com 可记为商业机构下的中国中央电视台的 WWW 服务器。DNS 实现了域名(字符串)和 IP 之间的正向解析和反向解析。

13.2.3　DNS 的层次化分布式数据存储

DNS 采用层次化的分布式数据结构，其数据库系统分布在不同地域的 DNS 服务器上，每个 DNS 服务器只负责整个域名数据库中的一部分信息，最顶层的是根域，下面依次是一级域名、二级域名，直到(叶子节点)各种服务器主机，呈一个倒树结构。每个域名服务器都只对域名体系中的一部分进行管辖，一个独立管理的 DNS 子树称为一个区域(zone)，如图 13-2 所示。

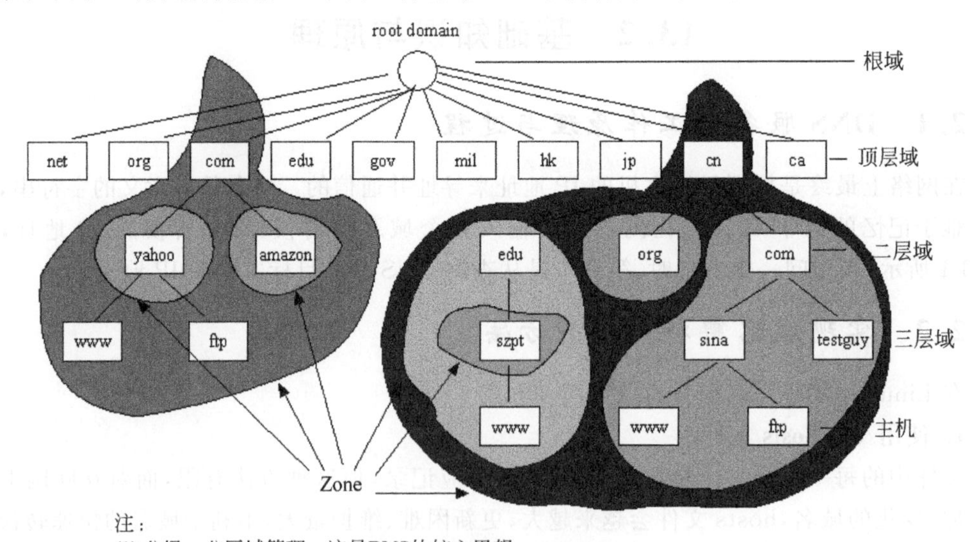

图 13-2　DNS 的层次化结构

13.2.4 DNS 服务器的分类

在 DNS 服务器中，根据作用不同，分为以下类型：

(1) 根服务器：根服务器主要用来管理互联网的主目录，全世界只有 13 台。所有根服务器均由美国政府授权的互联网域名与号码分配机构统一管理，在 Linux 设置中用“.”表示。

(2) 主域名服务器：是特定域中所有信息的授权来源，其他辅助 DNS 服务器都从主域名服务器上获得权威信息，用 master 表示。

(3) 辅助域名服务器：主域名服务器的备份，可充当主域名服务器的大部分功能，用 slave 表示。

(4) 专用缓存域名服务器：缓存从远程服务器上传递的域名查询结果。

(5) 转发域名服务器：本身不提供域名查询服务，它将要解析的请求发送到网络以外的其他 DNS 服务器上。

13.2.5 DNS 服务器区域配置文件的资源记录

一个 zone 中有许多资源，这些资源分为不同的类型，称为资源记录。主要有以下几种记录。

1. SOA 记录

SOA(Start Of Authority，授权记录开始)表示资源记录开始。其基本格式为：

```
域名   IN   SOA   DNS主机名 管理员电子邮件地址 (
                                   序列号
                                   刷新时间
                                   重试时间
                                   过期时间
                                   最小生存期 )
```

在 SOA 的基本格式中，域名用@符号代表 named. conf 文件中 zone 语句定义的域名，后面管理员的电子邮件地址表示为 root. 域名，root 后的“.”实际上为@。

IN 代表 Internet，DNS 主机名用 FQDN(完全合格的域名系统)表示。例如，不能表示为 abc. com，因为它是一个域(范围)，而必须表示为一台具体的机器(如 www. abc. com)。其他含义为：

- 序列号表示区域数据库的版本大小，每一次修改后版本号增加。
- 刷新时间表示主 DNS 和辅助 DNS 更新传递数据的时间间隔。
- 重试时间表示如果更新传递失败后，多长时间重试。
- 过期时间表示辅助 DNS 的数据记录多少时间后失效。
- 最小生存时间表示资源记录存放在缓存中的时间。

2. NS 记录

NS(Name Server)记录是域名服务器记录，用来指定该域名由哪个 DNS 服务器来进行解析。此记录通常放在 SOA 记录后面，例如：

```
IN  NS  www.abc.com.
```

表示@(也就是域 abc.com)由 www.abc.com 这个机器负责解析，前面的@符号省略。注意在 DNS 的区域文件中，“www.abc.com”与“www.abc.com.”是不同的，前面一个表示相对域名，后面加“.”的表示绝对域名，相对域名在解析时后面要跟上域名才能成为完全合格的域名(FQDN)。

3. MX 记录

MX(Mail eXchange)是邮件交换记录的缩写，它指明本区域中的邮件服务器主机名，在一个域中，通常还会提供电子邮件服务。例如：

```
IN  MX  1   mail.abc.com.
```

表示域 abc.com 中有一个电子邮件服务器，它的 FQDN 为 mail.abc.com，优先级为 1，表示在一个域中有多个电子邮件服务器的情况下，优先使用哪个电子邮件服务器。

4. A 记录

A(Address)记录指明域中主机域名与 IP 地址的对应关系。例如：

```
www   IN  A   192.168.11.2
```

表示主机 www.abc.com 对应的 IP 地址为 192.168.11.2。这里的 www 就是相对域名，www 后没有“.”号，等价于：

```
www.abc.com.   IN  A   192.168.11.2
```

www.abc.com. 表示绝对域名，后面有“.”结尾。

5. CNAME 记录

CNAME 是别名记录，例如：

```
www1   IN   CNAME   www.abc.com
```

表示 www1.abc.com 和 www.abc.com 是一样的，www1 是 www 的别名。

13.3 操作步骤指导

DNS 的软件包版本为 BIND——伯克利的 Internet 域名服务器，CentOS 5.4 中，软件包名为 BIND，服务配置文件为/var/named/chroot/etc/named.conf(采用 chroot 后，chroot 是 CentOS 5.4 采用的一种安全机制)，守护进程为 named。

13.3.1 DNS 服务软件包的安装

查看系统中是否安装了 BIND，如果没有，则需要装载 CentOS 5.4 的 DVD 镜像，找到安装的源文件包，使用 rpm 命令进行安装。步骤如下(以新安装 BIND 软件包为例)：

(1) 查看系统中是否安装了 BIND 软件包。

```
[root@bogon ~]# rpm -qa | grep bind
ypbind-1.19-12.el5
```

```
bind - 9.3.6 - 4.P1.el5
bind - chroot - 9.3.6 - 4.P1.el5
bind - libs - 9.3.6 - 4.P1.el5
bind - utils - 9.3.6 - 4.P1.el5
```

在上述的显示中，其中 bind-9.3.6-4.P1.el5 是要安装的源文件包，上述显示表示系统中已经安装。如果没有安装，则需要装载源光盘镜像，重新安装。

(2) 安装源文件(可选)。

```
[root@bogon ~]# mount /dev/cdrom /media
mount: block device /dev/cdrom is write - protected, mounting read - only
[root@bogon ~]# cd /media/CentOS/
[root@bogon CentOS]# rpm  - ivh bind - 9.3.6 - 4.P1.el5.i386.rpm
```

同时，需要安装 DNS 的根 cache 软件包。

```
[root@bogon CentOS]# rpm  - ivh caching - nameserver - 9.3.6 - 4.P1.el5.i386.rpm
Preparing...                ########################################### [100%]
   1:caching - nameserver   ########################################### [100%]
```

安装完成后，在/var/named/chroot/etc/目录下生成 named.caching-nameserver.conf 文件。

13.3.2 DNS 服务的启动与停止

1. 利用图形窗口操作

可利用 ntsysv 命令设置 DNS 守护进程 named 在系统启动时自启动。

2. 在命令行界面下执行操作

```
[root@localhost ~]# service named start        //启动
[root@localhost ~]# service named stop         //停止
[root@localhost ~]# service named restart      //重新启动
[root@localhost ~]# service named status       //查看状态
```

13.3.3 DNS 服务的配置文件组成

DNS 的配置文件可分为主配置文件与辅助配置文件。主配置文件是安装 bind 软件后自动产生的/var/named/chroot/etc/named.conf 文件(其初始文件名为 named.caching-nameserver.conf)，一个主配置文件中可以定义多个 DNS 区域，辅助配置文件是每一个区域的配置文件，包括正向解析文件与反向解析文件，如图 13-3 所示。

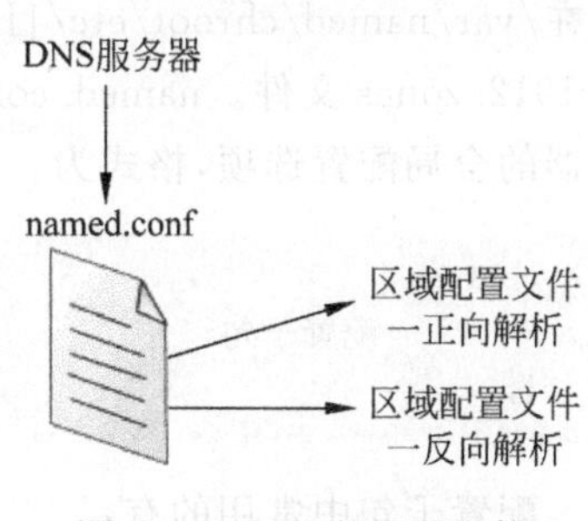

图 13-3　DNS 的配置文件

13.3.4 DNS 的主要配置文件 named.conf

复制 named.conf 文件，并改变其文件拥有者为 named。

```
[root@bogon etc]# cd /var/named/chroot/etc
[root@bogon etc]# cp named.caching-nameserver.conf named.conf
[root@bogon etc]# chown named.named named.conf
```


编辑 named.conf,替换其 localhost 为 any,替换后的内容如下(省略了注释部分):

```
options {
        listen-on port 53 { any; };
        listen-on-v6 port 53 { ::1; };
        directory       "/var/named";
        dump-file       "/var/named/data/cache_dump.db";
        statistics-file "/var/named/data/named_stats.txt";
        memstatistics-file "/var/named/data/named_mem_stats.txt";
        allow-query     {any; };
        allow-query-cache { any; };
};
logging {
        channel default_debug {
                file "data/named.run";
                severity dynamic;
        };
};
view localhost_resolver {
        match-clients   {any; };
        match-destinations {any; };
        recursion yes;
        include "/etc/named.rfc1912.zones";
};
```

可看到其最后一行内容如下:

```
include "/etc/named.rfc1912.zones";
```

其具体的区域配置都在文件/etc/named.rfc1912.zones 中(这是一个链接文件,具体位置在/var/named/chroot/etc/目录),因此,编辑区域配置,其实就是编辑/etc/named.rfc1912.zones 文件。named.conf 中重要的配置语句是 options 语句。options 语句定义服务器的全局配置选项,格式为:

```
options {
        配置子句;
};
```

配置子句中常用的有:

directory 定义区域配置文件的保存路径,默认为/var/named。

forwarders { IP 地址列表; }定义如果本地 DNS 不能查询的域名请求被转发给哪些服务器(以 IP 地址表示)进行查询。

/etc/named.rfc1912.zones 中,zone 语句用于定义 DNS 负责的域名解析区域,基本格式为:

```
zone "区域名" IN {
        type 子句;                    //定义域名服务器类型
        file 子句;                    //定义区域对应的正向解析文件
};
zone "反写 IP.in-addr.arpa" IN {     //反向域
        type 子句;
        file 子句;                    //定义区域对应的反向解析文件
};
```

当定义一个 zone 时，要同时定义正向区域与反向区域，以实现正向解析和反向解析，如 zone 为 abc. com，它对应的 IP 网段是 192. 168. 11. 1，则在反向域名中，域名写为 11. 168. 192. in-addr. arpa。

假设现在 DNS 要负责解析的域名为 abc. com，它对应的 IP 网段是 192. 168. 11. 0/24，进入/etc 目录，显示/etc/named. rfc1912. zones 文件的内容，部分如下：

```
[root@localhost etc]# more /etc/named.rfc1912.zones //注意这是链接文件
zone "abc.com" IN {                                  //定义一个 abc.com 域名
        type master;                                 //类型为主域名服务器
        file "abc.com";                              //对应的正向解析文件为 abc.com
};
zone "11.168.192.in-addr.arpa" IN {                  //域 abc.com 反向域的写法
        type master;
        file "com.abc";                              //对应的反向解析文件为 com.abc
};
```

在上面 zone 子句的基本格式中，type 表示区域的类型，主域名服务器的区域类型为 master，辅助 DNS 的区域类型为 slave，转发服务器的区域类型为 forward，根区域类型为 hint，用“.”表示，格式中的每条配置语句均用“;”号结束。

13.3.5 DNS 的区域配置文件

DNS 中 named. conf 是主配置文件，在文件中可以配置多个区域，每个区域都有自己对应的区域文件（辅助配置文件），包括正向区域文件和反向区域文件，在 DNS 工作时，首先查找 named. conf 文件，从中读取区域配置文件所在的目录，再读取正向和反向区域文件，解析其中的每一条资源记录，如图 13-4 所示。

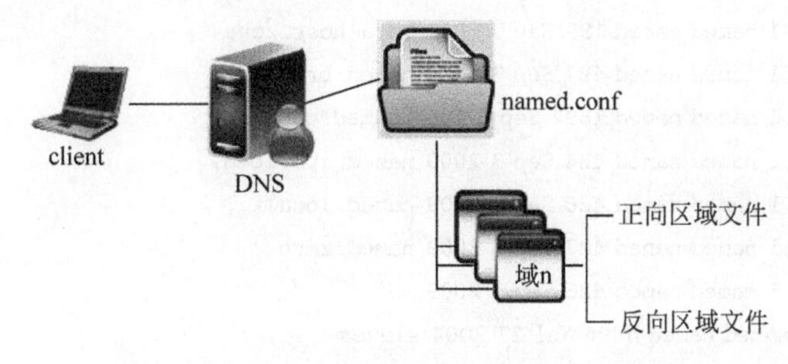

图 13-4　DNS 中主配置文件与区域配置文件

在 CentOS 5.4 中，named.conf 中 directory 项指明区域配置文件所在的目录为/var/named，但此目录中仅保存相应文件的符号链接，区域文件的实际存放位置为/var/named/chroot/var/named 目录下，包括正向区域文件和反向区域文件。正向区域文件实现域名到 IP 的解析，反向区域文件实现域中 IP 地址到主机的映射。

13.3.6 主 DNS 服务器的配置过程

以域名 abc.com(192.168.11.0/24 网段)为例介绍主 DNS 服务器的配置过程。

(1) 完成 DNS 服务需要的源文件包的安装，本书以 bind 为例。并配置 DNS 服务器的 IP 参数，作为一台服务器来讲，必须要有固定的 IP，在本书中，配置 DNS 服务器的地址为 192.168.11.2/24。

(2) 配置 named.conf 文件，其内容如节 13.3.4，配置 named.conf 中的/var/named/chroot/etc/named.rfc1912.zones。编辑其内容，添加要配置的 DNS 负责解析的域名记录(正向域名和反向域名)，部分内容显示为：

```
zone "abc.com" IN {
        type master;
        file "abc.com";
};
zone "11.168.192.in-addr.arpa" IN {
        type master;
        file "com.abc";
};
```

(3) 分别配置域 abc.com 的区域配置文件，包括正向区域文件 abc.com 和反向区域文件 com.abc。

目录/var/named/chroot/var/named 下的文件列表和权限设置如下：

```
[root@bogon named]# ll
total 56
-rw-rw---- 1 named named 594 Jan 1 08:03 abc.com
-rw-rw-r-- 1 named named 556 Jan 1 06:59 com.abc
drwxrwx--- 2 named named 4096 Jan 1 07:15 data
-rw-rw---- 1 named named 198 Sep 3 2009 localdomain.zone
-rw-rw---- 1 named named 195 Sep 3 2009 localhost.zone
-rw-rw---- 1 named named 427 Sep 3 2009 named.broadcast
-rw-rw---- 1 named named 1892 Sep 3 2009 named.ca
-rw-rw---- 1 named named 424 Sep 3 2009 named.ip6.local
-rw-rw---- 1 named named 426 Sep 3 2009 named.local
-rw-rw---- 1 named named 427 Sep 3 2009 named.zero
-rw-rw---- 1 named named 426 Sep 3 2009 sdf
drwxrwx--- 2 named named 4096 Jul 27 2004 slaves
```

其中 abc.com 文件的内容为：

```
$TTL  86400        //DNS的生效时间
@   IN  SOA   www.abc.com. root.www.abc.com. (     //SOA记录
                                          1997022700  ; Serial
                                          28800       ; Refresh
                                          14400       ; Retry
                                          3600000     ; Expire
                                          86400 )     ; Minimum
            IN  NS   www.abc.com.         //NS记录
IN  MX  1      mail.abc.com.              //MX记录
www IN  A      192.168.11.2               //A记录
mailIN  A      192.168.11.3
ftp IN  A      192.168.11.4
www1IN  CNAME  www.abc.com                //CNAME记录.
```

上面内容中的第一行$TTL表示DNS的生效时间，以秒(s)为单位，86400s为24h。在正向区域文件中，有要解析的域名资源记录如MX、A、CNAME。

com.abc文件的内容为：

```
$TTL   86400
@      IN     SOA     www.abc.com. root.www.abc.com. (
                                          1997022700    ; Serial
                                          28800         ; Refresh
                                          14400         ; Retry
                                          3600000       ; Expire
                                          86400 )       ; Minimum
            IN     NS     www.abc.com.
2    IN   PTR    www.abc.com.
     IN   PTR    www1.abc.com.
3    IN   PTR    mail.abc.com.
4    IN   PTR    ftp.abc.com.
```

反向区域文件SOA部分与正向区域文件SOA记录表示相同。资源记录中最主要的就是PTR(Point To Record)指针记录。例如：

```
2  IN  PTR  www.abc.com.
```

前面的数字2表示192.168.11.2的最后一位数字2，在named.conf文件中，反向区域域名为“11.168.192.in-addr.arpa”，前面只有IP地址的反三位组，第4位数字2就在反向区域文件中，加起来就表示IP地址192.168.11.2对应域名www.abc.com。注意每个PTR记录最后面的主机域名如www.abc.com.都以“.”号结尾，表示绝对域名。

(4) 用service命令重新启动named服务，根据启动信息进行调试直到成功。

```
[root@localhost named]# service named restart
Stopping named:          [FAILED]
Starting named:          [ OK ]
```

如果守护进程named成功启动，会在starting named后显示OK。

(5) 使用命令 nslookup 查询 DNS 是否配置成功。

```
[root@bogon named]# nslookup www.abc.com 192.168.11.2          //查询正向解析
Server:         192.168.11.2
Address:        192.168.11.2#53

Name:           www.abc.com
Address: 192.168.11.2

[root@bogon named]# nslookup 192.168.11.2 192.168.11.2         //查询反向解析
Server:         192.168.11.2
Address:        192.168.11.2#53

2.11.168.192.in-addr.arpa       name = www1.abc.com.
2.11.168.192.in-addr.arpa       name = www.abc.com.
```

(6) 在客户端配置使用 DNS 服务的地址。在 Windows 平台下，可直接配置网上邻居的属性，在 Linux 客户端设置/etc/resolv. conf 文件，Linux 中配置/etc/resolv. conf 内容如下：

```
nameserver 192.168.11.2
```

13.3.7 辅助 DNS 服务器的配置过程

辅助域 DNS 服务器有两个用途：一是作为主 DNS 服务器的备份，二是分担主 DNS 服务器的负载，其数据库内容以主 DNS 为主，当主 DNS 故障时，辅助 DNS 立即启动承担 DNS 解析任务，辅助 DNS 从主 DNS 复制数据的过程称为区域传输。辅助 DNS 能完成主 DNS 的大部分功能，客户机配置 DNS 客户端时，其 DNS 服务器可以为主 DNS，也可为辅助 DNS，如图 13-5 所示。

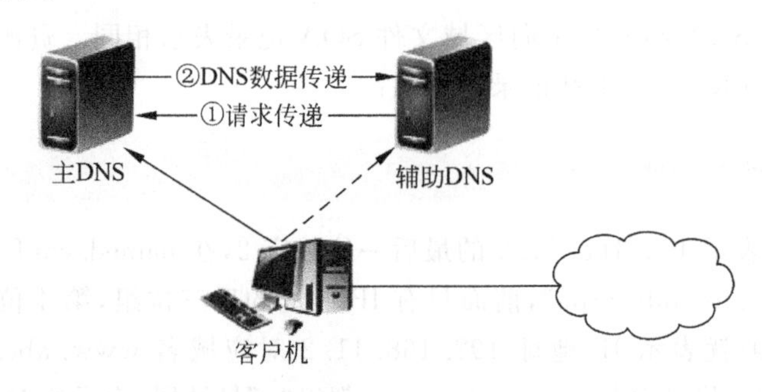

图 13-5　主 DNS 和辅助 DNS

辅助 DNS 提供域名解析时同样需要主配置文件 named. conf 和区域配置文件，其区域配置文件以主 DNS 为主，自动配置。下面以配置域“abc. com(192. 168. 11. 0/24 网段)”为例，配置其辅助 DNS。

(1) 配置主 DNS，完整过程见 13. 3. 6 节，注意其 IP 地址为 192. 168. 11. 2。

(2) 在 vmware 虚拟机中打开另一个 CentOS 5. 4(以下称为主机 slave)操作系统，配置其 IP 地址为 192.168.11.6,配置其在 VMware Workstation 网络中与主 DNS 在一个网段并测试连通性。

(3) 在主机 slave 中配置/var/named/chroot/etc/named.rfc1912.zones,相关内容如下:

```
zone "abc.com" IN {
        type slave;
        file "slaves/abc.com";
        masters { 192.168.11.2; };
};
zone "11.168.192.in-addr.arpa" IN {
        type slave;
        file "slaves/com.abc";
        masters { 192.168.11.2; };
};
```

辅助 DNS 同样负责解析域 abc.com,其域类型为 slave,文件放到/var/named/chroot/var/named/slaves 目录下,用 masters 子句指明其主 DNS 服务器的 IP 地址。

(4) 在主机 slave 上运行命令 service,向主 DNS 服务器请求区域传送。

```
[root@localhost slaves]# service named restart
Stopping named:          [ OK ]
Starting named:          [ OK ]
```

(5) 在主机 slave 的/var/named/chroot/var/named/slaves/目录下,列表显示文件。

```
[root@localhost slaves]# ls
abc.com com.abc
```

可以看到正向区域文件 abc.com 与反向区域文件 com.abc 都传递过来了。至此,辅助 DNS 已经配置成功,可承担域 abc.com 的域名解析任务了。

13.4 学习进阶指引

13.4.1 区域委派工作原理

DNS 是一个层次化分布式数据库系统,而层次化、分布式是通过子域来实现的。如图 13-2 中,顶级域 cn 下有子域 com 域和 org 域,分别可写为 com.cn 和 org.cn,每一 zone 都有自己的数据库,并互相联系,构成了分布式的 DNS 数据库系统。

区域委派的实现分为两部分,一是在父域 DNS 服务器的区域数据库文件中设置指向子域的记录;二是在子域 DNS 服务器上建立该子域的数据库文件。下面以建立域 abc.com 的子域 xy.abc.com(192.168.12.0/24)为例来介绍设置区域委派的过程,网络拓扑如图 13-6 所示。

在图 13-6 中,父域和子域各负责三个域名的解析,都配置有对方网段的 IP 地址,以实

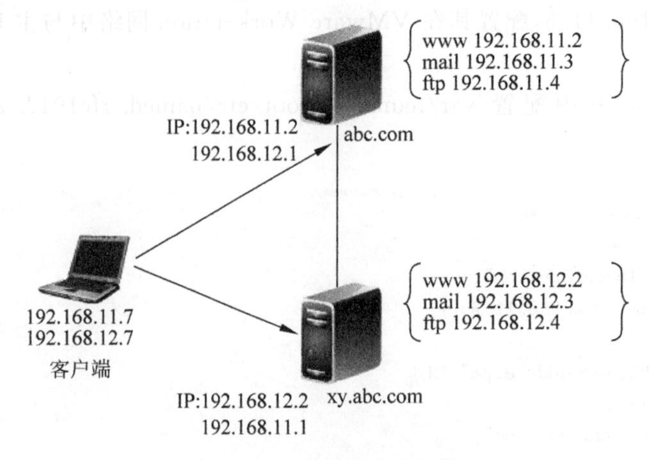

图 13-6　区域委派拓扑图

现互通，在客户端上也配置有两个网段的地址，要求不论客户端的 DNS 服务器地址设置为父域还是子域，都能实现两个域名服务器所负责的域名解析。

13.4.2　DNS 父域的设置

父域名为 abc. com，网段地址为 192. 168. 11. 0/24，父域名服务器的 IP 地址为 192. 168. 11. 2，主机名为 www. abc. com。需要解析的服务器包括 www. abc. com(192. 168. 11. 2)、mail. abc. com(192. 168. 11. 3)、ftp. abc. com(192. 168. 10. 4)。

1. 设置父域的 IP 地址

在父域所在的服务器上配置静态 IP 地址 192. 168. 11. 2，并添加一个 IP 地址为 192. 168. 12. 1，以便和子域通信。

2. 配置父域的主配置文件 named. conf 和 named. rfc1912. zones

与 13. 3. 4 节中相同。

3. 配置正向区域文件

区域委派中最重要的部分，是在父域 DNS 服务器的区域数据库文件中设置指向子域的记录。基本格式为：

```
子域            IN    NS    子域名的 FQDN
子域名的 FQDN   IN    A     子域名的 IP
```

以下为父域上的正向区域文件的内容：

```
$TTL    86400
@       IN      SOA     www.abc.com. root.www.abc.com. (
                                1997022700      ; Serial
                                28800           ; Refresh
                                14400           ; Retry
                                3600000         ; Expire
                                86400 )         ; Minimum
            IN    NS    www.abc.com.
```

```
www      IN     A          192.168.11.2
mail     IN     A          192.168.11.3
ftp      IN     A          192.168.11.4
xy       IN     NS         www.xy.abc.com.
www.xy   IN     A          192.168.12.2
```

4. 配置反向区域文件

父域上的反向区域文件内容同13.3.6节。

13.4.3 DNS子域的设置

子域名为xy.abc.com，网段地址为192.168.12.0/24，域名服务器的IP地址为192.168.12.2，主机名为www.xy.abc.com，需要解析的服务器包括www.xy.abc.com(192.168.12.2)、mail.xy.abc.com(192.168.12.3)和ftp.xy.abc.com(192.168.12.4)。

1. 设置子域服务器的IP地址

在子域所在的服务器上配置静态IP地址192.168.12.2，并添加一个IP地址为192.168.11.1，以便和父域通信。

2. 配置子域的主配置文件named.conf

增加内容如黑体字所示。

```
options {
        directory "/var/named";
        dump-file "/var/named/data/cache_dump.db";
        statistics-file "/var/named/data/named_stats.txt";
        forwarders { 192.168.11.2; };
};
...
```

配置子域的named.rfc1912.zones文件，增加域声明内容如下：

```
zone "xy.abc.com" IN {
        type master;
        file "xy.abc.com";
};
zone "12.168.192.in-addr.arpa" IN {
        type master;
        file "com.abc.xy";
};
```

子域的配置部分，除了定义负责的域名外，还要在options中添加forwarders子句，以使子域不能解析的查询转发到父域。

3. 配置子域的正向区域文件

子域上的正向区域文件的内容：

```
$TTL   86400
@      IN  SOA     www.xy.abc.com. root.xy.www.abc.com. (
```

```
                                    1997022700  ; Serial
                                    28800       ; Refresh
                                    14400       ; Retry
                                    3600000     ; Expire
                                    86400 )     ; Minimum
                IN      NS      www.xy.abc.com.
www     IN   A   192.168.12.2
mail    IN   A   192.168.12.3
ftp     IN   A   192.168.12.4
```

13.4.4 区域委派测试

(1) 在父、子域上分别重新启动 named 服务。

(2) 在 Linux 客户机上用 nslookup 命令测试。

在客户端把 DNS 服务器设置为父域名服务器，测试成功：

```
[root@localhost named]# nslookup www.xy.abc.com 192.168.11.2
Server:         192.168.11.2
Address:        192.168.11.2#53

Non-authoritative answer:
Name:           www.xy.abc.com
Address: 192.168.12.2

[root@localhost named]# nslookup www.abc.com 192.168.11.2
Server:         192.168.11.2
Address:        192.168.11.2#53

Name:           www.abc.com
Address: 192.168.11.2
```

在客户端把 DNS 服务器设置为子域名服务器，测试成功：

```
[root@localhost named]# nslookup www.abc.com 192.168.12.2
Server:         192.168.12.2
Address:        192.168.12.2#53

Non-authoritative answer:
Name:           www.abc.com
Address: 192.168.11.2

[root@localhost named]# nslookup www.xy.abc.com 192.168.12.2
Server:         192.168.12.2
Address:        192.168.12.2#53

Name:           www.xy.abc.com
Address: 192.168.12.2
```

小　　结

DNS 系统采用层次化分布式的数据结构，实现域名和 IP 之间的正向与反向解析，是互联网不可或缺的重要服务。DNS 服务器按不同的作用，分为主域名服务器、辅助域名服务器、缓存服务器及转发服务器等。

CentOS 5.4 下使用的 DNS 软件为 BIND，系统默认安装。其配置文件分为主配置文件 named.conf 和辅助配置文件，辅助配置文件是每个区域的正向解析配置文件和反向解析配置文件。在配置时，在 named.conf 中编辑 DNS 服务器负责解析的域名记录，在辅助配置文件中写入每个区域的资源记录。在 DNS 服务重新启动时，读取相应的主配置文件及辅助配置文件并根据设置进行解析。

主 DNS 服务器的配置要分别配置 named.conf 文件及相应的区域解析文件，而辅助 DNS 的设置只须配置 named.conf 文件即可，此文件中指明复制资源记录的 DNS 主服务器 IP，区域文件是根据主 DNS 服务器自动生成的。

DNS 服务器的分布式层次化结构就是把分散的 DNS 数据库连接在一起，形成一个强大的数据库解析系统，这是通过父、子域之间的委托和转发来实现的。

任务14 Linux下配置FTP服务器

14.1 学习目标

- 了解FTP服务的工作原理与过程。
- 了解FTP用户的类型。
- 掌握FTP文本状态下的操作命令。
- 熟练掌握查询及安装VSFTPD服务源软件包的方法。
- 掌握VSFTPD服务的启动、停止与排错。
- 掌握vsftpd.conf文件的配置方法，根据需要配置不同的FTP服务。
- 掌握配置匿名FTP的方法。
- 掌握配置用户完全访问FTP站点的方法与技巧。
- 掌握FTP服务配置的测试技巧。

14.2 基础知识与原理

14.2.1 FTP服务概述

FTP(File Transfer Protocol，文件传输协议)，是应用层应用广泛的协议之一。它基于TCP，可以在网络中传输电子文档、图片、声音、影视等多种类型的文件。用户可使用FTP上传(upload)或(put)操作发送文件到另一台计算机，或使用FTP下载(download)或获取(get)操作从FTP服务器下载文件。

建立FTP服务器的软件很多，在CentOS 5.4下使用的是VSFTPD。VSFTPD代表very secure FTP，高安全性是VSFTPD服务器设计开发的最初目标，它是一个基于GPL发布的类UNIX系统上的FTP服务器。

14.2.2 FTP的工作原理

一个完整的FTP文件传输需要建立两种类型的连接：一种用于传递客户端的命令和服务器端对命令的响应，TCP端口号默认为21，称为控制连接；另一种实现真正的文件传输，称为数据连接，TCP端口号默认为20。

FTP控制连接建立之后，即可开始传输文件，FTP数据传输有两种模式：主动传输模式(PORT)和被动传输模式(PASV)。主动传输模式下，FTP服务器使用20端口与客户端的暂时端口进行连接，并传输数据，客户端只是处于接收状态。被动传输模式下，FTP服务器打开一个暂时端口等待客户端对其进行连接，并传输数据，服务器并不参与数据的主动传输，只是被动接受。在FTP不同的工作方式中，数据端口并不总是20，这就是主动与被动FTP的最大不同之处，如图14-1所示。

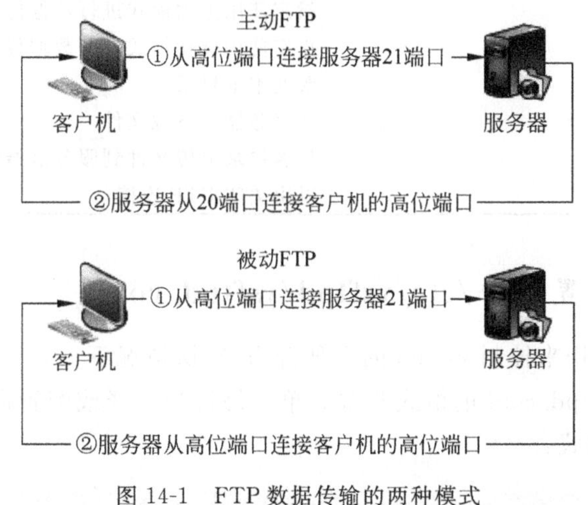

图14-1 FTP数据传输的两种模式

14.2.3 FTP用户的类型

1. 本地用户

本地用户在FTP服务器上拥有账号，且该账号为本地用户的账号，可以通过输入自己的账号和密码进行授权登录，登录目录为自己的home目录($HOME)。

2. 虚拟用户

虚拟用户并不是一个合法的Linux系统账户，但是它可以用来登录该系统上运行的FTP服务器。当用户在登录FTP服务器时，服务器调用相应的PAM认证模块，和系统中的FTP认证文件进行比较。如果该用户名和密码与FTP认证文件中的某条记录相符，就通过认证，然后该账户就被映射成一个Linux下的本地账户。

3. 匿名用户

用户使用特殊用户名"anonymous"登录FTP服务器，密码为空或用户的E-mail地址。匿名FTP登录后用户的权限很低，一般只能查看信息和下载文件，不能上传或修改。在Linux中，默认登录目录为/var/ftp。

14.2.4 FTP相关命令

FTP传输过程中所有的操作都是通过在客户端发送命令完成的，FTP常见的命令如表14-1所示。

表14-1 FTP的常见命令及功能描述

命　令	描　述
USER	为用户验证提供用户名
PASS	为用户验证提供密码
PWD	输出FTP服务器的当前工作目录

续表

命令	描述
TYPE	设置传输的文件类型
PORT	指定使用主动模式进行数据传输
PASV	指定使用被动模式进行数据传输
LCD	改变本地目录
GET	从服务器上下载文件
PUT	从客户端上传文件到服务器指定目录
QUIT	退出关闭 FTP 连接

14.2.5 FTP 配置文件/etc/vsftpd/vsftpd.conf

vsftpd.conf 可以用来控制 vsftpd 的多种行为，默认情况下，vsftpd 在/etc/vsftpd 路径下查找这个文件。vsftpd.conf 的格式非常简单。每行为注释或配置命令。注释行以#号开头，命令行有以下格式：

```
option = value (选项 = 值)
```

默认配置参数及其说明如下(//后为编者注释)：

```
anonymous_enable = YES                //允许匿名用户
local_enable = YES                    //允许本地用户登录
write_enable = YES                    //允许本地用户的写
#anon_upload_enable = YES             //设置是否允许匿名用户上传文件
#anon_mkdir_write_enable = YES        //设置是否允许匿名用户建立目录
#chown_uploads = YES                  //设置是否允许修改上传文件的所有权
…
#async_abor_enable = YES
#ascii_upload_enable = YES            //使用 ASCII 方式上传和下载文件
#ascii_download_enable = YES
#ftpd_banner = Welcome to blah FTP service.
#deny_email_enable = YES
#banned_email_file = /etc/vsftpd.banned_emails
#chroot_list_enable = YES
#ls_recurse_enable = YES
pam_service_name = vsftpd             //设置 PAM 认证的模块名
userlist_enable = YES
listen = YES
tcp_wrappers = YES                    //设置使用 tcp_wrappers 实现主机访问控制
```

14.2.6 FTP 辅助配置文件

辅助配置文件有两个/etc/vsftpd/ftpusers 和/etc/vsftpd/user_list。

1. /etc/vsftpd/ftpusers

列在文件中的所有用户都不能访问 FTP 服务器，如 root 用户默认情况下就不能作为

FTP 本地用户登录 FTP 服务器。

2. /etc/vsftpd/user_list(用户列表文件)

当在/etc/vsftpd/vsftpd. conf 文件中设置了 userlist_enable=YES(激活用户列表),且 userlist_deny=YES 时,vsftpd. user_list 中指定的用户不能访问 FTP 服务器。

当在/etc/vsftpd/vsftpd. conf 文件中设置了 userlist_enable=YES,且 userlist_deny=NO 时,仅仅允许 vsftpd. user_list 中指定的用户访问 FTP 服务器。

14.3 操作步骤指导

14.3.1 VSFTPD 的安装与启动

VSFTPD 的源软件包名为 vsftpd,守护进程为 vsftpd,配置文件为/etc/vsftpd/vsftpd. conf。

(1) 查看 CentOS 5.4 系统中是否安装了 vsftpd,如果没有安装,还需要装载源安装光盘,安装源文件包。

```
[root@localhost ~]# rpm -qa | grep vsftpd
vsftpd-2.0.5-16.el5
```

安装 vsftpd 需要一个软件包即可。

(2) 启动、停止 VSFTPD 服务。

```
[root@localhost ~]# service vsftpd start
Starting vsftpd for vsftpd:          [ OK ]
[root@localhost ~]# service vsftpd restart
Shutting down vsftpd:                [ OK ]
Starting vsftpd for vsftpd:          [ OK ]
[root@localhost ~]# service vsftpd stop
Shutting down vsftpd:                [ OK ]
[root@localhost ~]# service vsftpd status
vsftpd is stopped
```

14.3.2 配置匿名 FTP 服务

当 vsftpd 启动时,默认启动匿名 FTP 功能。

```
[root@localhost etc]# service vsftpd restart
Shutting down vsftpd:          [FAILED]
Starting vsftpd for vsftpd: [ OK ]
[root@localhost etc]# ftp 127.0.0.1
Connected to 127.0.0.1.
220 (vsFTPd 2.0.1)
530 Please login with USER and PASS.
530 Please login with USER and PASS.
```

```
KERBEROS_V4 rejected as an authentication type
Name (127.0.0.1:root): anonymous
331 Please specify the password.
Password:
230 Login successful.
Remote system type is UNIX.
Using binary mode to transfer files.
ftp> mkdir testdir
550 Permission denied.          //默认情况下在服务器上不能写
```

14.3.3 匿名用户能够上传文件,但不能删除文件的配置

(1) 修改/etc/vsftpd/vsftpd.conf,打开匿名用户上传功能,相关内容如下:

```
anon_upload_enable = YES          //允许匿名用户上传文件
anon_mkdir_write_enable = YES  //允许匿名用户建立目录
```

(2) 创建匿名上传目录,并修改上传目录权限。

```
[root@localhost ftp]# mkdir incoming
[root@localhost ftp]# chmod 777 incoming/
```

(3) 为方便测试,设置 FTP 服务器的 IP 为 192.168.11.2,在客户端打开我的电脑,访问 FTP 服务器,如图 14-2 所示。

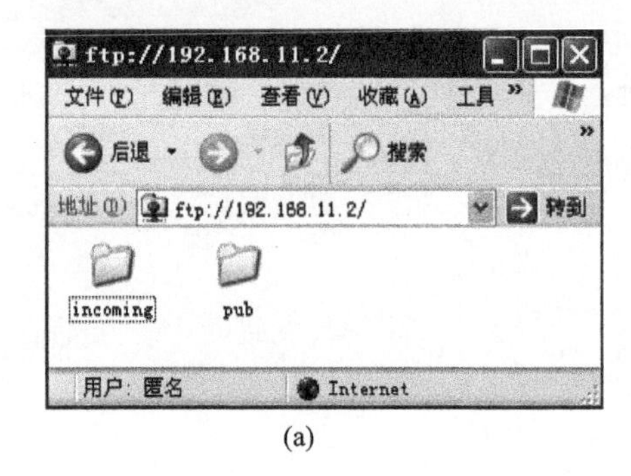

(a)

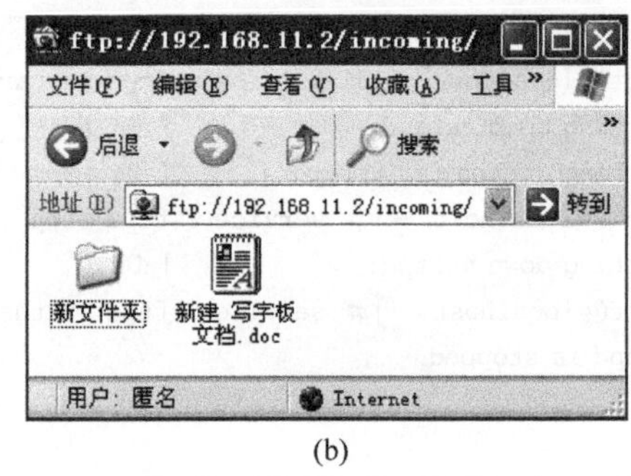

(b)

图 14-2 匿名 FTP 上传测试

图 14-2 是在 incoming 目录里进行写操作,建立文件夹和新建文件。不过这种情况下,新建立目录时只能建立一级目录,如果要建立多级目录,还需要设置/etc/vsftp/vsftpd.conf 文件,增加如下命令选项:

```
anon_world_readable_only = NO
anon_other_write_enable = YES
```

重新启动 vsftpd 服务后,就可以在服务器上任意写操作了。

14.3.4 配置 FTP 服务允许任意写操作

允许匿名 FTP 的写任意操作，会有一定的安全隐患，这时，就需要配置本地用户的写任意操作。它的原理很简单：本地用户登录 FTP 后，默认目录为/home 下的用户目录，本地用户对自己的 home 目录有完全权限。

ftp://用户名：密码@ftp 服务器的 IP 地址，如 ftp://test:1@192.168.11.2，图 14-3(a)所示为界面操作，图 14-3(b)是命令操作。注意操作前系统中已经建立了 test 用户并改变了密码。

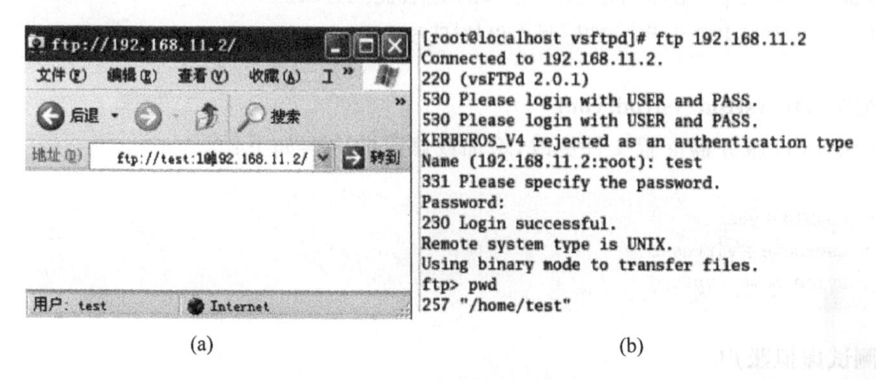

(a) (b)

图 14-3 本地用户的 FTP 操作

14.4 学习进阶指引

14.4.1 虚拟用户配置

VSFTP 提供了对虚拟用户的设置，它采用 PAM 认证机制实现了虚拟用户的功能，用户相关的数据都存放于数据库中，用户登录时，将用户输入的密码和数据库中的密码比对。

假设在 CentOS 5.4(192.168.11.2)上配置 vsftpd 服务器，并创建 2 个虚拟用户用于登录服务器，其用户名为 user1、user2，登录时的密码名和用户名相同。步骤如下：

1. 创建虚拟用户数据库文件

在系统中创建一个存放虚拟用户及其口令的文本文件/root/db.txt，内容如下：

```
user1        //用户名
user1        //口令
user2
user2
```

文件的奇数行为虚拟用户名，偶数行为相应的密码。

2. 生成虚拟用户数据库文件

```
[root@localhost ~]# db_load -T -t hash -f /root/db.txt /etc/vsftpd/db.db
```

3. 创建 PAM 认证文件

修改虚拟用户使用的 PAM 认证文件/etc/pam.d/vsftpd。修改后的内容如下：

```
#%PAM-1.0
auth required /lib/security/pam_userdb.so db=/etc/vsftpd/db
account required /lib/security/pam_userdb.so db=/etc/vsftpd/db
```

4. 创建真实账户

在 FTP 服务器上创建虚拟用户所对应的真实账号及其所登录的目录,并设置相应的权限。

```
[root@localhost pam.d]# useradd -d /var/virtuser virtuser
[root@localhost pam.d]# chmod 744 /var/virtuser
```

5. 编辑/etc/vsftpd/vsftpd.conf

对 VSFTPD 服务器配置文件更改,增加或修改的内容如下:

```
guest_enable=yes
guest_username=virtuser
pam_service_name=vsftpd
```

6. 测试虚拟账户

保存配置后重新启动 VSFTPD 服务器,进行测试。

```
[root@localhost vsftpd]# ftp 192.168.11.2
Connected to 192.168.11.2.
220 (vsFTPd 2.0.1)
530 Please login with USER and PASS.
530 Please login with USER and PASS.
KERBEROS_V4 rejected as an authentication type
Name (192.168.11.2:root): user1
331 Please specify the password.
Password:
230 Login successful.
Remote system type is UNIX.
Using binary mode to transfer files.
```

14.4.2 VSFTPD 服务实例训练

操作步骤如下:

(1) 在 VMware 虚拟机中虚拟两台机器,FTP 服务器和客户机,ftp 服务器操作系统为 CentOS 4(192.168.11.1/24),客户机操作系统为 Windows XP(192.168.11.2/24),分别设置两台主机的 IP 地址等网络参数,并测试连通性。

(2) 在 FTP 服务器中查看 vsftpd 软件包是否安装,如果没有安装,装载源光盘进行安装。

(3) 配置 vsftpd.conf 文件,确保匿名访问 FTP 功能打开,并改变其服务端口为 2121,重新启动 vsftpd 服务,并在 Windows XP 客户端用命令行登录,测试是否成功。

```
anonymous_enable = YES
listen_port = 2121
```

(4) 在 CentOS 5.4 系统中增加 user1、user2 两个用户并改变其密码，编辑/etc/vsftpd.ftpusers 文件，确保 root、user1 和 user2 三个用户不出现在文件中。

(5) 编辑/etc/vsftpd/user_list 文件，确保此文件中包括 root、user1、user2 三个用户。

(6) 编辑/etc/vsftpd/vsftpd.conf，确认存在以下几行配置。

```
userlist_enable = YES
userlist_deny = NO
userlist_file = /etc/vsftpd/user_list
```

(7) 重新启动 VSFTPD 服务，用 Windows XP 客户机测试是否满足相关要求。

(8) 更改配置文件 vsftpd.conf，确认有以下几行配置。

```
chroot_local_user = YES
chroot_list_enable = YES
# (default follows)
chroot_list_file = /etc/vsftpd/chroot_list
```

(9) 在/etc/vsftpd/chroot_list 文件中加入用户名 root。

(10) 重新启动 VSFTPD 服务，用 Windows XP 客户机测试，是否满足上述 chroot 要求，排错直到成功。

小 结

FTP 是互联网上使用比较广泛的服务之一，实现两台计算机之间的文件传输。FTP 数据传输时有主动传输模式和被动传输模式，在被动传输时，数据传输的端口并不总是 20。在 FTP 中，将用户类型分为匿名用户、本地用户和虚拟用户。

在 CentOS 5.4 中使用 vsftpd 作为服务器软件，其主配置文件为 vsftpd.conf，还有辅助配置文件 ftpusers 和 user_list，这些配置文件联合作用，实现 VSFTPD 服务器的不同功能。

在默认配置中，vsftpd 的匿名功能是打开的，默认只有下载文件的权限，经过配置后，vsftpd 可以实现匿名用户对 ftp 目录的任意操作。对于一个本地用户，在登录 FTP 后，由于其默认目录为 Linux 系统中自己的主目录，因此对该目录享有完全权限。

虚拟用户是 vsftpd 提供的功能强大的服务，它利用把用户账号信息存储在数据库中的办法，一定程度上保障了 FTP 服务器的安全性，还可以经过配置，实现不同虚拟用户的不同操作权限。

任务 15 Linux 下配置 Samba 服务器

15.1 学习目标

- 了解 Samba 服务的工作原理与过程。
- 掌握 Samba 服务进程的组成。
- 了解 Samba 服务器的安全级别，不同安全级别之间的区别。
- 熟练掌握匿名级别和用户级别的 Samba 配置。
- 掌握不同应用条件、不同权限要求的 Samba 共享配置。

15.2 基础知识与原理

15.2.1 Samba 服务的工作原理与过程

SMB 协议是微软和英特尔制订的作为 Microsoft 网络的通信协议，是 C/S 型的协议，客户机通过该协议可以访问服务器上的共享文件系统、打印机及其他资源。

Samba 协议是 Linux 主机上实现的 SMB 协议。SMB 使用 NETbios，API 实现面向连接的协议，它的工作原理就是让 NETbios 与 SMB 协议运行在 TCP/IP 上，并且使用 NETbios 名称解析，让 Linux 计算机得以在微软的“网上邻居”中被看到，SMB 协议结构与 OSI 模型的对照如图 15-1 所示。

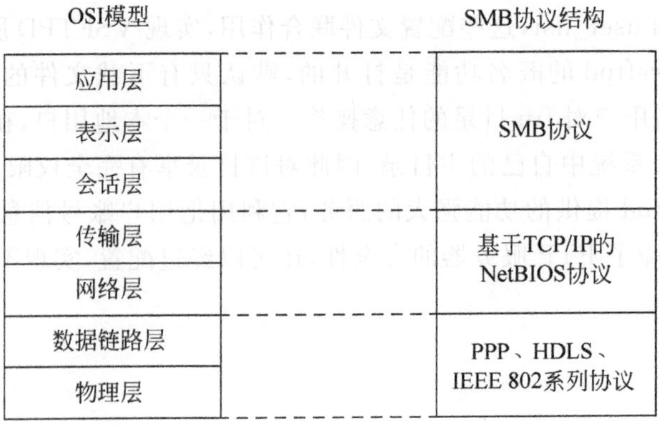

OSI模型	SMB协议结构
应用层	SMB协议
表示层	
会话层	
传输层	基于TCP/IP的 NetBIOS协议
网络层	
数据链路层	PPP、HDLS、IEEE 802系列协议
物理层	

图 15-1　SMB 协议结构与 OSI 模型

Samba 服务主要由以下两个进程组成。

(1) nmbd：进行 NetBIOS 名称解析，并提供浏览服务显示网络上的共享资源列表。

(2) smdb：管理 Samba 服务器上的共享目录、打印机等。

Samba 服务与 Samba 客户端的工作流程如下。

(1) 协议协商：客户端在访问 Samba 服务器时，发包告知目标计算机其支持的 SMB 类型。Samba 服务器根据客户端情况，选择最优的 SMB 类型，做出回应。

(2) 建立连接：当 SMB 类型确认后，客户端提交账号、密码，请求与 Samba 服务器建立连接。如果客户端通过身份验证，Samba 服务器为用户分配唯一的 UID，在客户端与其通信。

(3) 访问共享资源：客户端访问 Samba 共享资源时，通知服务器需要访问的共享资源名，如果设置允许，Samba 服务器会为每个客户与共享资源的连接分配 ID，客户端即可以访问需要的共享资源。

(4) 断开连接：共享完毕，客户端向服务器发送报文关闭共享。

15.2.2 Samba 服务的安全级别

Linux 下有 samba 有四种安全级别，即 User、Share、Server、Domain，它们的安全级别由低到高，在配置文件中具体由 security 参数指定。

(1) User：客户端访问服务器时需要输入用户名和密码，通过验证后，才能使用服务器的共享资源，此级别使用加密的方式传送密码。

(2) Share：客户端连接服务器时不需要输入用户名和密码。

(3) Server：客户端在访问时同样需要输入用户名和密码，但是，密码验证需要密码验证服务器来负责。

(4) Domain：采用域控制器对用户进行身份验证。

15.3 操作步骤指导

CentOS 5.4 中 Samba 服务的软件包为 samba-3.0.33-3.14.el5.i386.rpm，配置文件为/etc/samba/smb.conf，守护进程为 smb。

15.3.1 Samba 服务的配置步骤

(1) 安装有关 Samba 的 RPM 包(samba、samba-common、samba-client)。

(2) 创建 Samba 用户。

(3) 修改 Samba 服务的配置文件。

(4) 重新启动 Samba 服务，使配置生效。

(5) 设置共享目录的访问权限。

(6) 客户机测试 Samba 服务的正确性。

15.3.2 Samba 服务的安装

与 Samba 服务有关的软件包有以下几个。

（1）samba-common：包括 Samba 服务器端和 Samba 客户端需要的通用工具及相关的库文件。

（2）samba：Samba 服务器端软件。

（3）samba-client：Samba 客户端软件。

（4）system-config-samba：Samba 服务器管理编写的图形界面的管理工具。

（5）samba-swat：安装后提供通过浏览器对 Samba 服务器进行图形化管理（Web 方式）的功能。

检测 Samba 服务是否安装。

```
[root@bogon samba]# rpm -aq | grep samba
samba-common-3.0.33-3.14.el5
samba-3.0.33-3.14.el5
samba-client-3.0.33-3.14.el5
system-config-samba-1.2.41-5.el5
```

如果没有安装，还需要装载 CentOS 5.4 的安装镜像，进行安装，具体步骤如前述，其中在光盘目录下，Samba 的相关文件如下：

```
[root@bogon samba]# cd /media/CentOS/
[root@bogon CentOS]# ls samba*
samba-3.0.33-3.14.el5.i386.rpm          samba-common-3.0.33-3.14.el5.i386.rpm
samba-client-3.0.33-3.14.el5.i386.rpm   samba-swat-3.0.33-3.14.el5.i386.rpm
[root@bogon CentOS]#
```

安装 Samba 软件包后，会在/etc/samba/目录下产生 smb.conf 配置文件，利用 ntsysv 也可以看到系统进程 smb。

15.3.3 Samba 服务的启动与停止

1. Samba 服务的启动、停止

```
service smb start                //启动
service smb stop                 //停止
service smb restart              //重新启动
service smb reload               //重新加载
service smb status               //查看当前启动状态
```

2. Samba 服务的自动加载

使用 chkconfig 命令设置 Samba 服务在不同状态的启动。

```
chkconfig smb on                 //在运行级别 2、3、4、5 上设置为自动运行
chkconfig smb off                //在运行级别 2、3、4、5 上设置为不自动运行
chkconfig smb --level 35 on      //在运行级别 3、5 上设置为自动运行
chkconfig smb --level 35 off     //在运行级别 3、5 上设置为不自动运行
```

15.3.4 Samba 服务的配置文件

1. 配置文件内容部分解释

Samba 服务器功能非常丰富，其主配置文件(/etc/samba/smb.conf)中的内容也非常庞大。以下输出内容为 CentOS 5.4 中的 smb.conf，部分内容省略。

```
#
# ======================== Global Settings ================================
//全局设置部分
[global]
        workgroup = MYGROUP                          //工作组
        server string = Samba Server Version %v      //服务器名称

;       netbios name = MYSERVER                      //netbios 名称

;       interfaces = lo eth0 192.168.12.2/24 192.168.13.2/24
;       hosts allow = 127. 192.168.12. 192.168.13.//允许访问的主机段地址

# ---------------------------- Logging Options -----------------------------
                                                     //日志记录部分
# ----------------------- Standalone Server Options -----------------------
//服务器设置部分
        security = user                              //安全级别
        passdb backend = tdbsam                      //密码数据库

# =========================== Share Definitions ============================
                        //共享目录设置部分
[homes]
        comment = Home Directories
        browseable = no
        writable = yes
;       valid users = %S
;       valid users = MYDOMAIN\%S
[printers]
        comment = All Printers
        path = /var/spool/samba
        browseable = no
        guest ok = no
        writable = no
        printable = yes
# A publicly accessible directory, but read only, except for people in
# the "staff" group
;       [public]
;       comment = Public Stuff
;       path = /home/samba
;       public = yes
;       writable = yes
;       printable = no
;       write list = +staff
```

2. 权限设置部分解释

对不同目录、不同用户灵活设置不同的权限，是 Samba 共享设置的一大特色。设置 Samba 的共享目录，就需要设置共享目录的权限，权限设置部分如下。

- comment：注释说明。
- path：分享资源的完整路径名称，除了路径要正确外，目录的权限也要设对。
- browseable：yes 是/no 否在浏览资源中显示共享目录，若为否则必须指定共享路径才能存取。
- printable：yes 是/no 否允许打印。
- public：yes 是/no 否公开共享，若为 no 则进行身份验证（只有当 security = share 时此项才起作用）。
- guest ok：yes 是/no 否公开共享，若为 no 则进行身份验证（只有当 security = share 时此项才起作用）。
- read only：yes 是/no 否以只读方式共享，当与 writable 发生冲突时也以 writable 为准。
- writable：yes 是/no 否不以只读方式共享，当与 read only 发生冲突时，无视 read only。
- vaild users：设定只有此名单内的用户才能访问共享资源（拒绝优先）（用户名/@组名）。

15.3.5 配置 share 级别的共享

在默认安装的基础上，修改共享级别为 share，在/etc/samba/smb. conf 中的 Standalone Server Options 部分找到 security=user 改为 security=share，如图 15-2 所示。

```
# ----------------------- Standalone Server Options ------------------------
#
# Security can be set to user, share(deprecated) or server(deprecated)
#
# Backend to store user information in. New installations should
# use either tdbsam or ldapsam. smbpasswd is available for backwards
# compatibility. tdbsam requires no further configuration.

#       security = user
        security = share
        passdb backend = tdbsam
```

图 15-2　share 共享安全级别设置

在配置文件 smb. conf 的 share definition 部分，根据需要建立一个共享目录，如定义的共享目录 tmp 的设置如下：

```
# A publicly accessible directory, but read only, except for people in
# the "staff" group
;       [public]
;       comment = Public Stuff
;       path = /home/samba
;       public = yes
;       writable = yes
;       printable = no
;       write list = +staff
```

```
[tmp]
        comment = temporary directory
        path = /tmp
        read only = no
        public = yes
```

保存配置文件,并重新启动 smb 服务。

设置 Samba 所在的 CentOS 5.4 虚拟机为桥接,并与主机配置相同的网段,在主机中打开 IE 浏览器,在地址栏中输入\\CentOS 5.4 的 IP 地址,不需要用户名和密码即可看到共享目录,如图 15-3 所示,打开共享目录,可写访问。

图 15-3 访问共享目录

15.3.6 配置 user 级别的共享

Samba 安装后,未经任何配置,而直接启动 Samba 服务,这时的 samba 就是 user 级别的共享服务。

步骤如下:

(1) 在 CentOS 5.4 系统中建立一个用户 test,并改变用户的密码。

(2) 把用户 test 添加为 Samba 的用户并改变密码。

```
[root@bogon samba]# smbpasswd -a test
New SMB password:
```

```
Retype new SMB password:
Added user test.
[root@bogon samba]#
```

重新启动 Samba 服务，在主机中打开 IE 浏览器，在地址栏中输入\\Samba 共享服务的 CentOS 5.4 的 IP 地址，则出现以下登录界面，这就是 user 级别的共享服务，如图 15-4 所示。

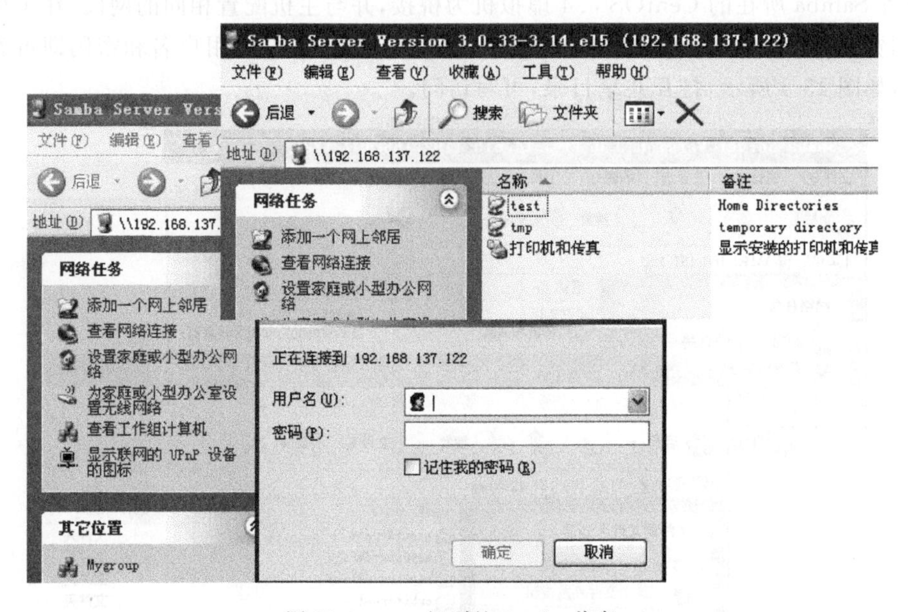

图 15-4　user 级别的 Samba 共享

输入建立的 Samba 用户名和密码后，进入用户的主目录，用户对其主目录有写的权限，对 15.3.5 节中建立的 tmp 目录，也可以写操作，但不能删除原有的文件和目录。

注意：对于按上述步骤正确设置却不能访问共享目录的情况，其中之一是系统中的防火墙和 SElinux 设置，禁止即可。

15.4　学习进阶指引

配置环境要求：在系统中有三个用户 user1、user2、user3，按要求建立两个共享目录 rwdir 和 public，其中 user1 对 rwdir 目录有所有权，user2 对 rwdir 目录只读，其他用户不能访问该目录。对于 public 目录，允许所有用户访问及上传文件。

具体步骤如下：

(1) 创建 Samba 用户 user1、user2 和 user3。

```
[root@bogon samba]# useradd user1
[root@bogon samba]# useradd user2
[root@bogon samba]# useradd user3
[root@bogon samba]# smbpasswd -a user1
New SMB password:
```

```
Retype new SMB password:
Added user user1.
[root@bogon samba]# smbpasswd -a user2
New SMB password:
Retype new SMB password:
Added user user2.
[root@bogon samba]# smbpasswd -a user3
New SMB password:
Retype new SMB password:
Added user user3.
[root@bogon samba]#
```

(2) 更改 Samba 的共享配置文件 smb.conf，设置共享级别为 user，添加自定义的共享目录 rwdir、public，并设置其权限，如下：

```
[rwdir]
        comment = user1 directory          //设置共享目录的说明信息
        browseable = yes                   //所有 Samba 用户都可以看到该目录
        writable = yes                     //用户对共享目录可写
        path = /rwdir                      //指定共享目录的路径
[public]
        comment = all user directory
        browseable = yes
        writable = yes
        path = /public
        guest ok = yes                     //允许来宾访问
```

(3) 保存配置文件，重新启动 smb 服务，按需要设置共享目录，及更改权限。

```
[root@bogon samba]# service smb restart
Shutting down SMB services:               [ OK ]
Shutting down NMB services:               [ OK ]
Starting SMB services:                    [ OK ]
Starting NMB services:                    [ OK ]
[root@bogon samba]# mkdir /rwdir               //创建共享目录
[root@bogon samba]# mkdir /public
[root@bogon samba]# chmod 750 /rwdir           //属主具有所有权，属组只读，其他用户不能访问
[root@bogon samba]# chown user1 /rwdir         //将/rwdir 的属主改为 user1
[root@bogon samba]# groupadd rwdir             //添加 rwdir 组
[root@bogon samba]# usermod -G rwdir user1 //将 user1 加入 rwdir 组
[root@bogon samba]# usermod -G rwdir user2 //将 user2 加入 rwdir 组
[root@bogon samba]# chgrp rwdir /rwdir         //将/rwdir 的属组改为 rwdir
[root@bogon samba]# chmod 777 /public          //给所有用户分配完全控制权限
[root@bogon samba]#
```

(4) 在 Windows 主机中首先利用命令清空以上访问建立的链接缓存，如图 15-5 所示。启动 IE，在地址栏中输入 Samba 服务器的 IP，如图 15-6 所示。

先用 user1 登录，登录成功，如图 15-7 所示。

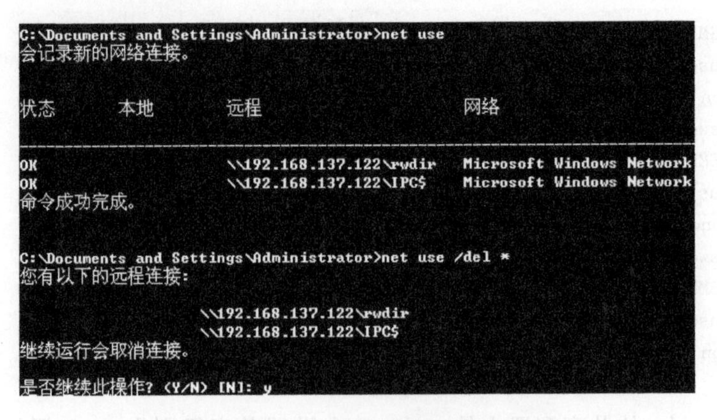

图 15-5 清空链接缓存

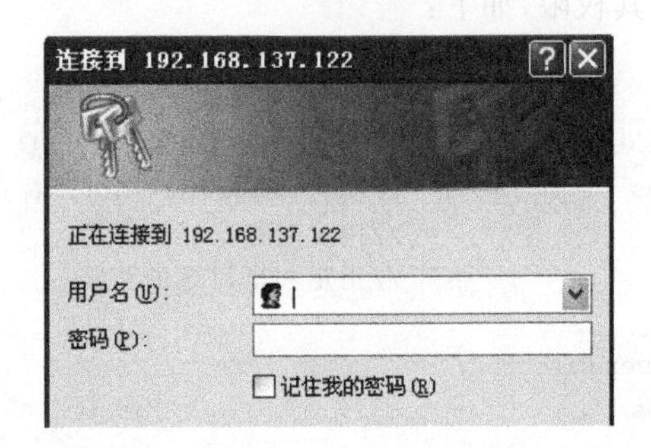

图 15-6 登录窗口

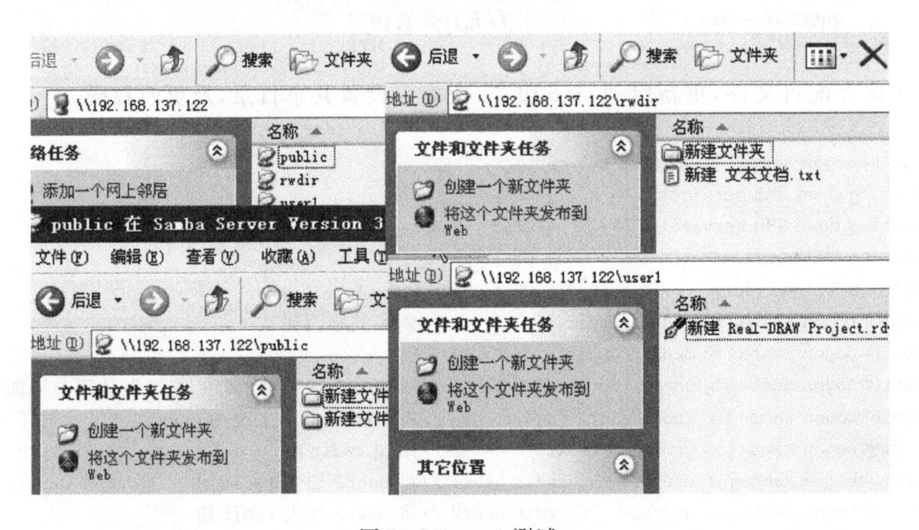

图 15-7 user1 测试

在 user1 登录后,能够看到 public 和 rwdir 及主目录 user1,按照设置,对这三个目录都有写权限。

(5) 同样用 net 命令清空链接缓存,再次刷新登录窗口,用 user2 登录,如图 15-8 所示。

user2 登录后,能够看到 public 和 rwdir 目录以及主目录 user2,对 public 有写权限,对 rwdir 没有写权限,对主目录 user2 有写权限。

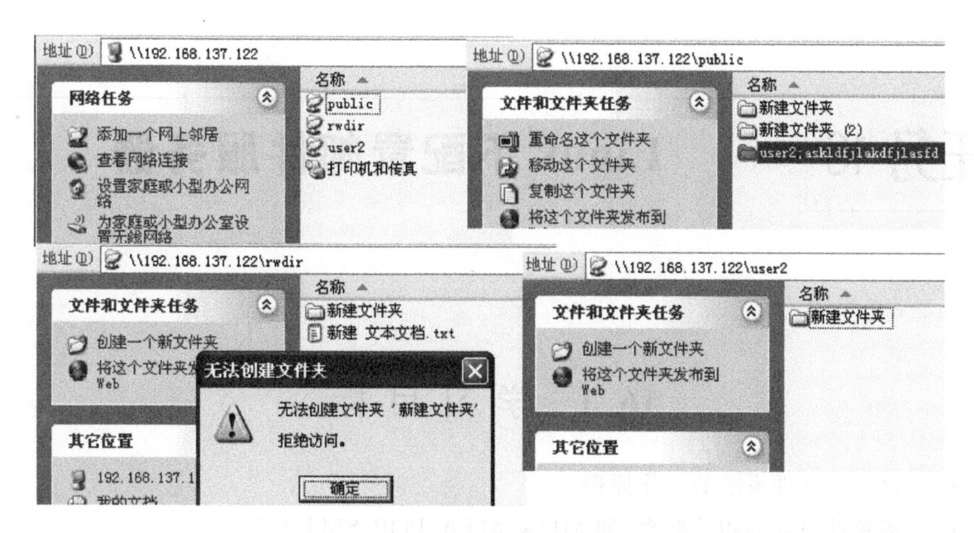

图 15-8　user2 测试

(6) 用 net 命令清空链接缓存，刷新登录窗口，用 user3 登录，如图 15-9 所示。

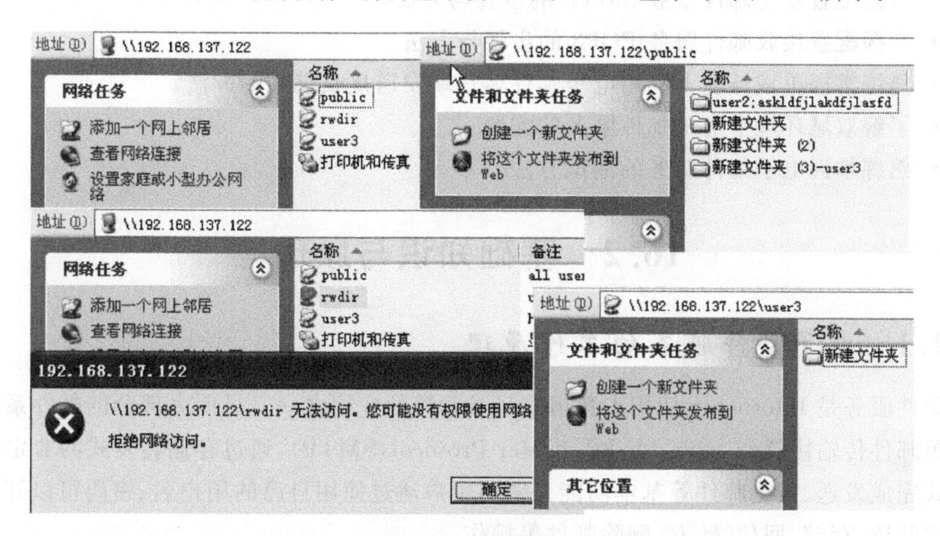

图 15-9　user3 测试

user3 登录后，能够看到 public 和 rwdir 目录以及主目录 user3，对 public 有写权限，对 rwdir 不能访问，对主目录 user3 有写权限。

小　　结

任务 15 介绍了 Samba 服务的功能、基本工作原理、相关服务的安装和基本的配置等内容，并通过设置不同级别的 Samba 共享，介绍常用的配置方法。

对不同用户、不同目录设置不同的共享权限，是 Samba 服务共享灵活权限设置的体现，也是 Samba 共享广为应用的因素之一。在学习进阶指引中，通过对属主、属组、其他人权限的设置，使得不同类型的用户可以访问不同的共享资源。

任务16 Linux 下配置邮件服务器

16.1 学习目标

- 了解电子邮件系统的工作原理。
- 了解邮件服务的相关概念,如 MUA、MTA、POP、SMTP 等。
- 了解常用的电子邮件服务软件。
- 掌握配置发送邮件服务 SMTP 的步骤与方法。
- 掌握配置接收邮件服务 POP3 的步骤与方法。
- 熟练掌握单域环境下利用电子邮件客户端发送接收邮件的方法。
- 了解双域环境下电子邮件服务的配置。
- 熟练掌握电子邮件服务的测试方法。

16.2 基础知识与原理

16.2.1 电子邮件服务的工作原理

邮件服务是 Internet 上使用人数最多且最频繁的应用之一。目前大部分的邮件系统采用简单邮件传输协议(Simple Mail Transfer Protocol,SMTP),通过存储转发式的非定时通信方式完成发送、接受邮件等基本功能。普通用户通过使用自己的用户名、密码可以开启邮箱完成阅读、存储、回信、转发、删除邮件等操作。

电子邮件是基于 C/S 模式的。对于一个完整的电子邮件系统而言,它主要由以下三个部分组成:用户代理、邮件服务器、电子邮件使用的协议。现在主要的协议有 SMTP、POP3、IMAP4,其中 POP3、IMAP4 是接收邮件用的,SMTP 是发送邮件用的,如图 16-1 所示。

16.2.2 相关概念

1. MUA

MUA(Mail User Agency)就是邮件用户代理。在使用邮件系统时,Client 端用户都需要通过各个操作系统提供的 MUA 才能够使用邮件系统。如 Windows XP 下的 Outlook Express、Netscape 里的 mail 功能以及 KDE 里的 Kmail 都是 MUA。MUA 主要的功能就是接收邮件主机的电子邮件,并提供用户浏览与编写邮件的功能。

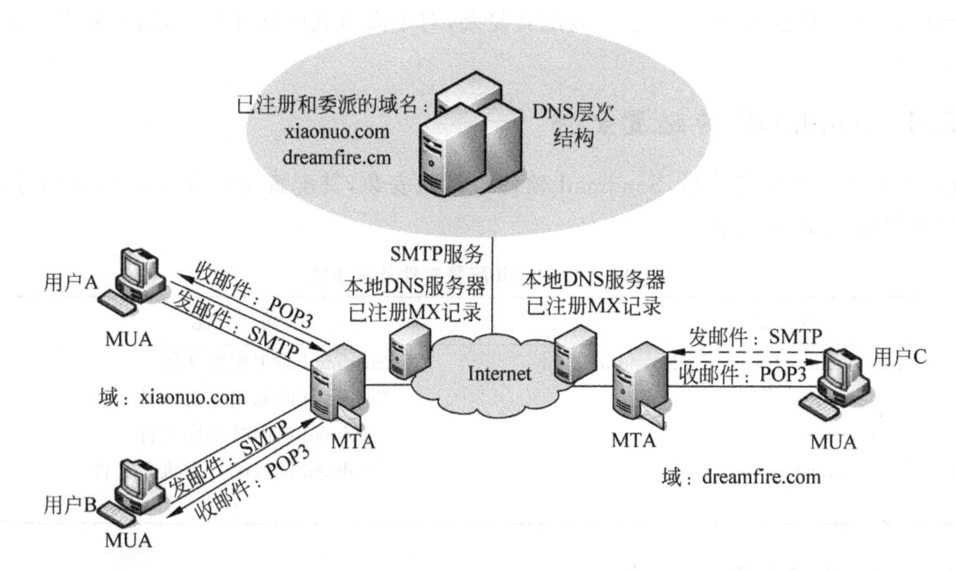

图 16-1　邮件系统工作示意图

2. MTA

MTA(Mail Transfer Agent,邮件传输代理),是邮件主机上的软件,也称邮件服务器,如 Linux 上的 sendmail 就是 MTA。它负责帮用户传送邮件到下一个邮件 MTA,直到传输到最终的 MTA,目标用户再使用 MUA 读取信件。

3. SMTP

SMTP(Simple Mail Transfer Protocol,邮件传输协议)是一组用于从源地址到目的地址传输邮件的规范,通过它来控制邮件的中转方式。SMTP 协议属于 TCP/IP 协议簇,它帮助每台计算机在发送或中转信件时找到下一个目的地。

4. POP3

POP3(Post Office Protocol 3)全称为邮局协议的第 3 个版本,是规定连接到 Internet 的邮件服务器和下载电子邮件的协议。它是 Internet 电子邮件的第一个离线协议标准,POP3 允许用户从服务器上把邮件存储到本地主机上,同时删除保存在邮件服务器上的邮件。

5. IMAP

IMAP(Internet Mail Access Protocol,交互式邮件存取协议)是跟 POP3 类似邮件访问标准协议之一。不同的是,开启了 IMAP 后,电子邮件客户端收取的邮件仍然保留在服务器上,同时在客户端上的操作都会反馈到服务器上。

16.2.3　电子邮件服务器软件

当前运行在 Linux 环境下免费的邮件服务器,或者称为 MTA(Mail Transfer Agent)有多种,比较常见的有 Sendmail、Qmail、Postfix 等,其中 Sendmail 是应用最广的电子邮件服务器软件。作为一款免费的邮件服务器软件,它在稳定性、可移植性及确保没有 bug 等方面具有一定的特色,支持用户多、占用系统资源少,它内置了几乎所有 UNIX 邮件系统的默认配置,只需要很少设置,就能使一个邮件系统良好运转。

Sendmail 也有很大的缺点，它代码配置复杂，对于高负载的邮件系统，需要对 Sendmail 进行复杂的调整。

16.2.4 Sendmail 的配置文件

CentOS 5.4 系统安装后，Sendmail 软件包默认安装，其配置文件在/etc/mail 目录，关键配置文件如表 16-1 所示。

表 16-1 sendmail 配置文件及其功能

文件名	功能
/etc/mail/sendmail.cf,/etc/mail/sendmail.mc	Sendmail 的主配置文件
/etc/mail/aliases	Sendmail 的邮箱别名文件
/etc/mail/access	Sendmail 访问数据库文件
/etc/mail/local-host-name	Sendmail 接收邮件主机名文件
⋮	⋮

1. sendmail.cf 文件

Sendmail 的主配置文件 sendmail.cf 控制着 Sendmail 的所有行为，其配置文件相当复杂，细节部分已经超出了本节的范围，对于标准的邮件服务器来说很少需要改动此文件。Sendmail 使用 M4 宏处理器来“编译”其配置文件。当文件被修改时，Sendmail 必须重新启动以便对新修改生效。

2. access 文件

访问数据库文件定义了什么主机或者 IP 地址可以访问本地邮件服务器。主机默认为 OK，允许传送邮件到主机；主机设为 REJECT 时将拒绝所有的邮件连接；如果带有 RELAY 选项的主机将被允许通过这个邮件服务器发送邮件到任何地方。

3. local-host-name 文件

文件包含被接受为一个本地主机名的主机名列表。可以放入任何 Sendmail 将从那里收发邮件的域名或主机。例如，如果这个邮件服务器从域 example.com 和主机 mail.example.com 接收邮件，它的 local-host-names 文件，设置如下：

```
example.com
mail.example.com
```

16.3 电子邮件服务的安装与启动

16.3.1 发送邮件服务与接收邮件服务软件包的安装

在 CentOS 5.4 中，默认情况下安装 Sendmail 作为发送邮件服务，可以用 rpm 命令检测系统中安装的 Sendmail。

```
[root@localhost ~]# rpm -aq | grep sendmail
sendmail-cf-8.13.1-3.3.el4
sendmail-8.13.1-3.3.el4
```

说明系统中已经安装了 Sendmail，版本是 8.13。如果没有安装，还需要装载系统的源光盘镜像，安装此服务器的源软件包。

在 CentOS 5.4 中，默认情况下安装 dovecot 作为接收邮件服务，可以用 rpm 命令检测系统中安装的 dovecot。

```
[root@bogon ~]# rpm -aq | grep dovecot
dovecot-1.0.7-7.el5
```

说明系统中已经安装了 dovecot。在安装一个服务的源软件包时，关键要知道此源软件包的名称。在 CentOS 5.4 系统中，发送邮件和接收邮件服务的源软件包如下：

```
[root@bogon CentOS]# ls sendmail*
sendmail-8.13.8-2.el5.i386.rpm      sendmail-devel-8.13.8-2.el5.i386.rpm
sendmail-cf-8.13.8-2.el5.i386.rpmsendmail-doc-8.13.8-2.el5.i386.rpm
[root@bogon CentOS]# ls dovecot*
dovecot-1.0.7-7.el5.i386.rpm
[root@bogon CentOS]#
```

16.3.2 电子邮件服务启动

在确认安装了 Sendmail 与 dovecot 后，可以使用命令来启动邮件服务。

```
[root@localhost ~]# service sendmail restart
Shutting down sendmail:              [FAILED]
Starting sendmail:                   [ OK ]
Starting sm-client:                  [ OK ]
[root@localhost ~]# service dovecot restart
Stopping Dovecot Imap:               [FAILED]
Starting Dovecot Imap:               [ OK ]
[root@localhost ~]#
```

以上 service 命令的参数还可以使用 start、stop、status 等，使用 chkconfig 命令可设置系统开机时自动启动 Sendmail 和 dovecot 服务。

16.4 操作步骤指导

以发送邮件服务器软件 Sendmail，接收邮件服务器软件 Dovecot 为例来介绍电子邮件服务器的安装与配置，并使用实例来说明单域和双域之间转发邮件。

配置任务描述：在主机 mail.05431.com(192.168.11.2)与 mail.05432.com(192.168.12.2)上配置 sendmail 服务，实现两台邮件服务器互相收发邮件，同时满足 Windows 用户的要求，可以使用 Outlook Express 收发邮件。测试用户为 user1@mail.05431.com 和 user2@mail.05432.com。这需要在 VMware Workstation 中有两个 CentOS 5.4 操作系统虚拟机，利用已安装的 CentOS 5.4 系统，克隆另外一台 CentOS 5.4 虚拟机，分别命名为 0543.com 和 05432.com，如图 16-2 所示。

图 16-2 在 VMware Workstation 中克隆的虚拟机

16.4.1 DNS 的配置

要完成 E-mail 的传送，除邮件服务器外，更重要的是保证域名服务器 DNS 数据设定的正确，才能确保发信者将信件顺利送达目的地。与此相关的是 DNS 解析中的 MX 记录。MX 记录指向一个邮件服务器，用于邮件系统发邮件时根据收信人的地址后缀来定位邮件服务器。例如，当发信给 user@abc.com 时，邮件系统通过 DNS 查找 abc.com 这个域名的 MX 记录，如果 MX 记录存在，用户计算机就将邮件发送到 MX 记录所指定的邮件服务器上。

1. IP 设置

设置主机 mail.05431.com 的 IP 地址为 192.168.11.2 和 192.168.12.1，主机 mail.05432.com 的 IP 地址为 192.168.12.2 和 192.168.11.1，并保证二者 ping 通。

2. DNS 配置

(1) 在主机 mail.05431.com(192.168.11.2)上配置 DNS 服务器，负责两个域 05431.com 和 05432.com 的解析，具体配置过程参见任务 13 的 DNS 配置部分。为了简化，这里只列出了/etc/named.rfc1912.zones(链接文件)中的正向区域文件配置。

```
zone "05431.com" IN {
        type master;
        file "05431.com";
};
zone "05432.com" IN {
        type master;
        file "05432.com";
};
```

(2) 域 05431.com 的正向区域文件/var/named/chroot/var/named/05431.com 文件的内容如下：

```
$TTL  86400
@       IN  SOA   mail.05431.com. root.mail.05431.com. (
                                    1997022700  ; Serial
                                    28800       ; Refresh
                                    14400       ; Retry
                                    3600000     ; Expire
                                    86400 )     ; Minimum
                IN     NS     mail.05431.com.
        IN  MX  1  mail.05431.com.
mail    IN  A    192.168.11.2
```

(3) 域 05432.com 的正向区域文件/var/named/chroot/var/named/05432.com 文件的内容如下：

```
$TTL   86400
@      IN        SOA mail.05432.com. root.mail.05432.com. (
                                       1997022700    ; Serial
                                       28800         ; Refresh
                                       14400         ; Retry
                                       3600000       ; Expire
                                       86400 )       ; Minimum
              IN   NS   mail.05432.com.
         IN  MX  1              mail.05432.com.
mail     IN  A   192.168.12.2
```

3. 重新启动 named 服务，并测试

设置主机 mail.0531.com 和 mail.05432.com 的域名设置，即在/etc/resolv.conf 中写入使用的 DNS 地址都为 192.168.11.2。

```
[root@localhost named]# service named restart
Stopping named:                [FAILED]
Starting named:                [ OK ]
[root@bogon etc]# nslookup mail.05431.com 192.168.11.2
Server:        192.168.11.2
Address:       192.168.11.2#53
Name:          mail.05431.com
Address: 192.168.11.2
[root@bogon etc]# nslookup mail.05432.com 192.168.11.2
Server:        192.168.11.2
Address:       192.168.11.2#53
Name:          mail.05432.com
Address: 192.168.12.2
```

域名 05431.com 和 05432.com 得以正确解析，如果没有得到正确结果，参考 DNS 设置部分，直到调试成功。

16.4.2 发送邮件服务 Sendmail 的配置

在主机 mail.05431.com 和 mail.05432.com 上都需要设置。

(1) Sendmail 服务器默认只转发本机的邮件，编辑两台虚拟机 Sendmail 服务器上的主配置文件/etc/mail/sendmail.mc 文件，把下面的一行注释，使它转发其他域的邮件。

```
dnl # DAEMON_OPTIONS(`Port = smtp, Addr = 127.0.0.1, Name = MTA')dnl
```

执行 m4 命令生成新的 sendmail.cf 文件。

```
[root@localhost mail]# m4 /etc/mail/sendmail.mc > /etc/mail/sendmail.cf
```

(2) 编辑两台虚拟机上的/etc/mail/local-host-names 数据库文件,使主机能够转发各自域的邮件。

在主机 mail.05431.com 上/etc/mail/local-host-name 文件内容如下:

```
# local-host-names - include all aliases for your machine here.
mail.05431.com
05431.com
```

在主机 mail.05432.com 上/etc/mail/local-host-name 文件内容如下:

```
# local-host-names - include all aliases for your machine here.
mail.05432.com
05432.com
```

(3) 编辑两台虚拟机上的/etc/mail/access 文件,内容相同。

```
# by default we allow relaying from localhost...
Connect:localhost.localdomain        RELAY
Connect:localhost                    RELAY
Connect:127.0.0.1                    RELAY
Connect:05431.com                    RELAY
Connect:05432.com                    RELAY
```

在两台主机上分别执行以下命令生成新的 access.db 数据文件。

```
[root@localhost mail]# makemap hash /etc/mail/access.db < /etc/mail/access
```

(4) 在两台机器上都重新启动 sendmail 服务。

```
[root@localhost mail]# service sendmail restart
Shutting down sendmail:          [FAILED]
Starting sendmail:               [ OK ]
Starting sm-client:
```

16.4.3 接收邮件服务 Dovecot 的配置

在两台邮件服务器主机上都编辑 dovecot 的配置文件/etc/dovecot.conf,把以下行的注释去掉,以开启 POP3 服务,相关部分内容如下:

```
# If you only want to use dovecot-auth, you can set this to "none".
#protocols = imap imaps pop3 pop3s
protocols = imap imaps pop3 pop3s
```

在两台邮件服务器主机上重新启动 dovecot 服务。

```
[root@localhost etc]# service dovecot start
Starting Dovecot Imap:          [ OK ]
```

16.5 学习进阶指引

16.5.1 单域转发邮件的配置

在主机 mail. 05431. com 和 mail. 05431. com 上分别建立两个用户 user1 和 user2,使用 mail 程序互相发送邮件。

在域 05431. com 上测试如下:

```
[root@localhost ~]# su - user1
[user1@localhost ~]$ mail user2@05431.com
Subject: user1 to user2 in 05431.com
hello
Cc:
[user1@localhost ~]$ su - user2
Password:
[user2@localhost ~]$ mail
Mail version 8.1 6/6/93. Type ? for help.
"/var/spool/mail/user2": 1 message 1 new
>N 1 user1@localhost.loca Fri Mar 9 10:21 16/654   "user1 to user2 in 054"
& 1
```

在域 05432. com 上测试如下:

```
[root@localhost etc]# su - user2
[user2@localhost ~]$ mail user1@05432.com
Subject: user2 to user1 in 05432
hello
Cc:
[user2@localhost ~]$ su - user1
Password:
[user1@localhost ~]$ mail
Mail version 8.1 6/6/93. Type ? for help.
"/var/spool/mail/user1": 1 message 1 new
>N 1 user2@localhost.loca Fri Mar 9 10:24 16/650   "user2 to user1 in 054"
&
```

16.5.2 双域转发邮件的配置

在两台邮件服务器上分别设置文件/etc/sysconfig/network,主机 mail. 05431. com 上文件内容如下:

```
NETWORKING = yes
HOSTNAME = mail.05431.com
```

主机 mail. 05432. com 上文件内容如下:

```
NETWORKING = yes
HOSTNAME = mail.05432.com
```


在域 05431.com 上让用户 user1 给域 05432.com 上的用户 user2 发信。user1 操作如下：

```
[root@mail ~]# su - user1
[user1@mail ~]$ mail user2@05432.com
Subject: user1 in 05431 to user2 in 05432
hello
Cc:
```

user2 操作如下：

```
[user2@mail ~]$ mail
Mail version 8.1 6/6/93. Type ? for help.
"/var/spool/mail/user2": 1 message 1 new
> N 1 user1@mail.05431.com Fri Mar 9 10:51 19/776"user1 in 05431 to use"
& 1
Message 1:
From user1@mail.05431.com Fri Mar 9 10:51:36 2012
Date: Fri, 9 Mar 2012 10:50:55 +0800
From: user1@mail.05431.com
To: user2@05432.com
Subject: user1 in 05431 to user2 in 05432

hello

&
```

利用 Windows XP 自带的 Outlook Express 设置账户的属性，收发邮件如图 16-3 所示。

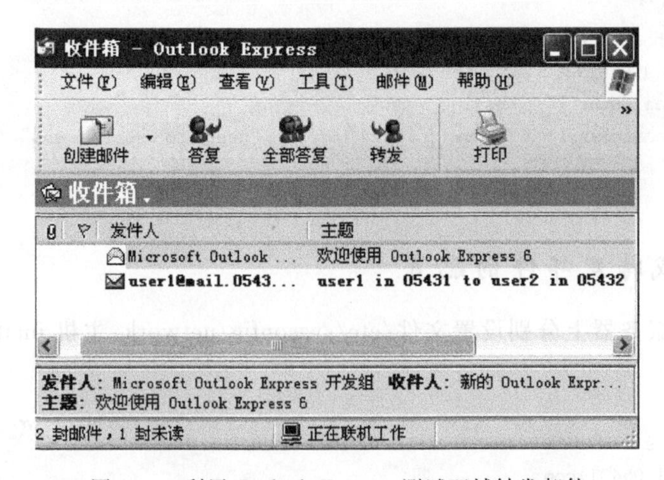

图 16-3 利用 Outlook Express 测试双域转发邮件

小　　结

利用电子邮件系统可以实现互联网上邮件的收发，与此相关的有客户端实现邮件收、发的MUA、发送传输邮件的MTA及接收邮件的服务器，实现邮件发送与接收的协议有SMTP、POP和IMAP等。

CentOS 5.4中默认使用Sendmail作为SMTP服务器，其所需的配置文件都放在/etc/mail目录下，Sendmail服务器默认只对本机转发邮件，要实现按域名转发邮件，必须要对/etc/mail目录下的相关配置文件进行编辑并重新生成。

Sendmail服务器实现了邮件的转发，如果要接收邮件，在CentOS 5.4中，还要配置默认安装的接收邮件服务器dovecot。

在Internet上，电子邮件实现最多的是异域之间的邮件收发，在CentOS 5.4中，配置双域之间实现邮件转发，客户端利用Outlook Express等MUA实现邮件收发是学习、掌握电子邮件服务器配置的基本操作。

任务 17　Linux 下配置防火墙 iptables

17.1　学 习 目 标

- 了解防火墙的作用与分类。
- 了解 iptables，掌握 netfiter 框架的组成。
- 熟练掌握 iptables 包过滤的工作过程。
- 了解 iptables 命令语法格式，掌握应用 iptables 进行常用防火墙的设置操作。
- 了解 NAT 的工作原理及分类。
- 掌握利用 NAT 实现局域网访问外网的常用配置方法。

17.2　基础知识与原理

17.2.1　防火墙的类型

防火墙是连接内部与外部网络的一组硬件装置，可以对内、外网进行访问控制，并且抵御网络攻击和提供网络地址翻译。防火墙分为包过滤防火墙、应用级网关和代理服务型防火墙，其工作示意图如图 17-1 所示。

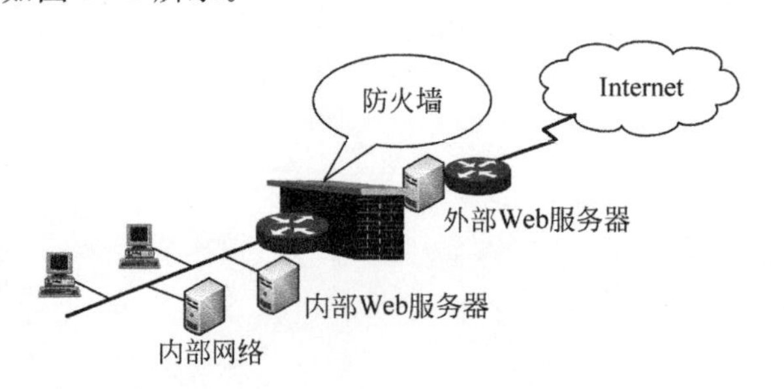

图 17-1　防火墙工作示意图

1. 包过滤防火墙

数据包过滤(packet filtering)技术是在网络层对数据包进行选择，选择的依据是系统内设置的访问控制表。通过检查数据流中每个数据包的源地址、目的地址、所用的端口号、协议状态等因素，或它们的组合来确定是否允许该数据包通过。分为静态包过滤技术和动态包过滤技术防火墙，其中动态包过滤技术发展为状态监测型防火墙。

2. 应用级网关

应用级网关是在网络应用层上建立协议过滤和转发功能。它针对特定的网络应用服务协议使用指定的数据过滤逻辑，并在过滤的同时，对数据包进行必要的分析、登记和统计，形成报告。

数据包过滤和应用网关防火墙有一个共同的特点，就是它们仅仅依靠特定的逻辑判定是否允许数据包通过。一旦满足逻辑，则防火墙内外的计算机系统建立直接联系，防火墙外部的用户便有可能直接了解防火墙内部的网络结构和运行状态。

3. 代理型防火墙

代理服务也称链路级网关或 TCP 通道，也有人将它归于应用级网关一类。它是针对数据包过滤和应用网关技术存在的缺点而引入的防火墙技术，其特点是将所有跨越防火墙的网络通信链路分为两段。外部计算机的网络链路只能到达代理服务器，从而起到了隔离防火墙内外计算机系统的作用。

17.2.2 Linux 下的防火墙 iptables 简介

Netfilter/iptables 是集成在 2.4.x 版本以上内核 Linux 上的包过滤防火墙系统。它包括 netfilter 和 iptables 两部分，netfilter 是包过滤器，称为内核空间，负责存储规则和包过滤规则的匹配，iptables 被称为用户空间，是 netfilter 的外部配置工具，用户通过 iptables 对包过滤规则进行增、删、修改等操作。

17.2.3 netfilter 框架

在 netfilter 框架中，提供了 filter、nat 和 mangle 三个表(tables)，系统默认使用的是 filter 表。每个表包含若干个链(chains)，用户也可创建自定义的链。在每条链中，有一条或多条过滤规则(rules)。在实际的工作中，就是根据规则判断包的特征及如何处理一个包，处理的结果称为目标(target)。iptables 网络限制策略由规则、链及表构成，表是链的容器，链是规则的容器，如图 17-2 所示。

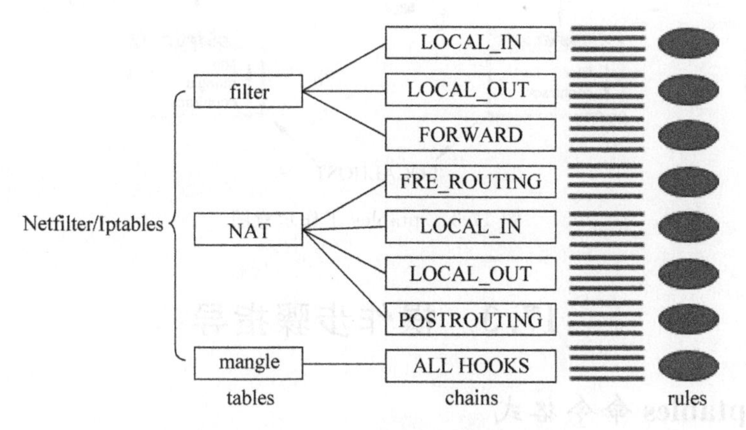

图 17-2　Netfilter/Iptables 框架组成

1. 表

表是 iptables 构建块，它描述其功能的大类，如包过滤或网络地址转换(NAT)。iptables 内置三个表：filter、nat、mangle。过滤规则应用于 filter 表，NAT 规则应用于 nat 表，用于修改分组数据的特定规则应用于 mangle 表。

filter 表包含 INPUT、OUTPUT、FORWARD，nat 表包含 PREROUTING、OUTPUT、POSTROUTING。

2. 链

链是数据包传输的路径，当一个数据包由内核中的路由计算确定为指向本地 Linux 系统之后，经过 INPUT 链的检查，OUTPUT 链保留给由 Linux 系统自身生成的数据包，FORWARD 链管理经过 Linux 系统路由的数据包（即当 iptables 防火墙用于连接两个网络，并且两个网络之间的数据包必须经过该防火墙）。另外两个对于 iptables 重要的链是 nat 表中的 PREROUTING 和 POSTROUTING 链，它们分别用在内核进行 IP 路由计算之前和之后修改数据包的头部。

3. 规则

规则定义了如何判断一个包的特征及匹配时所进行的操作，如接受（ACCEPT）、拒绝（REJECT）和丢弃（DROP）等，配置防火墙的主要工作就是添加、修改和删除规则。

17.2.4 iptables 的工作过程

当一个数据包进入网卡时，它首先进入 PREROUTING 链，内核根据数据包目的 IP 判断是否需要将其转送出去。如果数据包就是进入本机的，它就会到达 INPUT 链。本机上运行的程序可以发送数据包，这些数据包会经过 OUTPUT 链，然后到达 POSTROUTING 链输出。如果数据包是要转发出去的，且内核允许转发，数据包就会经过 FORWARD 链，然后到达 POSTROUTING 链输出，其工作过程如图 17-3 所示。

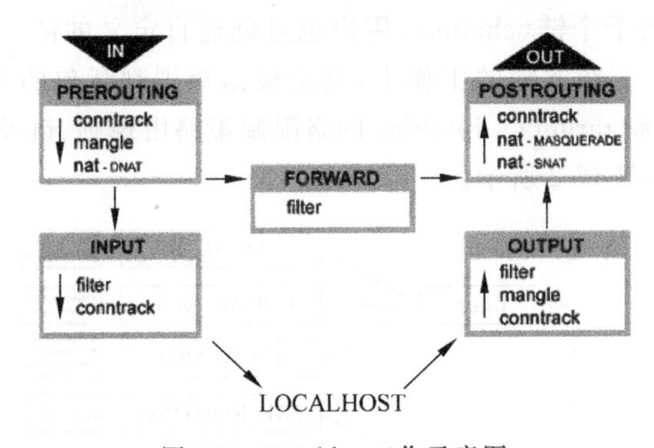

图 17-3 iptables 工作示意图

17.3 操作步骤指导

17.3.1 iptables 命令格式

1. 语法格式

```
iptables [-t 表名] -命令 -匹配 -j 动作/目标
```

说明：

-t 用来指定所操作的表，其中默认为 filter 表，如果要指定其他的表，如 nat 表，则必须用-t nat 等指定。

命令指要进行的规则的操作命令。

匹配指定要匹配的包特征。

-j 指定对匹配的包要采取的动作。

2. 规则编写方法

编写的规则主要有以下五部分：

(1) 工作在哪个表上。

(2) 工作在指定表的哪个链上。

(3) 做什么操作(添加、删除、替换、显示、清除……)。

(4) 匹配的条件。

(5) 满足条件后的处理动作(接收、丢弃、拒绝、交给其他的自定义链处理)。

3. 相关选项

1) 表名选项

表名选项如表 17-1 所示。

表 17-1　表名选项

表　名	实 现 功 能
filter	用于信息包过滤，包含 INPUT、OUTPUT、FORWARD 链
nat	用于网络地址转换，包含 PREROUTING、OUTPUT、POSTROUTING
mangle	标记、修改包

2) 命令选项

命令部分是 iptables 的重要部分。指示 iptables 要做什么，例如，插入规则、将规则添加到链的末尾或删除规则，如表 17-2 所示。

表 17-2　命令选项

命令	功　能
-A	将一条规则附加到链的末尾
-D	通过用-D 命令指定要匹配的规则或者在指定规则在链中的位置编号，该命令从链中删除该规则
-P	该命令设置链的默认目标(策略)，所有与链中任何规则不匹配的信息包将被强制使用此链的策略
-N	用命令中所指定的名称创建一个新链
-F	如果指定链名，该命令删除链中的所有规则；如果未指定链名，该命令删除所有链中的所有规则
-I	在指定规则前插入规则
-L	列出指定链中的所有规则

3) 匹配选项

匹配部分指定信息包与规则匹配所应具有的特征(如源地址、目的地址、协议等)。匹配分为通用匹配和特定于协议的匹配两大类，如表 17-3 所示。

表 17-3　匹配选项表

选项	说　明
-p	用于检查匹配某些特定协议，如 TCP、UDP、ICMP
-s	该源匹配用于根据信息包的源 IP 来与之匹配
-d	该目的匹配用于根据信息包的目的 IP 来与之匹配
-o	指定发送数据包的接口
-i	指定接收数据包的接口

4）目标操作选项

目标是由规则指定的操作，对与那些规则匹配的信息包执行这些操作，如表 17-4 所示。

表 17-4　目标选项表

选　项	功　能
ACCEPT	当信息包与具有 ACCEPT 目标的规则完全匹配时，会被接受，并将停止遍历链
DROP	当信息包与具有 DROP 目标的规则完全匹配时，会阻塞该信息包，并且不对它做进一步处理
REJECT	该目标的工作方式与 DROP 目标相同，但比 DROP 好，它将错误信息发回给信息包的发送方

17.3.2　iptables 的一些配置语句

1. iptables 的初始化

```
[root@localhost ~]# iptables -t nat -F                          //清空 nat 表规则
[root@localhost ~]# iptables -F                                 //清空 filter 规则
[root@localhost ~]# iptables -P FORWARD DROP                    //设置 FORWARD 默认的策略为 DROP
[root@localhost ~]# echo "1" > /proc/sys/net/ipv4/ip_forward     //打开 IP 转发规则
```

2. 查看默认配置

```
[root@mail ~]# iptables -L                     //filter 数据包过滤的表
[root@mail ~]# iptables -t nat -L              //nat 网络地址转换表
[root@mail ~]# iptables -t mangle -L           //mangle 数据包处理的表
```

3. 保存与恢复配置

```
[root@mail ~]# service iptables save
将当前规则保存到 /etc/sysconfig/iptables:                [确定]
```

或者如下：

```
[root@mail ~]# iptables-save > /etc/sysconfig/iptables
[root@mail ~]# iptables-save > /etc/sysconfig/iptables
[root@localhost sysconfig]# iptables-restore < /etc/sysconfig/iptables  //从默认配置文件中
                                                                          //恢复策略
```

4. 部分设置例子(//后为编者注释)

```
[root@mail ~]# iptables -A INPUT -i lo -j ACCEPT           //设置允许回环地址的通信
[root@mail ~]# iptables -A INPUT -m state --state ESTABLISHED,RELATED -j ACCEPT
//对已经建立连接的数据包、与已经发送的数据包有关的数据包添加连接状态
[root@mail ~]# iptables -I INPUT 2 -p tcp --dport 23 -j DROP
//插入到第 2 条规则的前面,丢弃 telnet 的 tcp 链接数据包
[root@mail ~]# iptables -A FORWARD -p tcp --dport 80 -j ACCEPT      //开放 Web 端口
[root@mail ~]# iptables -A FORWARD -p tcp --dport 53 -j ACCEPT      //开放 DNS 端口
[root@mail ~]# iptables -A FORWARD -p udp --dport 53 -j ACCEPT
[root@mail ~]# iptables -A FORWARD -p tcp --dport 25 -j ACCEPT      //开放 SMTP 端口
[root@mail ~]# iptables -A FORWARD -p tcp --dport 110 -j ACCEPT     //开放 POP3 端口
[root@mail ~]# iptables -A FORWARD -p udp --dport 110 -j ACCEPT
[root@mail ~]# iptables -A FORWARD -p tcp --dport 143 -j ACCEPT     //开放 IMAP 端口
[root@mail ~]# iptables -A FORWARD -p udp --dport 143 -j ACCEPT
```

5. 禁止端口例子

```
//只允许在 192.168.62.1 上使用 ssh 远程登录,从其他计算机上禁止使用 ssh
#iptables -A INPUT -s 192.168.62.1 -p tcp --dport 22 -j ACCEPT
#iptables -A INPUT -p tcp --dport 22 -j DROP
//禁止 squid 代理端口 3128
#iptables -A INPUT -p tcp --dport 3128 -j REJECT
//除 192.168.62.1 外,禁止其他人 ping 我的主机
#iptables -A INPUT -i eth0 -s 192.168.62.1/32 -p icmp -m icmp --icmp-type echo-
request -j ACCEPT
#iptables -A INPUT -i eth0 -p icmp --icmp-type echo-request -j DROP
```

17.3.3 Linux 下的 iptables 配置实例

有企业局域网络,容纳 200 台客户机(192.168.0.1～192.168.0.254/24),网内有 E-mail 服务器(192.168.0.1/24)、FTP 服务器(192.168.0.2/24)、Web 服务器(192.168.0.3/24)。网络拓扑结构如图 17-4 所示。

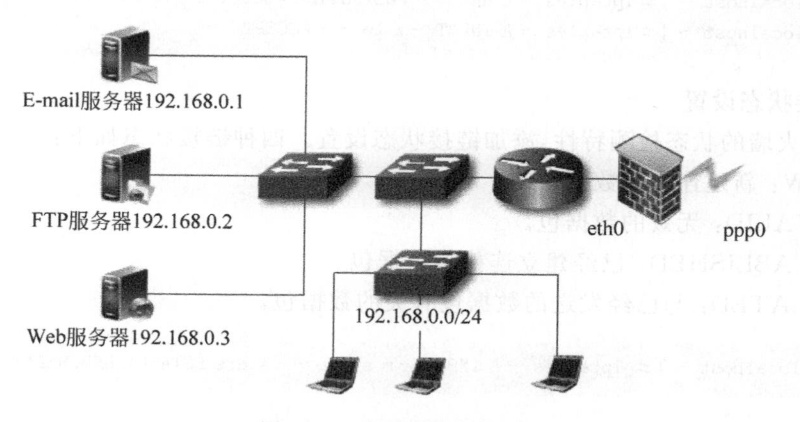

图 17-4 公司网络拓扑图

配置要求：所有内网计算机需要经常访问互联网，并且员工会使用即时通信工具如QQ与客户进行沟通，企业网络DMZ隔离区搭建有E-mail、FTP和Web服务器，其中E-mail和FTP服务器对内部员工开放，仅可以对外发布Web站点，并且管理员会通过外网进行远程管理，为了保证整个网络的安全性，需要添加iptables防火墙并配置相应的策略。

1. 配置分析

防火墙配置要首先清空所有规则，设置默认策略为DROP，然后开启防火墙对于客户端的访问限制，打开Web、MSN、QQ及E-mail的相应端口，并允许外部客户端登录Web服务器的80、22端口。

2. 配置默认策略

1）检测iptables软件包是否被安装

```
[root@bogon ~]# rpm -aq | grep iptables
iptables-1.3.5-5.3.el5
iptables-ipv6-1.3.5-5.3.el5
```

2）删除默认规则

```
[root@localhost ~]# iptables -F          //清空所选链中的规则
[root@localhost ~]# iptables -X          //清除预设表filter中使用者自定链中的规则
[root@localhost ~]# iptables -Z
```

3）设置默认策略

默认策略为：关闭filter表的INPPUT及FORWARD链，开启OUTPUT链，nat表的三个链PREROUTING、OUTPUT、POSTROUTING全部开启，并设置回环地址不受限制。

```
[root@localhost ~]# iptables -P FORWARD DROP
[root@localhost ~]# iptables -P OUTPUT ACCEPT
[root@localhost ~]# iptables -t nat -P PREROUTING ACCEPT
[root@localhost ~]# iptables -t nat -P OUTPUT ACCEPT
[root@localhost ~]# iptables -t nat -P POSTRUTING ACCEPT
[root@localhost ~]# iptables -A INPUT -i lo -j ACCEPT
```

3. 连接状态设置

利用防火墙的状态检测特性，添加链接状态设置。四种链接状态如下：

- NEW：新建连接的数据包。
- INVALID：无效的数据包。
- ESTABLISHED：已经建立连接的数据包。
- RELATED：与已经发送的数据包有关的数据包。

```
[root@localhost ~]# iptables -A INPUT -m state --state ESTABLISHED,RELATED -j ACCEPT
```

4. 设置80端口转发

公司的Web网站需要对外开放，所以需要开放80端口。

```
[root@localhost ~]# iptables -A FORWARD -p tcp --dport 80 -j ACCEPT
```

5. 设置 DNS

为了客户端能够正常使用域名访问互联网，还需要允许内网计算机与外部 DNS 服务器的数据转发，因此需要开启 DNS 使用 UDP、TCP 的 53 端口。

```
[root@localhost ~]# iptables -A FORWARD -p tcp --dport 53 -j ACCEPT
[root@localhost ~]# iptables -A FORWARD -p udp --dport 53 -j ACCEPT
```

6. 设置远程管理的 SSH 端口

允许管理员通过外网进行远程管理，开启 SSH 使用的 TCP 协议 22 端口。

```
[root@localhost ~]# iptables -A INPUT -p tcp --dport 22 -j ACCEPT
```

7. 允许内网主机使用即时通讯工具

QQ 使用 TCP 的 8000、443 及 UDP 的 8000、4000 通信，MSN 使用 TCP 的 1863、443 验证。

```
[root@localhost ~]# iptables -A FORWARD -p tcp --dport 1863 -j ACCEPT
[root@localhost ~]# iptables -A FORWARD -p tcp --dport 443 -j ACCEPT
[root@localhost ~]# iptables -A FORWARD -p tcp --dport 8000 -j ACCEPT
[root@localhost ~]# iptables -A FORWARD -p udp --dport 8000 -j ACCEPT
[root@localhost ~]# iptables -A FORWARD -p udp --dport 4000 -j ACCEPT
```

8. 允许内、外网间邮件通信

客户端发送邮件时访问邮件服务器的 TCP 的 25 端口，接收邮件时访问 110 端口，这里以客户端使用的协议 POP3 为例。

```
[root@localhost ~]# iptables -A FORWARD -p tcp --dport 110 -j ACCEPT
[root@localhost ~]# iptables -A FORWARD -p tcp --dport 25 -j ACCEPT
```

9. 保存防火墙配置

```
[root@localhost ~]# service iptables save
Saving firewall rules to /etc/sysconfig/iptables:          [ OK ]
```

另外，在客户端访问外网时，由于需要把私有地址转换为公有地址，在本例中，如使用拨号服务，还需要使用 NAT 服务。

17.4 学习进阶指引

17.4.1 NAT 简介

NAT(Network Address Translation，网络地址转换)是一个 IETF(Internet Engineering

Task Force)标准,允许一个整体机构以一个公用 IP(Internet Protocol)地址出现在 Internet 上。就是一种把内部私有网络地址(IP 地址)翻译成公有(合法)网络 IP 地址的技术。在一定程度上,它能够有效地解决公网地址不足的问题。

17.4.2 NAT 的工作原理

NAT 的基本工作原理是,当私有网络主机和公共网络主机通信的 IP 包经过 NAT 网关时,将 IP 包中的源 IP 或目的 IP 在私有 IP 和 NAT 的公共 IP 之间进行转换。如图 17-5 所示,NAT 网关有 2 个网络端口,其中公共网络端口的 IP 地址是统一分配的公共 IP,为 218.28.91.98;私有网络端口的 IP 地址是保留地址,为 192.168.0.1。私有网中的主机 192.168.0.2 向公共网络中的主机 61.135.169.125 发送了 1 个 IP 包(Des=61.135.169.125, Src=192.168.0.2)。当 IP 包经过 NAT 网关时,NAT 会将 IP 包的源 IP 转换为 NAT 的公共 IP 并转发到公共网络,此时 IP 包(Des=61.135.169.125,Src=218.28.91.98)中已经不含任何私有网络 IP 的信息。由于 IP 包的源 IP 已经被转换成 NAT 的公共 IP,响应的 IP 包(Des=218.28.91.98,Src=61.135.169.125)将被发送到 NAT。这时,NAT 会将 IP 包的目的 IP 转换成私有网络中主机的 IP,然后将 IP 包(Des=192.168.0.2,Src=61.135.169.125)转发到私有网络。对于通信双方而言,这种地址的转换过程是完全透明的。

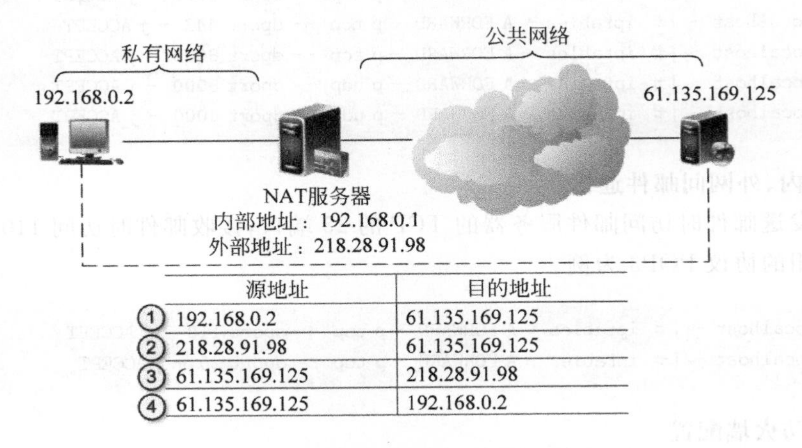

	源地址	目的地址
①	192.168.0.2	61.135.169.125
②	218.28.91.98	61.135.169.125
③	61.135.169.125	218.28.91.98
④	61.135.169.125	192.168.0.2

图 17-5　NAT 工作原理图

17.4.3 NAT 的分类

(1) 源 NAT(Source NAT,SNAT):修改数据包的源地址。源 NAT 改变第一个数据包的来源地址,它在数据包发送到网络之前完成,数据包伪装就是一个 SNAT 的例子。

(2) 目的 NAT(Destination NAT,DNAT):修改数据包的目的地址。Destination NAT 刚好与 SNAT 相反,它是改变第一个数据包的目的地地址,如平衡负载、端口转发和透明代理就是属于 DNAT。

(3) 伪装(MASQUERADE):用发送数据的网卡上的 IP 来替换源 IP,对于使用 IP 不固定的场合,如拨号网络或者通过 dhcp 分配 IP 的情况下,使用 MASQUERADE。

17.4.4 NAT 应用

下面以一个实例来介绍两种 NAT 的使用，所使用的网络拓扑图如 17-6 所示。案例需求描述如下：

网关 NAT 服务器使用两个网卡。eth0(10.10.10.1)连接外网，eth1(192.168.0.1)连接内网。

配置 SNAT 策略实现共享上网。从 192.168.0.0/24 网段可以访问 Internet 所有应用。

配置 DNAT 策略发布内网中的服务器。从外网访问 10.10.10.1 时，能够查看到位于 192.168.0.2 主机中的 Web 页面文件。

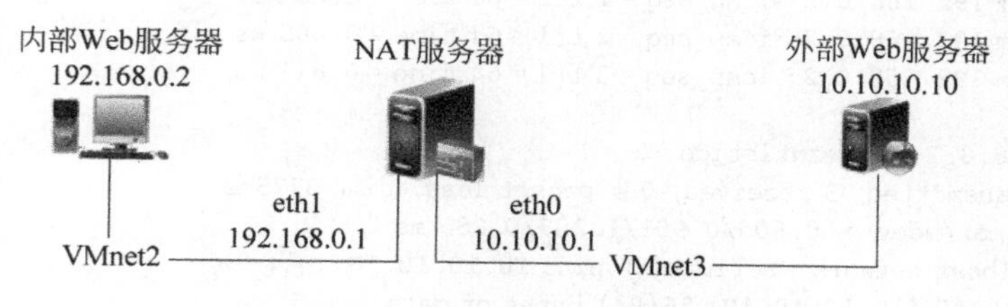

图 17-6 NAT 应用拓扑图

实现步骤如下：

(1) 正确配置网络环境。

① 配置图 17-6 中的各主机的网络参数，特别是 IP 参数。

外部 Web 服务器：

```
[root@localhost ~]# ifconfig eth0
eth0      Link encap:Ethernet HWaddr 00:0C:29:F4:99:5F
          inet addr:10.10.10.10 Bcast:10.10.10.255 Mask:255.255.255.0
    ..............................
[root@localhost ~]# service httpd restart
Stopping httpd:          [FAILED]
Starting httpd:          [ OK ]
```

内部 Web 服务器：

```
[root@localhost ~]# ifconfig eth0
eth0      Link encap:Ethernet HWaddr 00:0C:29:85:76:0F
          inet addr:192.168.0.2 Bcast:192.168.0.255 Mask:255.255.255.0
          inet6 addr: fe80::20c:29ff:fe85:760f/64 Scope:Link

[root@localhost ~]# service httpd restart
Stopping httpd:          [FAILED]
Starting httpd:          [ OK ]
```

NAT 服务器：

```
[root@localhost network-scripts]# ifconfig eth0
eth0   Link encap:Ethernet HWaddr 00:0C:29:35:4D:7E
```

```
            inet addr:10.10.10.1 Bcast:10.10.10.255 Mask:255.255.255.0

[root@localhost network-scripts]# ifconfig eth1
eth1        Link encap:Ethernet HWaddr 00:0C:29:35:4D:88
            inet addr:192.168.0.1 Bcast:192.168.0.255 Mask:255.255.255.0
            inet6 addr: fe80::20c:29ff:fe35:4d88/64 Scope:Link
```

② 在 NAT 服务器上测试到内、外网 Web 的连通性。

```
[root@localhost network-scripts]# ping 192.168.0.2
PING 192.168.0.2 (192.168.0.2) 56(84) bytes of data.
64 bytes from 192.168.0.2: icmp_seq=1 ttl=64 time=1.28 ms
64 bytes from 192.168.0.2: icmp_seq=2 ttl=64 time=0.605 ms
64 bytes from 192.168.0.2: icmp_seq=3 ttl=64 time=0.811 ms

--- 192.168.0.2 ping statistics ---
3 packets transmitted, 3 received, 0% packet loss, time 3778ms
rtt min/avg/max/mdev = 0.605/0.901/1.287/0.285 ms
[root@localhost network-scripts]# ping 10.10.10.10
PING 10.10.10.10 (10.10.10.10) 56(84) bytes of data.
64 bytes from 10.10.10.10: icmp_seq=1 ttl=64 time=8.53 ms
64 bytes from 10.10.10.10: icmp_seq=2 ttl=64 time=2.32 ms

--- 10.10.10.10 ping statistics ---
2 packets transmitted, 2 received, 0% packet loss, time 1850ms
rtt min/avg/max/mdev = 2.325/5.431/8.538/3.107 ms
```

(2) 实现内网访问外网服务。

① 在 NAT 服务器上开启路由转发功能。

```
[root@localhost network-scripts]# echo "1" > /proc/sys/net/ipv4/ip_forward
```

② 在 NAT 服务器上编写 SNAT 脚本,实现内网访问外网。

```
[root@localhost ~]# iptables -t nat -A POSTROUTING -o eth0 -s 192.168.0.0/24 -j SNAT
--to 10.10.10.1
```

③ 在内网用 IP 地址访问外网 Web 服务器,如图 17-7 所示。

④ 在外网上查看 Web 日志,如图 17-8 所示。

(3) 实现外网访问内网 Web 服务。

① 在 NAT 服务器上开启路由转发功能。

```
[root@localhost network-scripts]# echo "1" > /proc/sys/net/ipv4/ip_forward
```

② 在 NAT 服务器上编写 DNAT 脚本。

```
[root@localhost ~]# iptables -t nat -A PREROUTING -i eth0 -s 10.10.10.0/24 -d 10.10.
10.1 -p tcp --dport 80 -j DNAT --to 192.168.0.2
```

③ 在外网用 IP 地址访问 10.10.10.1,如图 17-9 所示。

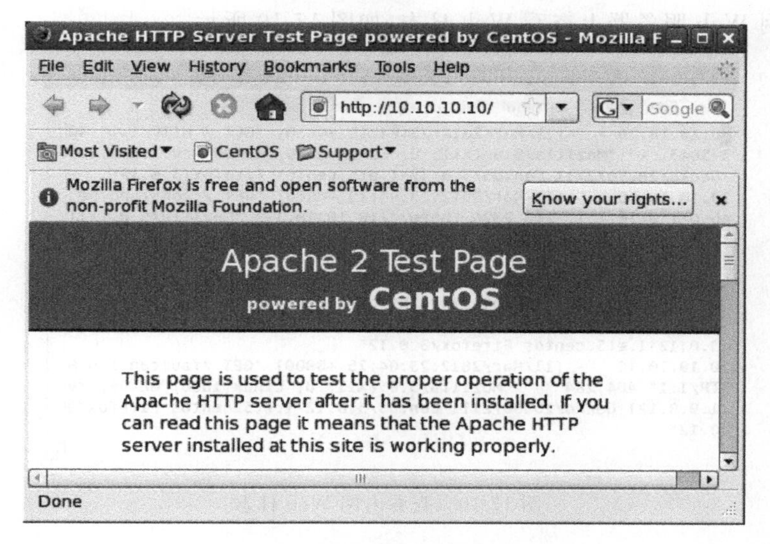

图 17-7　内网访问外网 Web 服务器

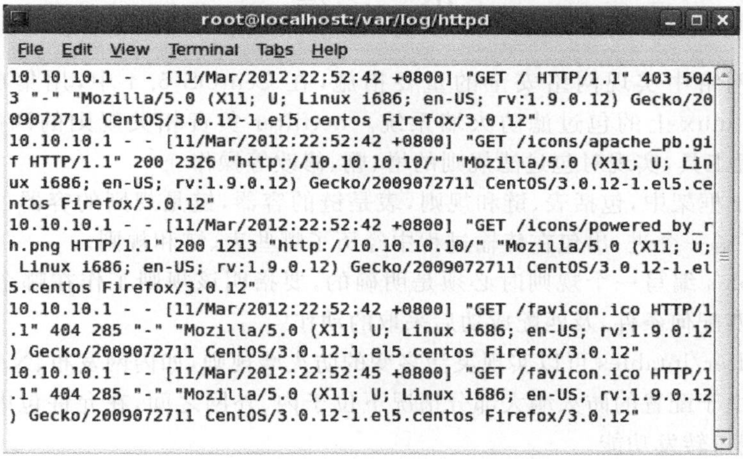

```
root@localhost:/var/log/httpd
File Edit View Terminal Tabs Help
10.10.10.1 - - [11/Mar/2012:22:52:42 +0800] "GET / HTTP/1.1" 403 504
3 "-" "Mozilla/5.0 (X11; U; Linux i686; en-US; rv:1.9.0.12) Gecko/20
09072711 CentOS/3.0.12-1.el5.centos Firefox/3.0.12"
10.10.10.1 - - [11/Mar/2012:22:52:42 +0800] "GET /icons/apache_pb.gi
f HTTP/1.1" 200 2326 "http://10.10.10.10/" "Mozilla/5.0 (X11; U; Lin
ux i686; en-US; rv:1.9.0.12) Gecko/2009072711 CentOS/3.0.12-1.el5.ce
ntos Firefox/3.0.12"
10.10.10.1 - - [11/Mar/2012:22:52:42 +0800] "GET /icons/powered_by_r
h.png HTTP/1.1" 200 1213 "http://10.10.10.10/" "Mozilla/5.0 (X11; U;
 Linux i686; en-US; rv:1.9.0.12) Gecko/2009072711 CentOS/3.0.12-1.el
5.centos Firefox/3.0.12"
10.10.10.1 - - [11/Mar/2012:22:52:42 +0800] "GET /favicon.ico HTTP/1
.1" 404 285 "-" "Mozilla/5.0 (X11; U; Linux i686; en-US; rv:1.9.0.12
) Gecko/2009072711 CentOS/3.0.12-1.el5.centos Firefox/3.0.12"
10.10.10.1 - - [11/Mar/2012:22:52:45 +0800] "GET /favicon.ico HTTP/1
.1" 404 285 "-" "Mozilla/5.0 (X11; U; Linux i686; en-US; rv:1.9.0.12
) Gecko/2009072711 CentOS/3.0.12-1.el5.centos Firefox/3.0.12"
```

图 17-8　外网 Web 日志

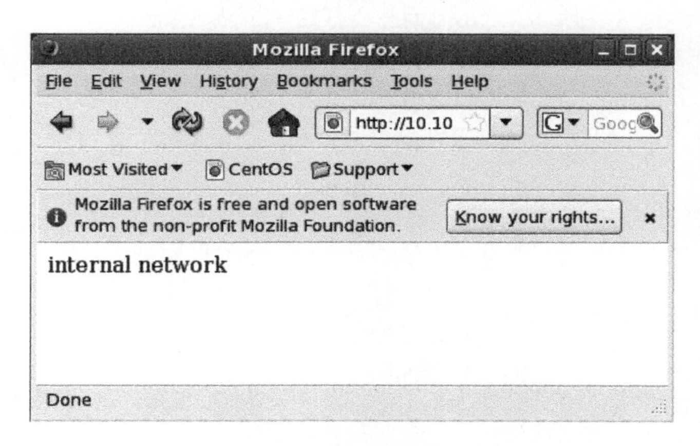

图 17-9　外网访问内网 Web 服务

④ 在内网 Web 服务器上查看 Web 日志，如图 17-10 所示。

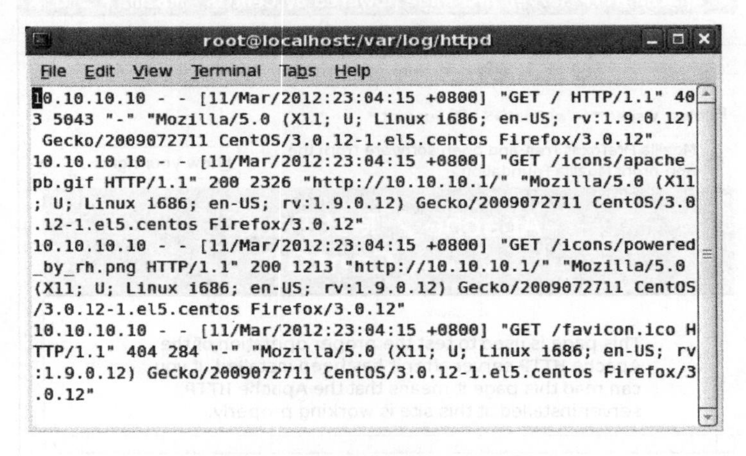

图 17-10　查看内网 Web 日志

小　　结

防火墙是网络中实现网络安全的重要措施，在 CentOS 5.4 中，用集成的 netfilter/iptables 实现 Linux 上的包过滤防火墙系统。netfilter 负责相关规则的匹配，iptables 是 netfilter 的配置工具，实现对包过滤规则的增、删、修改等操作。

在 netfilter 框架中，包括表、链和规则，表是链的容器，链是规则的容器。应用 iptables 时，重要的是了解一个进、出包在传输过程中经历了哪些表、链和规则。

使用 iptables 编写一个规则时必须是明确的，要指明该规则工作在哪个表上、哪个链上，做何操作，匹配何条件，及匹配成功后采取的动作。

利用 netfilter/iptables 可以实现灵活多变的防火墙规则，如内网发布、NAT、透明代理、端口禁止等。由于配置的防火墙大部分情况下位于内、外网之间，在允许包内、外网之间流动时，要打开端口转发功能。

任务18 Linux下配置远程访问

18.1 学习目标

- 了解 VNC 的工作原理与过程。
- 了解 VPN 的工作原理及常见的 VPN 协议。
- 掌握 VNC 服务的配置方法与过程。
- 掌握 VNC 服务的测试方法。
- 掌握利用 PPTP 配置 VPN 服务的方法与过程。
- 掌握 VPN 服务测试的方法。

18.2 基础知识与原理

18.2.1 VNC 的工作原理与过程

VNC(Virtual Network Computing,虚拟网络计算)是一套由英国剑桥大学 ATT 实验室在 2002 年开发的轻量型的远程控制计算机软件,其采用了 GPL 授权条款,任何人都可免费取得该软件。VNC 工作基于 C/S 模式,软件主要由两个部分组成:VNC server 及 VNC viewer。用户需先将 VNC server 安装在被控端的计算机上后,才能在主控端执行 VNC viewer 控制被控端,如图 18-1 所示。

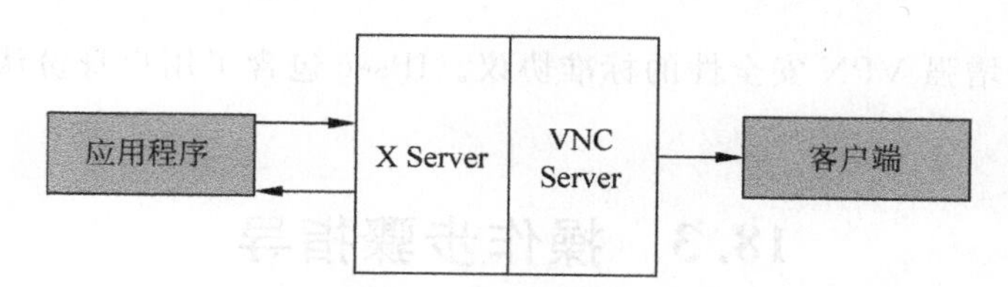

图 18-1 VNC Server 工作原理

其工作过程如下:

(1) 客户端使用浏览器连接至 VNC Server。

(2) VNC Server 传送对话窗口至客户端,要求输入连接密码。

(3) 客户端输入密码,VNC Server 进行权限验证。

(4) 如客户端通过验证,要求 VNC Server 显示桌面环境。

(5) X Server 将画面显示控制权交由 VNC Server 负责。

(6) VNC Server 将来自 X Server 的桌面环境利用 VNC 通信协议送至客户端。

18.2.2 VPN 技术简介

VPN(虚拟专用网络)是利用两个具有 VPN 发起连接能力的设备通过 Internet 提供一种通过公用网络安全地对企业内部专用网络进行远程访问的连接方式。由三个部分组成：客户机、传输介质、服务器，原理如图 18-2 所示。

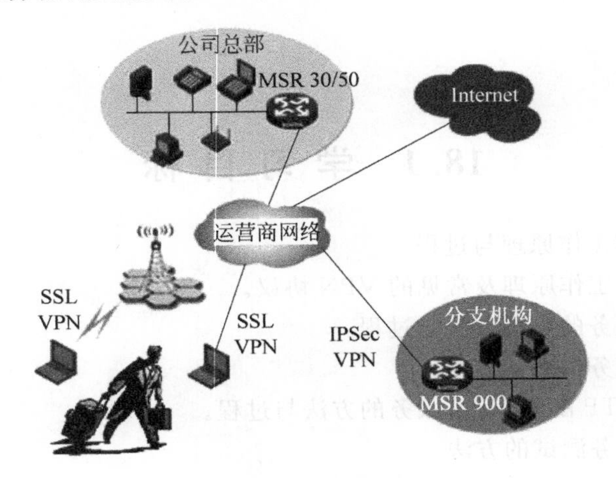

图 18-2　VPN 原理图

18.2.3 流行的 VPN 协议

1. PPTP

PPTP 封装了 PPP 数据包中包含的用户信息，支持隧道交换。隧道交换可以根据用户权限，开启并分配新的隧道，将 PPP 数据包在网络中传输。

2. L2TP

L2TP 协议综合了 PPTP 协议和 L2F(Layer 2 Forwarding)协议的优点，并且支持多路隧道，这样可以使用户同时访问 Internet 和企业网。

3. IPsec

IPsec 是用来增强 VPN 安全性的标准协议。IPsec 包含了用户身份认证、查验和数据完整性等内容。

18.3 操作步骤指导

18.3.1 VNC 的安装与启动

在 CentOS 5.4 中 VNC 软件是安装的 RealVNC，软件包名为 vnc-server，进程名为 vncserver。

(1) 检测 CentOS 5.4 系统的 vncserver 的服务是否已经安装。

```
[root@bogon ~]# rpm -aq | grep vnc
vnc-4.1.2-14.el5_3.1
vnc-server-4.1.2-14.el5_3.1
[root@bogon ~]#
```

CentOS 5.4 默认已经安装了 vncserver 软件包,如果没有安装,还需要按照前述的步骤,装载源操作系统镜像,进行安装源软件包。

(2) 启动、停止 VNC。

```
[root@localhost ~]# service vncserver start          //启动 vncserver
Starting VNC server: no displays configured           [ OK ]
[root@localhost ~]# service vncserver stop           //停止 vncserver
Shutting down VNC server:                             [ OK ]
[root@localhost ~]# service vncserver restart        //重新启动 vncserver
Shutting down VNC server:                             [ OK ]
Starting VNC server: no displays configured           [ OK ]
```

以上启动服务时,提示没有配置显示桌面号。

(3) 使用 VNC 服务。

命令格式为:

```
#vncserver :桌面号
```

如#vncserver :1

```
[root@localhost ~]# vncserver :1
You will require a password to access your desktops.
Password:
Verify:
A VNC server is already running as :1
```

要使用 VNC 服务,需要用 vncserver 开启某个桌面并设置访问密码,VNC 服务使用的端口号与桌面号相关,基于 Java 的 VNC 客户程序 Web 服务端口从 5801 开始。

如果要关闭 VNC 服务,可使用 vncserver -kill :桌面号。例如:

```
[root@localhost ~]# vncserver -kill :1
```

以上命令关闭了 1 号桌面。

18.3.2 客户端使用浏览器访问 VNC 服务

配置虚拟机 CentOS 5.4 的网络连接方式为桥接,在主机中启动 IE 浏览器,访问 VNC Server 所在的 CentOS 5.4 虚拟机,如果出现如图 18-3 所示的画面,则表示系统环境不支持,需要安装 Java 的软件环境,可以到 http://www.java.com 下载,并按照提示安装。

安装 Java 环境后,再次打开该页面,如再现应用程序被阻止的情况,请修改 Java 的安全级别,正常情况下出现的界面如图 18-4 所示。

单击图 18-4 中的 OK 按钮后,如果出现如图 18-5 所示的画面,请修改 Java 安装目录下的安全策略文件 java.policy,在 grant 中加入以下授权:

```
permission java.net.SocketPermission "192.168.137.128:5901","connect,resolve";
```

图 18-3　没有 Java 环境支持，桌面不能打开

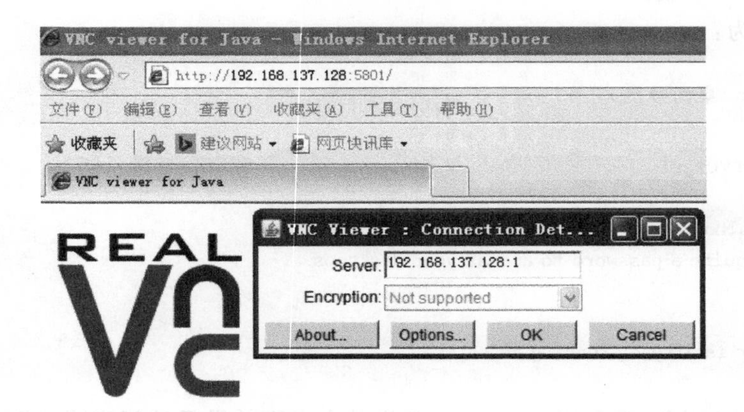

图 18-4　VNC 登录画面

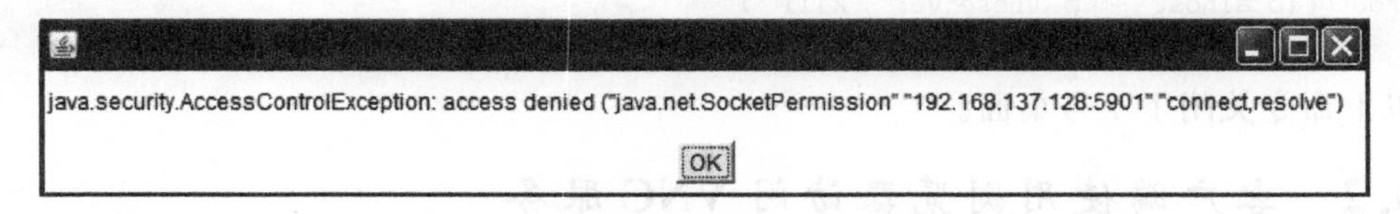

图 18-5　授权失败

关闭 IE，重新打开如上站点，密码验证成功后，登录出现的界面如图 18-6 所示，默认为 TWM 界面，操作方式不方便。

18.3.3　VNC 配置文件的修改

配置在客户端登录时所启动的桌面环境类型，编辑文件 xstartup。

```
[root@localhost ~] cd .vnc
[root@localhost ~] vi xstartup
```

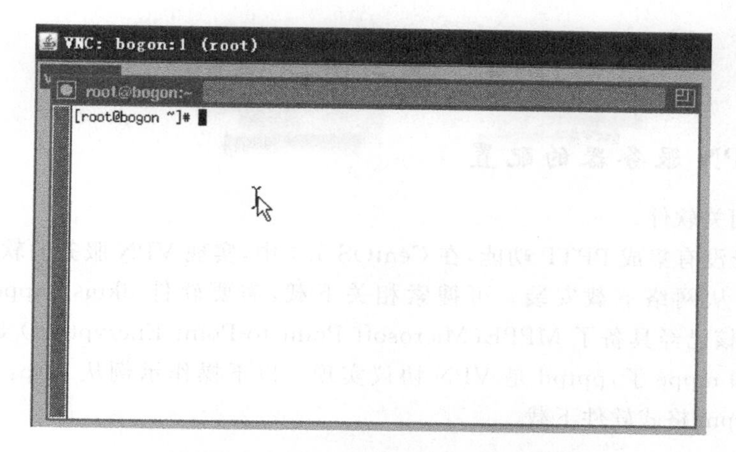

图 18-6　默认 VNC 登录画面为 TWM

把除第一行以外的注释＃去掉，如图 18-7 所示。

```
root@bogon:~/.vnc
#!/bin/sh

 Uncomment the following two lines for normal desktop:
 unset SESSION_MANAGER
 exec /etc/X11/xinit/xinitrc

[ -x /etc/vnc/xstartup ] && exec /etc/vnc/xstartup
[ -r $HOME/.Xresources ] && xrdb $HOME/.Xresources
xsetroot -solid grey
vncconfig -iconic &
xterm -geometry 80x24+10+10 -ls -title "$VNCDESKTOP Desktop" &
twm &
```

图 18-7　xstartup 文件的配置

重新启动 vncserver，仍访问第一个桌面，在 IE 中访问 http://VNC 服务器地址:5801，如图 18-8 所示。

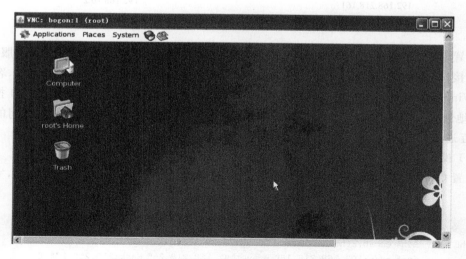

图 18-8　更改了配置文件后的 VNC 远程桌面

18.4 学习进阶指引

18.4.1 VPN服务器的配置

(1) 下载相关软件。

Linux本身没有集成PPTP功能，在CentOS 5.4中，实现VPN服务的软件包默认是没有安装的，需要从网络下载安装。可搜索相关下载，需要软件dkms、mppe、ppp、pptpd，CentOS 5.4内核已经具备了MPPE(Microsoft Point-to-Point Encryption)支持，因此不需要安装dkms和mppe了，pptpd是VPN协议实现。以下操作示例从http://rpm.pbone.net/站点搜索rpm格式软件下载。

```
# wget ftp://ftp.pbone.net/mirror/ftp.sourceforge.net/pub/sourceforge/h/ho/hostable/pptpd
-1.3.4-1.rhel5.1.i386.rpm
```

(2) 在CentOS 5.4中安装这些软件(具体软件名称以下载的为准)。

```
[root@localhost ~]# rpm -ivh pptpd-1.3.4-1.rhel5.1.i386.rpm
```

(3) 创建配置环境，如图18-9所示。

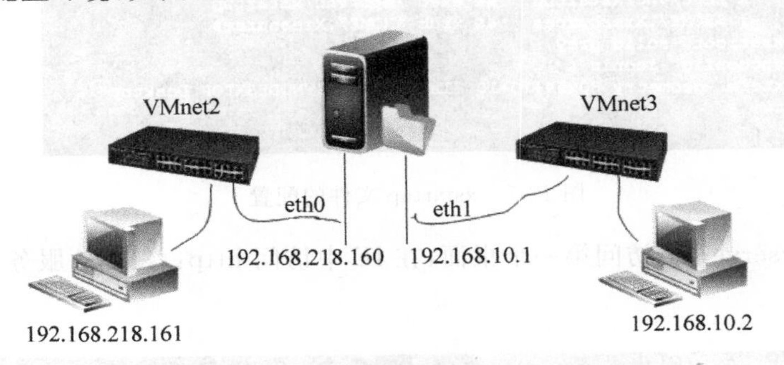

图18-9 VPN实验拓扑图

配置要求：目的是在客户机A和B之间建立VPN，其中CentOS 5.4是VPN服务器，有两个接口，eth0(IP地址为192.168.218.160)和eth1(IP地址为192.168.10.1)，客户机A是Windows XP(IP地址为192.168.218.161)操作系统，客户机B为CentOS 5.4操作系统(IP地址为192.168.10.2)，在CentOS 5.4中配置VPN服务，实现A和B之间的通信(网络互通)。

(4) 操作步骤。

设置CentOS 5.4，其上添加硬件设备eth1，并按要求设置两个网卡的IP地址，完成后如下：

```
[root@localhost ~]# ifconfig
eth0      Link encap:Ethernet HWaddr 00:0C:29:29:3F:26
          inet addr:192.168.218.160 Bcast:192.168.218.255 Mask:255.255.255.0
```

```
          inet6 addr: fe80::20c:29ff:fe29:3f26/64 Scope:Link
          UP BROADCAST RUNNING MULTICAST MTU:1500 Metric:1
          RX packets:9717 errors:0 dropped:0 overruns:0 frame:0
          TX packets:4938 errors:0 dropped:0 overruns:0 carrier:0
          collisions:0 txqueuelen:1000
          RX bytes:836554 (816.9 KiB) TX bytes:555390 (542.3 KiB)
          Interrupt:67 Base address:0x2024

eth1      Link encap:Ethernet HWaddr 00:0C:29:29:3F:30
          inet addr:192.168.10.1 Bcast:192.168.10.255 Mask:255.255.255.0
          inet6 addr: fe80::20c:29ff:fe29:3f30/64 Scope:Link
          UP BROADCAST RUNNING MULTICAST MTU:1500 Metric:1
          RX packets:9961 errors:0 dropped:0 overruns:0 frame:0
          TX packets:9933 errors:0 dropped:0 overruns:0 carrier:0
          collisions:0 txqueuelen:1000
          RX bytes:852418 (832.4 KiB) TX bytes:850674 (830.7 KiB)
          Interrupt:67 Base address:0x20a4
```

安装 pptpd 后，生成配置文件，配置 VPN 服务器的主配置文件/etc/pptpd.conf，内容如下。

```
localip 192.168.10.1
remoteip 192.168.10.100-200
```

其中 localip 指要 VPN 访问的远程主机的所在网关，remoteip 指 VPN 服务器自动分配的客户端的 IP 地址。

配置客户机拨号时所使用的账号和口令，在 IP 地址字段，给出了相应账户登录时分配的 IP 地址，如果任意的 IP，则可用 * 号表示，配置文件/etc/ppp/chap-secrets，内容如下。

```
# Secrets for authentication using CHAP
# Client    Server    secret      IP addresses
"pppuser"   pptpd     "pppuser"   "*"
```

启动 VPN 服务

```
# service pptpd start
```

18.4.2 客户端测试 VPN 功能

在客户机 B(安装 Windows XP 系统)上新建连接，选项如图 18-10 所示。

最后生成的链接图标及登录如图 18-11 所示。

VPN 连接后，在 Windows XP 上用 ipconfig 命令查看获得的 IP 地址，如图 18-12 所示。

在 CentOS 5.4 上启用 IP 转发功能，至此，Windows XP 和 redhat9 已能互相 ping 通，可互访资源了。

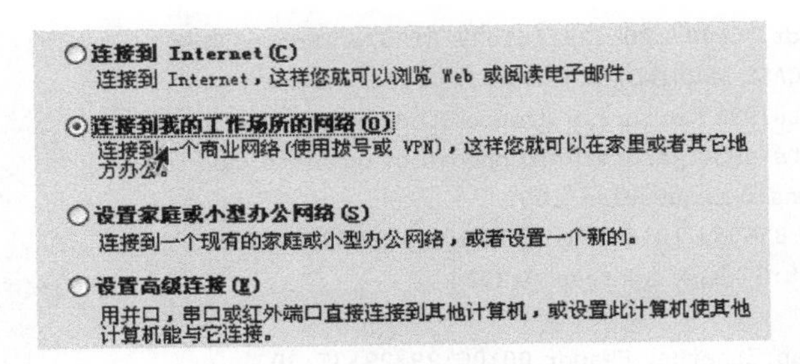

图 18-10　新建 VPN 连接

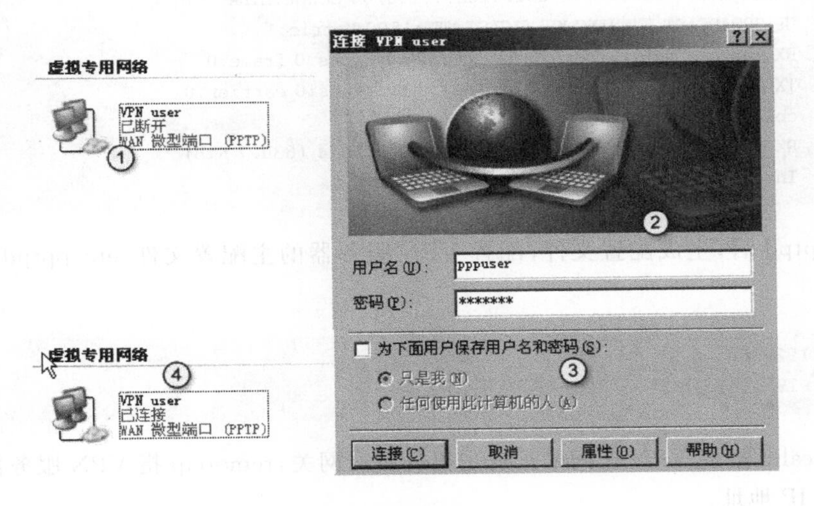

图 18-11　链接生成

```
PPP adapter hngy:

        Connection-specific DNS Suffix  . :
        IP Address. . . . . . . . . . . . : 192.168.10.2
        Subnet Mask . . . . . . . . . . . : 255.255.255.255
        Default Gateway . . . . . . . . . : 192.168.10.2
```

图 18-12　客户机获得的 IP

小　　结

远程访问可以方便对服务器的配置或实现网之间的私密通信。VNC 采用 C/S 模式，在客户端利用浏览器等工具显示被控端的桌面，实现对服务器的控制。在 CentOS 5.4 中，使用 RealVNC 实现 VNC 的功能，它使用 vncserver 命令开启一个桌面，客户端可使用基于 Java 的 VNC 程序从 Web 服务的 5801 端口进行访问。

VPN 是典型的利用公用网络实现私网之间访问的连接方式，在 CentOS 5.4 中，可利用流行的 PPTP 协议实现私有网络用户之间的通信。在实现时，仍需在 VPN 服务器上打开包的转发功能。